XIANDAI FENXI CESHI JISHU JI SHIYAN

现代分析测试技术及实验

◉ 孟 哲 主编　　◉ 李红英　戴小军　李媛媛　副主编

U0231358

化学工业出版社

·北京·

《现代分析测试技术及实验》共 4 个部分 19 章，光学分析部分包括：紫外-可见吸收光谱、红外光谱、分子荧光和磷光光谱、激光拉曼光谱、核磁共振波谱、X 射线分析；色谱分析部分包括：气相色谱、高效液相色谱、离子色谱、毛细管电泳、质谱；电子显微分析部分包括：扫描电镜和透射电镜；综合热分析部分包括热重法和差热分析。每种分析仪器分别安排 2~3 个实验，每个实验反映了该类仪器某一重要功能或某一重要应用，通过实验使学生对该类仪器的主要功能和应用有一个比较全面的了解。通过该课程的理论学习和实验练习，使学生能够熟悉一些大型精密仪器测试流程和方法，既锻炼了学生的动手能力，又培养了学生发现问题、分析问题和解决问题的基本能力，为学生今后的生产实践和科学研究打下良好的基础。

本教材适合高等院校化学类专业理论教学及实验教学使用。

图书在版编目（CIP）数据

现代分析测试技术及实验/孟哲主编. —北京：
化学工业出版社，2019.1（2023.1 重印）
ISBN 978-7-122-33490-9

Ⅰ.①现…　Ⅱ.①孟…　Ⅲ.①仪器分析-实验　Ⅳ.
①O657-33

中国版本图书馆 CIP 数据核字（2018）第 282265 号

责任编辑：王海燕　旷英姿　　　　　　　　　　　装帧设计：韩　飞
责任校对：杜杏然

出版发行：化学工业出版社（北京市东城区青年湖南街 13 号　邮政编码 100011）
印　　装：北京七彩京通数码快印有限公司
787mm×1092mm　1/16　印张 14½　字数 349 千字　2023 年 1 月北京第 1 版第 5 次印刷

购书咨询：010-64518888　　售后服务：010-64518899
网　　址：http://www.cip.com.cn
凡购买本书，如有缺损质量问题，本社销售中心负责调换。

定　　价：39.00 元

前 言

　　"现代分析测试技术及实验"是高等院校结合大型分析测试仪器平台，为化学专业和非化学专业（材料、地矿、环境、生物、食品、制药等）的本科生及研究生开设的一门专业必修课程。本课程主要学习成分分析、结构分析、表面形态分析、谱学分析、形貌表征以及物化性质测定等常用的现代分析测试技术。通过该课程，使学生系统地了解现代分析测试技术的基本原理、仪器设备、样品制备及应用；学会解释常见现代分析测试技术获得的信息，并做出正确的判断。通过该课程的实验，使学生熟悉大型精密仪器测试流程和方法，锻炼学生的动手能力，培养学生发现问题、分析问题和解决问题的能力，为今后的生产实践和科学研究打下良好的基础。

　　以大型精密仪器为基础的现代分析测试技术，近年来获得迅猛的发展。大型精密仪器设备是高校开展科学研究和教学工作及学科建设的基本手段和必备物质基础，因此大型仪器设备的数量和结构不仅是高校实验教学条件的重要体现，同时在一定程度上能够衡量高校的综合实力。随着双一流学科建设的推进，本着充分利用这些大型精密仪器，使其服务于本科教学和研究生教学，提升学生素质的原则，本书作者基于学校大型精密仪器及多年的教学经验，编写了《现代分析测试技术及实验》教材。本教材的出版对学生系统地了解和掌握现代分析方法，培养学生分析、解决实际问题的能力，具有重要的意义。

　　全书共 4 个部分 19 章，第一部分光学分析包括紫外-可见吸收光谱、红外光谱、分子荧光和磷光光谱、激光拉曼光谱、核磁共振波谱、X 射线分析；第二部分色谱分析包括气相色谱、高效液相色谱、离子色谱、毛细管电泳分离分析以及质谱分析；第三部分显微分析包括扫描电子显微镜和透射电子显微镜；第四部分综合热分析包括热重法和差热分析。

　　本书由孟哲统筹并主编。参加各章编写的教师有李红英（第 4 章），戴小军（第 10 章），李媛媛（第 6 章），李海波（第 16 章）。每一章分别安排 2~3 个实验，通过实验使学生对现代分析仪器的主要功能和应用有一个比较全面的了解。在实验的选择编写中，一些是很成熟的经典实验，也有不少是从参加编写本教材的各位教师的教学实践或科研成果中总结出来的，具有较好的实用性。校稿工作由孟哲、李红英、戴小军、李媛媛等老师承担。本书在编写过程中，晋晓勇、王淑华、全晓塞、张霞、林克英、彭亚鸽、纳鹏军等同事都给予了无私的帮助和支持，在此一并表示衷心的感谢。

　　由于作者学识所限，书中内容难免有欠缺和不妥之处，恳请专家、读者批评指正。

编者

2019 年 1 月

目录

第一部分

光学分析

第3章　红外光谱分析法　⑲

第4章　分子荧光和磷光光谱法　㊲

第 5 章 激光拉曼光谱法   49

第 6 章 核磁共振波谱法   59

第 7 章 X射线分析法   80

第二部分
色谱分析

第10章 高效液相色谱法 126

第11章 离子色谱法 140

第12章 毛细管电泳分离分析法 155

第三部分

电子显微分析

第 16 章　透射电子显微镜　191

第四部分

综合热分析

第 17 章　热分析法概述　202

光 学 分 析

第1章

光学分析概述

光学分析（optical analysis）是基于电磁辐射与物质相互作用后产生的辐射信号的变化来测定物质的性质、含量和结构的一类分析方法。光学分析是仪器分析的重要分支，应用范围很广。在经典的光学分析方法中，强调的是电磁辐射与物质间的相互作用，而现代的光学分析已经扩展到各种形式的辐射与物质间的相互作用，如声波、粒子束（离子和电子）等与物质的作用，采用光电转换或其他电子器件测定光辐射与物质相互作用之后的辐射强度等光学特性。如原子发射光谱法或原子吸收光谱法常用于痕量金属的测定。紫外-可见吸收光谱法和荧光光谱法用于金属、非金属和有机物质的测定。红外吸收光谱法、拉曼光谱法、核磁共振波谱法和 X 射线衍射光谱法用于测定纯化合物的性质和结构。旋光和圆二色谱法为研究分子的立体结构提供了重要的信息。因此，光学分析方法在定性分析、定量分析和化学结构的研究方面有着极其重要的作用。随着科学技术的发展，光学分析法也日新月异，许多新技术、新方法将会不断涌现。

1.1 电磁辐射的性质

电磁辐射是一种以极大的速度（在真空中为 2.9979×10^{10} cm/s）通过空间，而不需要以任何物质作为传播介质的能量形式。电磁波包括无线电波、微波、红外光、紫外-可见光、X 射线和 γ 射线等。

1.1.1 电磁波的波动性和微粒性

电磁辐射（也称为电磁波）具有波粒二象性。

电磁波的波动性可以用电场矢量 E 和磁场矢量 H 来描述。如图 1-1 是最简单的单个频率的平面偏振电磁波。

平面偏振就是电场矢量 E 在一个平面内振动，磁场矢量 H 在另一个与电场矢量相垂直的平面内振动。电场和磁场矢量都是正弦波形，并且垂直于波的传播方向。与物质的电子相互作用的是电磁波的电场矢量，所以磁场矢量可以忽略，仅用电场矢量代表电磁波。波的传播以及反射、衍射、干涉、折射和散射等现象表现了电磁波具有波的性质，可以用速度、频率、波长和振幅等参数来描述。

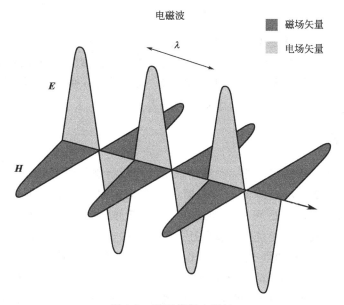

电磁波

■ 磁场矢量
□ 电场矢量

λ

E

H

图 1-1　平面偏振电磁波

（1）周期 T　相邻两个波峰或波谷通过空间某一固定点所需要的时间间隔称为周期，单位为 s（秒）。

（2）频率 ν　单位时间内完成周期性变化的次数，是表示周期运动频繁程度的量，常用符号 ν 表示，它等于周期的倒数即 $\nu=1/T$，单位为 1/s（1/秒），称为赫兹，以 Hz 表示。电磁波的频率与通过的介质无关，只取决于辐射源。

（3）波长 λ　相邻两个波峰或波谷间的直线距离。若电磁波传播速度为 c，频率为 ν，则波长 λ 为：

$$\lambda=c\,\frac{1}{\nu} \tag{1-1}$$

（4）波数 σ　每厘米长度内含有的波长数目，即波长的倒数：

$$\sigma=\frac{1}{\lambda}=\frac{\nu}{c} \tag{1-2}$$

波数的单位为 cm^{-1}（厘米$^{-1}$），将波长换算为波数的关系式为：

$$\sigma(\mathrm{cm}^{-1})=\frac{1}{\lambda(\mathrm{cm})}=\frac{10^4}{\lambda(\mu\mathrm{m})} \tag{1-3}$$

光速 c 与波长 λ、频率 ν、波数 σ 及能量 E 之间的关系如下：

$$c=\lambda\nu=\frac{\nu}{\sigma} \tag{1-4}$$

$$E=h\nu=\frac{hc}{\lambda} \tag{1-5}$$

式中，h 为普朗克常数。可见光的波长 λ 越大，光量子的能量 E 就越小。

电磁辐射是以接近光速（真空中光速为 c）传播的能量。

根据量子理论，原子、分子或离子都有确定的能量，它们仅仅能存在于一定的不连续能级上。当物质改变其能级时，它吸收或发射的能量（即辐射）应完全等于两能级间的能量差。即相应辐射的波长与两能级间的能量差应符合下式：

$$\Delta E = E_1 - E_0 = h\nu = \frac{hc}{\lambda} \qquad (1\text{-}6)$$

式中，E_1 和 E_0 分别表示高能级和低能级的能量。

对原子和离子来说，有围绕原子核运动的电子的电子能级，而分子除电子能级外，还存在原子间相对位移所引起的振动能级和转动能级。原子或分子的最低能级称为基态，较高能级称为激发态。室温下，物质一般处于它们的基态。

1.1.2 电磁波谱

各种电磁波按照波长或频率的大小顺序依次排列所绘制的图表称为电磁波谱，表 1-1 列出了电磁波的有关参数。电磁波的波长愈短，其能量愈大。γ 射线的波长最短，则能量最大；X 射线，能量次之；紫外-可见光和红外光，能量依次减小；无线电波，波长最长，其能量最小。电磁波的波长或能量与能级跃迁的类型有关。若要使分子或原子的价电子从低能级激发至高能级，所需要的能量为 $1\sim20eV$，该能量范围对应的电磁波的波长为 $60\sim1240nm$，而波长为 $200\sim400nm$ 的电磁波属于紫外光区，波长为 $400\sim800nm$ 的电磁波属于可见光区。因此，分子吸收紫外-可见光区的光子获得的能量足以使价电子跃迁。根据式 (1-6) 可以算出各种跃迁类型需要的能量所对应的波长。

表 1-1　电磁波谱

能量高低	典型的光谱学	波长范围	量子跃迁类型
高能辐射	γ 射线发射 X 射线吸收、发射、荧光、衍射	$<0.005nm$ $0.005\sim10nm$	核能级 内层电子
中间部分	真空紫外吸收 紫外-可见光吸收、发射、荧光、衍射 红外吸收、拉曼散射	$10\sim200nm$ $200\sim800nm$ $0.8\sim300\mu m$	价电子 价电子 分子转动与振动
长波部分	微波吸收 电子自旋共振 核磁共振	$0.75\sim3.75mm$ $3cm$ $0.6\sim10m$	分子的转动 磁场中电子自旋 磁场中核自旋

1.2 光学分析法的分类

根据物质与电磁辐射作用方式的不同，光学分析法可分为光谱法和非光谱法两大类。光谱法是基于物质与辐射能作用时，分子（或原子）发生能级跃迁而产生的发射、吸收或散射的波长或强度等信号变化进行分析的方法。利用光谱学的原理和实验方法来确定物质的组成、结构和相对含量的方法称为光谱分析法。按照产生光谱的基本粒子分类，可以分为原子光谱和分子光谱。

原子光谱（atomic spectrometry，AS）多以气态的原子或离子外层电子的跃迁为基础。一般来说，原子外层电子处于基态，当受到热能或电能激发时，其外层的电子可以跃迁至高能级而处于激发态。处于激发态的原子很不稳定，约在 $10^{-9}s$ 时间内跃迁至较低激发态或基态而释放出能量，如果能量以光的形式释放，就产生波长一定的线状光谱。

原子光谱包括：基于原子外层电子跃迁的有原子吸收光谱（atomic absorption spectrum，AAS）、原子发射光谱（atomic emission spectrum，AES）、原子荧光光谱（atomic fluorescence spectrum，AFS）；基于原子内层电子跃近的有 X 射线荧光光谱（X-ray fluorescence spectrometry，XFS）；基于原子核与射线作用的穆斯堡谱。原子光谱的特征是线状光谱，其中某一谱线的产生与原子中电子在某一对特定能级之间的跃迁相联系，反映了原子或其离子的性质，与原子或离子的来源无关。因此，原子光谱分析只能用于确定物质的元素组成与含量，不能给出与物质分子结构有关的信息。由于原子光谱分析法具有灵敏度高、选择性好、分析速度快、试样用量少、能同时进行多元素定量分析等优点，获得了广泛的应用。

分子光谱是分子中的价电子在分子轨道间跃迁产生的，分布与原子光谱不同，许多谱线密集而连续，形成带状，所以分子光谱的特征是带状光谱，波长分布范围很广，可出现在远红外区、近红外区、可见光区和紫外区。

在分子中，除了原子核外的电子做相对运动之外，还有原子核的相对运动，另外以分子作为重心的转动、平动和振动，以及分子中基团间的内旋转运动等。紫外-可见光谱（UV-Vis）、荧光光谱、磷光光谱都是基于分子外层电子能态跃迁而产生的，称为电子光谱；红外光谱（IR）则是基于分子内部的振动能和转动能的跃迁，因此又可称为振-转光谱。分子光谱是提供分子内部信息的主要途径，根据分子光谱可以推测分子的结构、分子的键长和键强度以及分子解离能等许多性质。

非光谱法则是指不涉及能级跃迁，辐射与物质作用时仅改变传播方向等物理性质的方法，如偏振、干涉、旋光等方法。

第2章

紫外-可见吸收光谱法

2.1 引言

分子的紫外-可见吸收光谱分析法是基于分子中的价电子在分子轨道间的跃迁产生的一种仪器分析方法，波长范围为200~800nm。由于分子中除了电子运动之外，还有组成分子的各原子间的振动，以及分子的整体转动，每一种运动状态都对应有一定的能级，即电子能级、振动能级和转动能级。当分子中价电子经紫外-可见光照射时，电子从低能级跃迁到高能级，此时电子就吸收了相应波长的光谱称为紫外-可见光谱。因此，分子的电子光谱实际上是由电子振动-转动组成的复杂带状光谱。

考虑到分子间的相互作用和溶剂的极性影响，在分子的电子光谱中，与分子精细结构相关的转动光谱和振动光谱均已消失，因此，紫外-可见吸收光谱得到的是一条很宽的、简单的吸收光谱带，不适用于有机化合物结构的鉴定，但对于含有生色团和共轭体系的有机化合物的鉴定仍是有意义的。紫外-可见吸收光谱仪在整个仪器分析领域中占有重要的地位。

2.2 紫外-可见吸收光谱的原理

紫外-可见吸收光谱产生于分子中电子能级的变化，各种化合物的紫外-可见吸收光谱的特征也反映了分子中电子在各种能级间跃迁的内在规律。依据某化合物的特征紫外-可见吸收光谱，可以对其进行定量分析，尤其对一些有机化合物结构的认识提供了一定的支持。

2.2.1 朗伯-比尔定律

2.2.1.1 朗伯-比尔吸收定律

为研究物质对光吸收的定量关系，早在1729年，布格（Bouguer）建立了吸光度与吸收介质厚度之间的关系。1760年，朗伯（Lamber）用更准确的数学方法表达了这一关系。1852年，比尔（Beer）确定了吸光度与溶液浓度及液层厚度之间的关系，建立了光吸收的基本定律。习惯上称这一定律为朗伯-比尔吸收定律（朗伯-比尔定律）。

当一束平行的单色光照射到一定浓度的均匀溶液时，入射光被溶液吸收的程度与溶液厚度的关系为：

$$\lg \frac{I_0}{I} = kb \qquad (2\text{-}1)$$

式中　I——透射光强度；

I_0——入射光的强度；

b——样品溶液厚度；

k——吸光系数。

当入射光通过不同浓度的同一溶液时，入射光强度与溶液浓度的关系为：

$$\lg \frac{I_0}{I} = k'c \qquad (2\text{-}2)$$

式中，c 为溶液浓度；k' 为常数。这就是比尔（Beer）定律。

当溶液厚度和浓度都可改变时，就要考虑两者同时对透射光的影响，则有：

$$\lg \frac{I_0}{I} = \lg \frac{1}{T} = kbc \qquad (2\text{-}3)$$

式中，$\lg \dfrac{I_0}{I}$ 为吸光度 A；$\dfrac{I_0}{I}$ 为透光度 T。

式(2-3) 可写为：

$$A = -\lg T = kbc \qquad (2\text{-}4)$$

式中　c——浓度，g/L；

b——样品溶液厚度，cm；

k——吸光系数，L/(g·cm)。

式(2-4) 就是朗伯-比尔光吸收定律（Lambert-Beer 定律）的数学表达式。

吸光度 A 的物理学意义是物质吸收单色入射光的程度。

k 为吸光系数，表示物质分子对某波长单色光的吸收能力，与吸光物质的性质、入射光波长及温度等因素有关。k 值随 b 和 c 单位的不同而不同。

2.2.1.2　摩尔吸光系数

当 c 的单位为 mol/L、b 的单位为 cm 时，式(2-4) 中的吸光系数 k 用 ε 表示，称为摩尔吸光系数，其单位为 L/(mol·cm)。这样光吸收基本定律就是：

$$A = \varepsilon bc \qquad (2\text{-}5)$$

式中，摩尔吸光系数 ε 表示吸光物质的浓度为 1mol/L，介质厚度为 1cm 时物质对指定频率光的吸收能力。ε 值越大，表示吸光物质对某波长光的吸收能力越强，则吸光光度法定量测定的灵敏度越高。因此，ε 是吸光物质特性的重要参数，也是衡量吸光光度法分析灵敏度的重要指标。

在吸光光度法分析的实际工作中，ε 值也与吸光光度计有关。对某一特定的物质来说，在固定条件下测量时，ε 值主要与入射单色光的波长有关。摩尔吸光系数通常不能直接移取 1mol/L 这样高浓度的样品来测定，而是在适宜的低浓度下测量吸光度 A，然后通过计算求出 ε 值。注意，这种测定 ε 值的前提是被测组分应该全部转变为有色配合物。

事实上，溶液中配合物的浓度常因解离、缔合等作用而有所改变，故在计算其摩尔吸光系数时，必须知道有色配合物的真实浓度，即实际测得的是表观摩尔吸光系数。由于摩尔吸

光系数 ε 与吸收波长有关，也与仪器的测量精度有关，在书写时应标明波长并注意有效数字。

就定量分析而言，通常认为 ε>10^4 是灵敏的，而 ε<10^3 则是不灵敏的，ε>10^5 为高灵敏度。

2.2.1.3　偏离朗伯-比尔定律的因素

根据朗伯-比尔定律，吸光度与溶液浓度应是通过原点的线性关系（溶液厚度一定），但在实际工作中吸光度与浓度之间的关系有时是非线性的（不通过原点），这种现象称为偏离朗伯-比尔定律。产生偏离的主要因素有：

（1）样品溶液因素　朗伯-比尔定律是在稀溶液时才能成立，而在实际测定中随着溶液浓度增大，微观吸光质点间距离缩小，彼此间相互影响和相互作用加强，因此破坏了吸光度与浓度之间的线性关系。

（2）仪器因素　朗伯-比尔定律仅适用于单色光，但经仪器狭缝投射到被测溶液中的光，并不能保证理论意义上的单色光，这也是造成偏离朗伯-比尔定律的一个重要因素。

2.2.2　有机化合物的紫外-可见吸收光谱

紫外-可见吸收光谱起源于分子中电子能级的变化，各种化合物的紫外-可见吸收光谱的特征也就是分子中电子在各种能级间跃迁的内在规律的体现。据此，可以对许多化合物进行定量分析，深入认识有机化合物的结构。

2.2.2.1　有机化合物各种类型的电子跃迁

有机化合物的紫外-可见吸收光谱取决于有机化合物分子的结构。基于分子轨道理论，认识与紫外-可见吸收光谱有关的电子跃迁，如 $n \rightarrow \sigma^*$，$n \rightarrow \pi^*$ 和 $\pi \rightarrow \pi^*$。图 2-1 定性地表示了各种类型的电子跃迁所需能量和吸收光波长之间的关系。

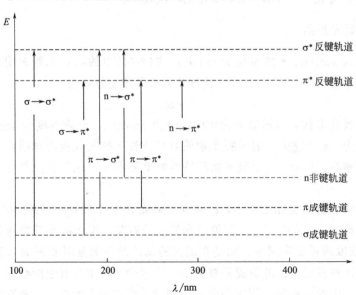

图 2-1　不同的电子跃迁所需的能量和吸收光波长的关系示意图

（1）n→σ*跃迁　实现 n→σ* 跃迁所需的能量较大，跃迁的吸收光谱出现在远紫外区和近紫外区。尤其是杂原子 O、N、S 等都含有非键 n 电子，如 C—N，C—OH 等都能发生 n→σ* 跃迁。该跃迁的能量主要与含有未成键电子的杂原子的电负性和非成键轨道是否重叠有关，而与分子结构的关系较小。如含杂原子 O、Cl 的有机化合物，吸收带 λ_{max} 小于 200nm；而含 N、S、Br、I 的有机化合物，吸收带 λ_{max} 大于 200nm；再如 $(CH_3)_2S$ 的 n→σ* 跃迁 $\lambda = 229nm$，而 $(CH_3)_2O$ 的 n→σ* 跃迁 $\lambda = 184nm$。说明 S 原子的电负性弱于 O 原子，对 n 电子的束缚较弱，激发时的能量较小，所以 λ 就较大。

（2）π→π*跃迁　π→π* 跃迁是双键中的 π 电子由 π 成键轨道向 π* 反键轨道的跃迁。这类跃迁能量介于 n→σ* 跃迁和 n→π* 跃迁，这类跃迁需要的能量较小，因此吸收峰一般处于近紫外区。在 200nm 左右，其特征是 ε 值较大，一般最大吸收波长处的摩尔吸光系数 $\varepsilon_{max} > 10^4$，为强吸收带。

（3）n→π*跃迁　n→π* 跃迁一般出现在波长大于 200nm 的近紫外区和可见光区，吸光系数较小，得到的是弱带，普通的紫外-可见光谱仪一般观察不到这类跃迁。当分子中同时存在杂原子和双键 π 电子时就有可能发生 n→π* 跃迁，如 C=O、N=N、N=O、C=S 等基团，都能发生杂原子上的非键 n 电子向反键 π* 轨道的跃迁。该跃迁产生的光吸收波长范围较宽，为 200~700nm，但这种跃迁的摩尔吸光系数 ε 值一般都很小。

2.2.2.2　紫外-可见吸收光谱的术语

（1）生色团　生色团是使化合物呈现颜色（吸收可见光）的一些基团。在紫外光谱中生色团的含义被扩展，指能使化合物在紫外区产生吸收的基团，不论是否呈现出颜色。最有用的紫外光谱是由 π→π* 跃迁和 n→π* 跃迁产生的，这两种跃迁均要求有机物分子中含有不饱和基团，如双键或三键体系、羰基、亚硝基、偶氮基（—N=N—）等。一些常见生色团的吸收特性见表 2-1。

表 2-1　一些常见生色团的吸收特性

生色团	λ_{max}/nm	$\varepsilon_{max}/L \cdot (mol \cdot cm)$	跃迁类型
—C≡C—	175	8000	π→π*
C=C	190	9000	π→π*
C=O	280	20	n→π*
—COOH	204	41	n→π*
—COOR	205	50	n→π*
C=S	500	10	n→π*
—N=N—	340	10	n→π*
S=O	210	2000	n→π*
—ONO_2	260	20	n→π*
—NO_2	330	10	n→π*

生色团	λ_{max}/nm	ε_{max}/L/(mol·cm)	跃迁类型
—SCN	245	100	$n \rightarrow \pi^*$
＼C—Br	200	300	$n \rightarrow \sigma^*$
＼C—I	260	500	$n \rightarrow \sigma^*$

（2）助色团　助色团是指本身不能生色，但与生色团相连时可改变生色团吸收特性的基团。助色团通常是带有非键电子对的基团，如—OH、—OR、—NHR、—SH、—Cl、—Br、—I等。助色团会使生色团的吸收谱带向长波方向移动，并增加其吸收强度。

（3）红移和蓝移　在有机化合物中，常因取代基的变更或溶剂的改变，使其吸收谱带的最大吸收波长 λ_{max} 发生移动，向长波方向移动称为红移，向短波方向移动称为蓝移（或紫移）。

（4）增色效应与减色效应　由于结构改变或其他原因，吸收强度增加称为增色效应，吸收强度减弱称为减色效应。

2.2.3　无机化合物的紫外-可见吸收光谱

2.2.3.1　电荷转移吸收带

电荷转移吸收带是指外来辐射照射到某些无机或有机化合物时，可能使电子从给予体外层轨道跃迁到接受体的轨道，从而产生的光的吸收谱带。这种由于电子转移产生的吸收光谱，称为电荷转移光谱。电荷转移的过程可用下式表示：

$$D-A \xrightarrow{h\nu} D^+ + A^-$$

给予体　接受体

许多无机化合物及水合无机离子都能发生这种转移。例如：

$$Fe^{3+}-SCN^- \xrightarrow{h\nu} Fe^{2+}-SCN$$

通常，配合物中的中心离子是电子接受体，配位体是电子给予体。若中心离子的氧化能力（或配位体的还原能力）越强，或中心离子的还原能力（或配位体的氧化能力）越强，产生电荷转移跃迁需要的能量就越小，吸收波长红移。电荷转移吸收带的特点是吸收强度大，$\varepsilon_{max} > 10$L/(mol·cm)，利用它进行定量分析，有利于灵敏度的提高。

2.2.3.2　配位体场吸收带

配位体场吸收带包括 d-d 和 f-f 跃迁产生的吸收带，这两种跃迁必须在配位体的配位场作用下才有可能发生。配位体场吸收带主要用于配合物结构的研究。

d-d 电子跃迁吸收带是由于 d 电子层未填满的第一、第二过渡金属离子的 d 电子，在配位体场的作用下，分裂出不同能量的 d 轨道之间的跃迁而产生的。这种吸收带在可见光区，强度较弱，ε_{max} 为 0.1～100L/(mol·cm)。

f-f 电子跃迁吸收带在紫外-可见光区，它是由镧系和锕系元素的 4f 和 5f 电子跃迁产生的。因 f 轨道被已填满的外层轨道屏蔽，不易受溶剂和配位体的影响，所以吸收带较窄。

2.3　仪器结构与原理

紫外-可见分光光度计的工作原理为：光源产生的连续辐射，经分光器色散后，通过样品池，一部分辐射被待测样品溶液吸收，未被吸收的部分辐射到检测器，光信号被转变成电信号并加以放大，信号数据被显示或记录下来。紫外-可见分光光度计由以下部分组成。

(1) 辐射光源　紫外-可见分光光度计对辐射光源的要求是：能发射足够强度的连续辐射，稳定性好，辐射能量随波长无明显变化，使用寿命长。在紫外-可见分光光度计上最常用的有两种光源，即钨灯和氘灯。

钨灯发射可见光区的连续光源，适用的波长范围是 320～2500nm。氘灯是紫外区使用最广泛的光源，能在 165～375nm 间产生连续辐射。

(2) 分光器　分光器将光源的连续辐射色散得到所需要的单色光，是分光光度计的核心部件，其性能直接影响光谱带宽，从而影响测定的灵敏度、选择性和工作曲线的线性范围。

分光器的组成包括入射狭缝、反射镜、色散元件、出射狭缝，其中色散元件是分光器的关键部件。常用的色散元件有棱镜和光栅。目前的光度计几乎都用光栅作色散元件。

(3) 吸收池　吸收池用于盛放试液，常用的吸收池按制作材料可分为普通玻璃和石英两种。由于普通玻璃易吸收紫外光，所以在紫外区，应使用石英玻璃比色器。可见光区即可以使用普通玻璃比色器又可以使用石英玻璃比色器。

(4) 检测器　将光信号转变成电信号，然后通过计算机输出打印而显示的装置即为检测器。常用的检测器有硒光电池、光电管、光电倍增管等。紫外-可见分光光度计上，广泛使用的是光电倍增管，光电倍增管适用的波长范围是 160～700nm，其灵敏度比一般的光电管高 2 个数量级。多通道光度计使用的是光二极管阵列检测器，该检测器优于传统光谱检测器，一次同时得到整个光谱。

(5) 显示或记录器　显示或记录器由检测器将光信号转变为电信号后，通过模拟数字转化器传输到计算机进行处理打印或显示。

目前分光光度计的类型主要分为三种：单波长、双波长和多通道分光光度计。

2.3.1　单波长分光光度计

2.3.1.1　单光束分光光度计

单光束分光光度计结构相对简单，辐射光源经分光器、样品到检测器是一条光路，测量时，光束经分光器分光后先通过参比溶液，再通过被测试样的溶液，测定其光强度。实验前首先在一系列不同波长处，分别测定试液的吸光度，绘制出吸收曲线，以确定被分析物的最大吸收波长。单光束仪器的缺点是测量结果受电源波动的影响较大，适用于在固定波长处的吸光度的定量分析。

2.3.1.2 双光束分光光度计

辐射光源的光经分光器后又被反射镜分解成两路相等的光束，并分别射入参比池和试液池，这就消除了单光束仪器受光源强度变化的影响。在波长扫描时，可以连续地绘出吸收光谱曲线。

2.3.2 双波长分光光度计

将辐射光源发出的光分成两束，分别经过两个分光器，同时得到两个不同波长 λ_1 和 λ_2 的单色光。两束单色光交替照射同一溶液，测得的信号为两波长处吸光度之差。当两个波长以 $1\sim2nm$ 的间隔同时扫描时，获得信号可视作一阶导数光谱。双波长分光光度计测量的优点是不考虑参比，消除了空白溶液带来的误差，同时减少了光源电压变化产生的误差，灵敏度较高。

2.3.3 多通道分光光度计

多通道分光光度计使用了光二极管阵列检测器（DAD）。由光源发出的辐射聚焦到吸收池上，通过吸收池后到达光栅，经分光后照射到 DAD 上，由 1024 个光二极管构成线性阵列（Agilent 8453 紫外-可见分光光度计），可在 $190\sim1100nm$ 范围内同时记录吸收光谱，分辨率为 1nm。DAD 仪器的特点是测量简便快速，适用于研究有光谱变化的化学反应过程。一些液相色谱和毛细管电泳等也常用 DAD 作为其检测器。

2.4 实验技术

2.4.1 样品的制备

紫外-可见吸收光谱的测定通常在溶液中进行，固体样品需处理成溶液。光谱分析法对溶液的要求：良好的溶解能力，挥发性小，毒性低等。在溶剂的选择上，首先，要考虑溶剂在紫外区产生一定的吸收而对测定结果的影响；其次，溶剂的极性不同不仅影响谱带的位置（发生红移或蓝移）或谱带强度，而且会影响谱带精细结构的出现或消失。

2.4.2 测定条件的选择

2.4.2.1 波长的选择

为了使测定结果有较高的灵敏度和准确度，通常选择最大吸收波长作为分析波长。依据吸收曲线确定最大吸收波长，在最大吸收波长处进行定量分析，其测定的灵敏度较高，吸光度随波长的变化较小，可以获得较好的测量精度。

2.4.2.2 狭缝宽度的选择

考虑到最小干扰的原则，定性分析常采用最小狭缝宽度。定量分析时，如果狭缝宽度太小则入射光强度太弱会引起信噪比降低，因此狭缝宽度应适当增大。

2.4.2.3 吸光度范围

吸光度在 0.2~0.7 时，测量的准确度较高。因此应该调整溶液吸光度大小，控制在此范围内。常用的方法是：①含量高时少取样或取稀液，而含量低时可多取样或萃取富集；②若溶液已显色，则可通过改变吸收池的厚度调吸光度大小；③选择合适的参比溶液。

2.4.2.4 有色化合物的形成

在实际测定中，样品中的被测组分不产生吸收，则需要加入一种试剂（显色剂），显色剂与被测组分作用形成有色化合物或形成含有生色团的化合物。该显色剂应具有选择性好，灵敏度高，所形成的有色化合物的组成恒定，化学性质稳定等特点。常用的显色剂多为含有生色团的有机化合物。

2.4.3 参比溶液的选择

调节仪器的工作零点常采用参比溶液。测定时，让光通过参比溶液，调节零点，使 $A=0$，$T=100\%$，然后测试待测溶液。

选择适当的参比溶液，可以消除某些干扰因素。参比溶液选择的原则是使所测 A 值能真正反映待测样品的浓度。参比溶液选择的具体方法：

① 当试液、显色剂和条件试剂（如 pH 缓冲溶液、掩蔽剂等）均无色时，用蒸馏水作参比溶液。

② 若显色剂、条件试剂无色，而试液中其他共存离子有色，则用不加显色剂和条件试剂的试液作参比溶液，可消除共存离子的颜色干扰。

③ 若显色剂、条件试剂及被测试样中的共存离子在测定波长下均有吸收，可取一份试液加入掩蔽剂，将被测组分掩蔽起来，再加入显色剂、条件试剂，将此混合液作参比溶液，以消除干扰。

此外，为得到准确的测定结果，对吸收池厚度、透射率、仪器波长、读数刻度等也应进行校正。

2.5 实验内容

2.5.1 差值吸收光光度法测定废水中的微量苯酚

实验目的
(1) 学习使用 UV-1801 紫外-可见分光光度计。
(2) 掌握差值吸收光光度法测定废水中的微量苯酚的方法。

实验原理
酚类化合物在酸、碱溶液中发生不同的解离，使其溶液的吸收光谱发生变化。苯酚在紫外区有两个吸收峰：在酸性或中性溶液中，λ_{max} 为 210nm 和 272nm；在碱性溶液中，λ_{max} 位移至 235nm 和 288nm。在紫外-可见分光光度法分析中，利用在不同的酸、碱条件下，苯酚溶液吸收光谱变化的规律，直接对有机化合物进行测定。

废水中含有多种有机杂质，这会干扰苯酚在紫外区的直接测定。如果将苯酚的中性溶液作为参比溶液，测定苯酚碱性溶液的吸收光谱，利用两种光谱的差值光谱，有可能消除杂质的干扰，实现废水中苯酚含量的测定。这种利用两种溶液中吸收光谱的差异进行测定的方法，称为差值吸收光谱法。

仪器与试剂

(1) 仪器　岛津 UV-1801 紫外-可见分光光度计；容量瓶（50mL 容量瓶 10 个）。

(2) 试剂　苯酚标准溶液（准确称取苯酚 0.300g，置于 1L 容量瓶中）。

实验步骤

(1) 配制苯酚的标准系列溶液：将 10 个 50mL 容量瓶分成两组，各自编号。按照表 2-2 加入相应的溶液，再用水稀释至刻度，摇匀，作为苯酚的标准系列溶液。

表 2-2　苯酚标准系列溶液的吸光度差值

编号	第一组（中性）	第二组（碱性）	吸光度差值
	苯酚/mL	苯酚/mL＋2.5mL KOH	
1	1.0	1.0	
2	1.5	1.5	
3	2.0	2.0	
4	2.5	2.5	
5	3.0	3.0	

(2) 绘制苯酚的吸收光谱：取上述同一编号的两组溶液，用 1cm 吸收池，以水作参比溶液，分别绘制苯酚在中性溶液和碱性溶液中的吸收光谱。然后用中性的苯酚溶液作参比，绘制苯酚在碱性溶液中的吸光度差值光谱。

(3) 测定苯酚两种溶液的光谱差值：从上述绘制的差值光谱中，选择 288nm 附近最大吸收波长作为测定波长。在 UV-1801 紫外-可见分光光度计上固定 λ_{max}，然后成对地测定苯酚溶液两种光谱的吸光度差值。

(4) 未知试样中苯酚含量的测定：将 6 个 50mL 容量瓶分成两组，每组 3 个，分别加入未知样。将其中 3 个用去离子水稀释，其余 3 个加入 2.5mL KOH 溶液，再用去离子水稀释至刻度，分别摇匀。将两组溶液分成 3 对，用 1cm 吸收池测定光度差值。

数据处理

(1) 将表 2-2 中测得的光谱差值，绘制成吸光度-浓度曲线，计算回归方程。

(2) 利用所得曲线或回归方程，计算未知样品中苯酚含量（用 mol/L 表示）的置信范围（置信度为 95%）。

(3) 计算苯酚在中性溶液（272nm 附近）或碱性溶液（288nm 附近）中的表观摩尔吸光系数。

思考题

(1) 绘制苯酚在中性溶液、碱性溶液中的吸收光谱和差值光谱时，应如何选择参比溶液？

(2) 在苯酚的差值光谱上有两个吸收峰，本实验采用 288nm 测定波长，是否可以用 235nm 波长作测定波长？为什么？

2.5.2 加和法多组分混合物的同时测定

实验目的

(1) 掌握分光光度法吸光度的加和性原则，同时测定两组分的方法。

(2) 掌握分光光度法测定摩尔吸光系数的方法。

实验原理

当体系中有几个组分时，根据吸光度的加和性，体系总吸光度为各组分吸光度之和。

$$A_{总} = \sum_{i=1}^{n} A_i = b \sum_{i=1}^{n} \varepsilon_i c_i \tag{2-6}$$

式中，$A_{总}$ 为各组分吸光度 A_i 之和；c_i、ε_i 分别为 i 组分的浓度和摩尔吸光系数。各组分的吸收光谱即使部分重叠，只要服从吸收定律，就可根据式(2-6)测定混合物中各组分的含量。

例如，在试样中含有两个组分 x 和 y，其浓度分别为 c_x 和 c_y，在波长 λ_1 和 λ_2 下，测得总吸光度 A_{λ_1} 和 A_{λ_2}。根据式(2-6)，可以得出以下方程组：

$$\begin{cases} A_{\lambda_1} = \varepsilon_{\lambda_1}^x c_x + \varepsilon_{\lambda_1}^y c_y \\ A_{\lambda_2} = \varepsilon_{\lambda_2}^x c_x + \varepsilon_{\lambda_2}^y c_y \end{cases} \tag{2-7}$$

式中，$\varepsilon_{\lambda_1}^x$、$\varepsilon_{\lambda_1}^y$、$\varepsilon_{\lambda_2}^x$、$\varepsilon_{\lambda_2}^y$ 为波长在 λ_1 和 λ_2 时，组分 x 和 y 的摩尔吸光系数，可从已知浓度的纯组分溶液获得。解上述方程组，可求得 c_x 和 c_y。用这种方法，原则上可以同时测定多组分混合物中各组分的含量，但组分增多，误差增大。

仪器与试剂

(1) 仪器　UV-1801 紫外-可见分光光度计；容量瓶（50mL 容量瓶 8 个）。

(2) 试剂　Co(NO$_3$)$_2$ 标准溶液（0.350mol/L）；Cr(NO$_3$)$_3$ 标准溶液（0.100mol/L）；Co 和 Cr 混合试样。

实验步骤

(1) 分光光度法同时测定两组分混合物的组成。

配制溶液：在 4 个 50mL 容量瓶中，分别加入 2.50mL、5.00mL、7.50mL、10.00mL 的 Co（NO$_3$）$_2$ 标准溶液。

另取 4 个 50mL 容量瓶，分别加入 2.50mL、5.00mL、7.50mL、10.00mL 的 Cr（NO$_3$）$_3$ 标准溶液。分别用去离子水稀释至刻度，摇匀。

(2) 绘制 Co(NO$_3$)$_2$ 及 Cr(NO$_3$)$_3$ 标准溶液的吸收光谱。

用 1cm 吸收池，以蒸馏水作参比溶液，在可见光区绘制上述各容量瓶中溶液的吸收光谱。

(3) 混合试样吸收光谱：用 1cm 吸收池，用蒸馏水作参比溶液，绘制混合试样的吸收光谱。

数据处理

分光光度法的数据处理：根据 Co 和 Cr 的吸收光谱，确定 λ_1 和 λ_2；计算 Co 和 Cr 的 4 种标准溶液在 λ_1 和 λ_2 处的 ε 值，求出 Co 和 Cr 的 ε_{λ_1} 和 ε_{λ_2}，按式(2-7)计算混合物中两组分的浓度。

思考题

（1）分光光度法中，两组分同时测定时，如何选择测定波长 λ_1 和 λ_2？

（2）两组分同时测定时，如何获得 $\varepsilon_{\lambda_1}^x$、$\varepsilon_{\lambda_1}^y$、$\varepsilon_{\lambda_2}^x$、$\varepsilon_{\lambda_2}^y$？

2.5.3 双波长紫外分光光度法测定复方新诺明的主要成分

实验目的

（1）掌握双波长紫外分光光度法的测定原理。

（2）学习双波长等吸收点紫外分光光度法测定二元混合组分的方法。

（3）学习药物片剂的试样制备方法。

实验原理

经典分光光度法的定量测定通常是在被测组分的最大吸收波长处进行，根据朗伯-比尔定律，其吸光度值与被测组分的浓度 c 成正比，$A = \varepsilon b c$。

当吸收光谱重叠的两个组分共存时，如何在测定被测组分时，可完全消除另一组分的干扰，达到共存组分不分离进行定量测定的目的。通常采用的方法有双波长法、三波长法、导数光谱法、差谱分析法等。其中双波长法中的等吸收双波长法应用较为广泛，该法的准确度和精密度要高于其他方法，是对共存组分不分离定量测定的有效方法之一。

等吸收波长法的一个典型应用实例是被收载于《中华人民共和国药典》中的抗菌消炎药复方磺胺甲噁唑片的含量测定。复方磺胺甲噁唑片中含有磺胺甲噁唑（SMZ）和甲氧苄啶（TMP）两种主要成分，其吸收曲线见图 2-2。当测定 SMZ 时，选择其最大吸收波长 257nm 为测定波长，可以在干扰组分 TMP 的光谱曲线上 304nm 附近找到等吸收波长为组合波长消除其干扰；当测定 TMP 时，选择 239nm 为测定波长，可以在干扰组分 SMZ 的光谱曲线上 295nm 附近找到等吸收波长为组合波长消除其干扰，分别对 SMZ 和 TMP 进行含量测定。

图 2-2(a) 在 0.1mol/L NaOH 介质中，SMZ 在 257nm 处有最大吸收；TMP 在 257nm 处吸收最小，表明在 0.1mol/L NaOH 介质中测定 SMZ 时，TMP 在波长 257nm 处干扰最小。

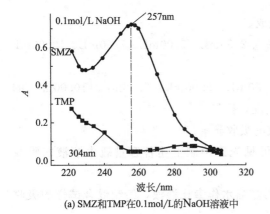

(a) SMZ和TMP在0.1mol/L的NaOH溶液中　　(b) SMZ和TMP在0.0075mol/L HCl-0.1mol/L KCl溶液中

图 2-2　SMZ 和 TMP 在不同介质中的吸收曲线

仪器与试剂

（1）仪器　UV-1801 紫外-可见分光光度计；50.0mL 容量瓶（7 个）；2.0mL 移液管（3 支）。

(2) **试剂**　SMZ 标准储备液（500mg/L，乙醇溶液）；TMP 标准储备液（100mg/L，乙醇溶液）；0.1mol/L NaOH 溶液；0.0075mol/L HCl-0.1mol/L KCl 混合溶液；95％乙醇；复方磺胺甲噁唑片。

实验步骤

(1) **试样制备。** 取复方磺胺甲噁唑片 10 片，精确称量后计算平均片重。将 10 片药片全部置于研钵中研细后，精确称取适量药片的粉末（约相当于 SMZ50mg，TMP10mg）于一小烧杯中，用乙醇溶解后转移至 100mL 容量瓶中，用乙醇定容，摇匀。超声 15min，过滤，弃去最初的 20mL 滤液，收集剩余滤液于干燥的 50mL 容量瓶中，作为供试溶液备用。

(2) **磺胺甲噁唑的测定。** 准确移取上述供试溶液 0.1mL 于 50mL 的容量瓶，用 0.1mol/L NaOH 稀释至刻度，摇匀，作为 SMZ 待测溶液。

准确移取 SMZ 标准储备液、TMP 标准储备液各 1.00mL 分别于两个 50mL 容量瓶，用 0.1mol/L NaOH 溶液定容，分别作为 SMZ 标准对照溶液Ⅰ和 TMP 标准对照溶液Ⅰ。

将 TMP 标准对照溶液Ⅰ置于石英比色皿中，用 0.1mol/L NaOH 溶液作参比，以 257nm 为测定波长（λ_1），在 304nm 波长附近，每隔 0.2nm 选择等吸收点波长（λ_2），要求 $\Delta A_s^{TMP} = A_{s,\lambda_1}^{TMP} - A_{s,\lambda_2}^{TMP} = 0$。然后，将 SMZ 标准对照溶液Ⅰ置于石英比色皿中，分别在 λ_1 和 λ_2 处测定吸光度，求 SMZ 标准对照溶液Ⅰ在两波长的吸光度差值：

$$\Delta A_s^{SMZ} = A_{s,\lambda_1}^{SMZ} - A_{s,\lambda_2}^{SMZ} \tag{2-8}$$

同法测得片剂待测溶液Ⅰ在两波长的吸光度差值 $\Delta A_x^{SMZ} = A_{x,\lambda_1}^{SMZ} - A_{x,\lambda_2}^{SMZ}$。用下式求得片剂中 SMZ 的含量：

$$x_{SMZ} = \frac{\Delta A_x^{SMZ} \rho_x^{SMZ} \times 50 \times Dm_0}{\Delta A_s^{SMZ} \times 1000 \times m} \tag{2-9}$$

式中　ρ_x^{SMZ}——SMZ 标准对照溶液Ⅰ中 SMZ 的质量浓度，mg/mL；

m_0——平均片重的粉末试样量，g；

m——制备供试液时所称的粉末试样量，g；

D——稀释倍数。

(3) **甲氧苄啶含量的测定。** 准确移取上述供试溶液 0.3mL 置于 50mL 的容量瓶中，用 0.0075mol/L HCl-0.1mol/L KCl 混合溶液稀释至刻度，摇匀，作为 TMP 待测溶液Ⅱ。准确移取 SMZ 标准储备液、TMP 标准储备液各 2.00mL 分别于两个 50mL 容量瓶，用 0.0075mol/L HCl-0.1mol/L KCl 混合溶液定容，摇匀，分别作为 SMZ 标准对照溶液Ⅱ和 TMP 标准对照溶液Ⅱ。

将 SMZ 标准对照溶液置于石英比色皿中，用 0.0075mol/L HCl-0.1mol/L KCl 混合溶液作参比，以 239nm 为测定波长（λ_3），在 295nm 波长附近，每隔 0.1nm 选择等吸收点波长（λ_4），要求：

$$\Delta A_s^{SMZ} = A_{s,\lambda_3}^{SMZ} - A_{s,\lambda_4}^{SMZ} = 0 \tag{2-10}$$

然后，将 TMP 标准对照溶液Ⅱ置于石英比色皿中，分别在 λ_3 和 λ_4 处测定吸光度，求 TMP 标准对照溶液Ⅱ在两波长的吸光度差值：

$$\Delta A_s^{TMP} = A_{s,\lambda_3}^{TMP} - A_{s,\lambda_4}^{TMP} \tag{2-11}$$

同法测得片剂待测溶液在两波长的吸光度差值 $\Delta A_x^{TMP} = A_{x,\lambda_3}^{TMP} - A_{x,\lambda_4}^{TMP}$。用下式求得片

剂中 TMP 的含量:

$$x_{\text{TMP}} = \frac{\Delta A_{\text{x}}^{\text{TMP}} \rho_{\text{x}}^{\text{TMP}} \times 50 \times D m_0}{\Delta A_{\text{s}}^{\text{TMP}} \times 1000 \times m} \times \frac{1}{2} \tag{2-12}$$

式中　$\rho_{\text{x}}^{\text{TMP}}$——TMP 标准对照溶液 I 中 TMP 的质量浓度，mg/mL；

　　　m_0——平均片重的粉末试样量，g；

　　　m——制备供试液时所称的粉末试样量，g；

　　　D——稀释倍数。

思考题

(1) 在选择测定波长和参比波长时，除了应使干扰组分 $\Delta A = A_{\lambda_1} - A_{\lambda_2} = 0$ 外，对于测定组分来说应注意什么？

(2) 为什么在制备供试液时要在混匀后再称少量粉末而不是 1 片复方磺胺甲噁唑片剂研成粉末后直接制备？

第3章

红外光谱分析法

3.1 引言

当物质受到频率连续变化的红外光照射时，分子吸收了某些频率的辐射，由其振动或转动引起偶极矩的变化，从而使分子振动能级和转动能级从基态跃迁到激发态，得到分子振动能级和转动能级的变化，该变化产生的振动-转动光谱，称为红外光谱（infrared spectra，IR）。红外光谱属于分子吸收光谱。

20世纪60年代，采用光栅代替棱镜作为色散元件，分辨率显著提高，测量范围变宽。20世纪70年代以后，由于计算机技术的飞速发展，加上快速傅里叶技术的推广应用，使得基于光相干性原理而设计的干涉性-傅里叶变换红外光谱仪器进入市场，解决了光栅仪器的固有弱点，使红外光谱发展到了一个崭新的阶段。每一种物质的红外光谱都有其自身的特征，就像人的指纹一样，因此人们也称红外光谱为"分子的指纹光谱"。红外光谱主要获得的是分子振动和转动的信息，绝大多数物质分子的结构都可以用红外光谱来判断。根据分子对红外光吸收后得到谱带频率的位置、强度、形状以及吸收谱带和温度、聚集状态等的关系，便可确定分子的空间构型，求出化学键的键力常数、键长和键角，从而推断分子中存在某一基团或化学键，进而确定分子的化学结构，也可以依据特征吸收谱带强度的改变，对混合物及化合物进行定量分析。近年来，红外光谱分析法应用于生命科学的各个研究领域，如蛋白质、DNA等结构的解析和测序等。

3.2 红外吸收的原理

任何物质的分子均是由原子通过一定的化学键键合组成的，而分子中的原子与化学键都处于不断的运动中，它们的运动除了核外价电子跃迁之外，还有分子中原子的振动和分子本身的转动。由于能够引起分子偶极矩变化的能级跃迁才能产生红外吸收光谱，因此，能级间的跃迁要服从一定的规律，分子的运动可分为移动、转动、振动和分子内的电子运动，而每种运动状态又都属于一定的能级。分子光谱是由分子中的能级跃迁而产生的辐射或吸收，分子的总能量可以表示为：

$$E = E_o + E_t + E_r + E_v + E_e \tag{3-1}$$

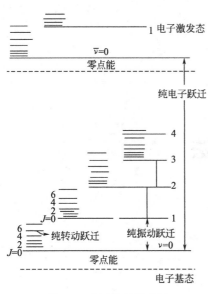

图 3-1 分子能级示意图

式中，E_0 是分子内在的能量，不随分子运动而改变；E_t 是分子的动能，它只是温度的函数，不会产生光谱；E_r、E_v、E_e 分别表示分子的转动、振动和电子能量，与红外光谱产生相关的能量变化。每一种能量都是量子化的并具有不同的能级间隔。实际上每种能量都存在一定的基态能级，另外还有一系列或多系列激发能级，分别称为基态和激发态。

图 3-1 为分子能级示意图。由图可见，电子能级的间隔最大，电子能级跃迁所吸收的辐射能在电磁波的可见光区和紫外区，基于价电子能级跃迁产生的光谱，所以称为电子光谱。

振动能级的跃迁所需要的能量远比电子能级的跃迁所需要的能量小，其波长在红外光区，又称为振动光谱。而转动能级的跃迁所需要的能量比振动能级的跃迁所需的能量要小，其波长在远红外区，又称为转动光谱。当采用频率连续变化的光源辐射样品分子时，分子会吸收特定波长的红外光引起分子振动和转动能量的变化，所以通常所说的分子的红外光谱实质是分子的振动-转动光谱，是由分子的振动—转动能级跃迁引起的。

3.2.1 产生红外吸收的条件

分子只有满足以下两个条件时，才能产生红外吸收：

① 分子中的一个基本振动频率与红外辐射的频率相等，分子吸收能量后，从基态跃迁到较高能量的振动能级，从而在图谱上出现相应的吸收带。

② 分子振动时，必须伴随瞬时偶极矩的变化。分子在振动过程中，原子间的距离（键长）或夹角（键角）会发生变化，这都可能引起分子偶极矩的变化。例如，对于一个极性的双原子分子 AB 就会具有红外活性，而对于一个非极性的双原子分子，如 N_2 和 O_2 分子，它们虽然也会有振动，但由于在振动中没有偶极矩变化，也就不具有红外活性，即分子没有红外吸收光谱。对于多原子分子，如 CO_2 是线型分子，其永久偶极矩为零，但它的不对称振动仍然伴有瞬时偶极矩的变化，因此 CO_2 是具有红外活性的分子。所以在 CO_2 的红外吸收光谱图中，就只有 ν_2（2349cm^{-1}）和 ν_3（667cm^{-1}）两个基频振动。又如 SiO_2 中应当有 $9(15-6)$ 个基本振动，但真正属于红外活性的只有两个振动：不对称伸缩振动（1050cm^{-1}）和弯曲振动（650cm^{-1}）。这种不发生吸收红外辐射的振动，称为非红外活性振动，非红外活性振动往往是拉曼活性的。

3.2.2 分子的振动类型

3.2.2.1 分子的振动频率

分子绝大多数是多原子分子，其振动方式非常复杂。一个多原子分子一般可认为是双原子的集合，以 HCl 分子为例进行讨论。

如果 HCl 分子中氢原子和氯原子以较小的振幅在平衡位置附近做伸缩振动，可近似把它看成一个简谐振子（图 3-2）。假设：氢原子的质量为 m_1，氯原子的质量为 m_2，它们处于平衡时，核间距为 r，两原子距离分子质量中心 O 的距离分别为 r_1 和 r_2，分子质量中心 O 的位置不变。连接两原子的化学键的质量忽略不计。当振动的某一瞬间，两原子在沿键轴方向振动时，力和位移的关系符合虎克定律，依据经典力学，简谐振动的振动频率 ν 用下式表示：

$$\nu = \frac{1}{2\pi}\sqrt{\frac{k}{\mu}} \tag{3-2}$$

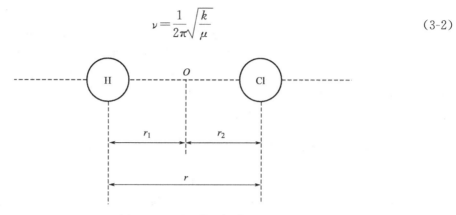

图 3-2　双原子分子振动

式中，k 为键力常数，N/cm；μ 为折合质量。

$$\mu = \frac{m_1 m_2}{m_1 + m_2} \tag{3-3}$$

波数和频率的关系如下：

$$\sigma = \frac{\nu}{c} \tag{3-4}$$

式中，c 为光速，$c = 3\times10^{10}\,cm/s$。将式(3-4) 代入式(3-2) 得：

$$\sigma = \frac{1}{2\pi c}\sqrt{\frac{k}{\mu}} \tag{3-5}$$

根据小球的质量与原子量之间的关系

$$\sigma = \frac{N_A^{1/2}}{2\pi c}\sqrt{\frac{k}{\mu}} = 1302\sqrt{\frac{k}{\mu}} \tag{3-6}$$

式中，N_A 为阿伏伽德罗常数，$N_A = 6.022\times10^{23}\,mol^{-1}$。

根据式(3-6) 就可以近似地计算出分子中双原子键的振动频率。

由 N 个原子构成的复杂分子内的原子振动比较复杂且有多种形式，但可以把它分成若干个简单的基频振动来处理，这种基频振动也称为简正振动。多原子分子简正振动的数目称为振动自由度，其中每个原子的运动状态都可由三个自由度来描述。对于 N 个原子运动就有 $3N$ 个自由度。除去整个分子平动的 3 个自由度和整个分子转动的 3 个自由度，则分子内原子振动自由度为 $3N-6$ 个，但对于直线形分子，若贯穿所有原子的轴是在 x 方向，则整个分子只能绕 y、z 轴转动。因此，直线形分子的振动形式为 $3N-5$ 种。由 N 个原子构成的非线型分子有 $N-1$ 个化学键，所以伸缩振动（键长变化的振动）有 $N-1$ 种，剩余的 $2N-5$ 种振动称为变形振动（键角变化的振动），线性分子的伸缩振动和变形振动分别为 $N-1$ 种和 $2N-4$ 种。多原子分子中，每个振动都应产生一个红外吸收谱带。

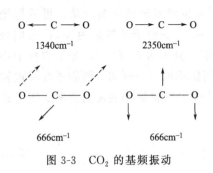

$$O \leftarrow C \rightarrow O \qquad O \rightarrow C \leftarrow O$$

1340cm⁻¹ 置換

图 3-3 CO₂ 的基频振动

但实际与计算不一致，这是因为分子中的某些振动形式不伴随偶极距变化，故不能引起可观察的红外吸收谱带。

图 3-3 为 CO_2 分子的基频振动，按照计算 $3N-5$ 应有 4 种基频振动，但实际观察到的只有 2350cm^{-1} 与 666cm^{-1} 两处有吸收峰出现。这是因为 1340cm^{-1} 处的振动不引起偶极距的变化，为红外非活性振动，故无吸收峰。在 666cm^{-1} 处的两种振动形式不同，但振动频率一样，在红外光谱图上就是同一吸收谱带（666cm^{-1}），使得红外光谱中真正的基频吸收数目小于基频振动形式的数目，这种现象称为振动的简并。一般情况，分子对称性越高，发生简并的情况越多，产生吸收峰的数目越少。

3.2.2.2 分子振动的基本类型

（1）伸缩振动 原子沿键轴方向伸长和收缩的振动，键长周期性发生变化而键角不变称为伸缩振动（用 ν 表示），图 3-4 为亚甲基的伸缩振动。若原子振动时所有键都同时伸长或收缩称为对称伸缩振动（用 ν_s 表示），若有些键伸长而另一些键收缩称为不对称（又称反对称或非对称）伸缩振动（用 ν_{as} 表示）。一般不对称伸缩振动的频率比对称伸缩振动的频率高。

（2）弯曲振动（又称变形振动或变角振动） 原子与键轴成垂直方向振动，键角发生周期变化而键长不变的振动称为变形振动，用符号 δ 表示。变形振动根据对称性不同可以分为对称变形振动（δ_s）和不对称变形振动（δ_{as}），图 3-5 为亚甲基的不同形式的变形振动。变形振动根据振动方向是否在原子团所在平面又分为面内变形振动和面外变形振动。面内变形振动又分为剪式振动和平面摇摆振动；面外变形振动又分为垂直摇摆振动和扭曲振动。

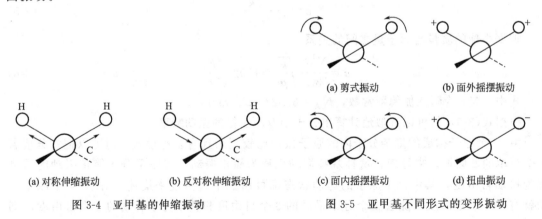

| (a) 对称伸缩振动 | (b) 反对称伸缩振动 | (a) 剪式振动 | (b) 面外摇摆振动 |

图 3-4 亚甲基的伸缩振动　　图 3-5 亚甲基不同形式的变形振动

3.2.3 红外光谱及其表示方法

当样品受到频率连续变化的红外光照射时，分子吸收某些频率的辐射，产生分子振动能级-转动能级从基态跃迁到激发态，使对应于吸收区域的透射光的强度减弱，通常以记录红

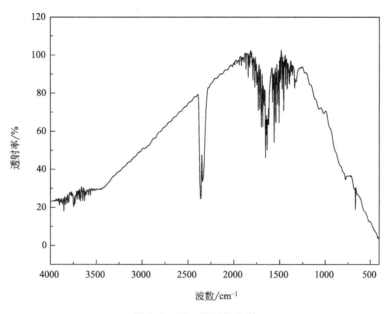

图 3-6　KBr 的红外光谱

外光的透射率 $T(\%)$ 为纵坐标，以红外光的波数 σ 为横坐标绘制红外光谱。图 3-6 为典型 KBr 的红外光谱图。

3.2.4　红外光谱与分子结构的关系

通过对含有相同化学基团的不同化合物的红外光谱图的比较分析，发现某些化学基团虽然处于不同的分子中，但它们的吸收频率总是出现在一个较窄的频率范围内，不会出现在一个固定波数上，具体出现在哪一波数，与基团在分子中所处的环境有关。例如，羰基的伸缩振动吸收在醛、酮、酯或酰胺类等化合物中，其伸缩振动总是在 $1695 \mathrm{cm}^{-1}$ 左右出现一个强吸收峰，如果谱图中 $1695 \mathrm{cm}^{-1}$ 左右有一个强吸收峰，则大致可以断定分子中有羰基。其原因是有机分子中，一定的原子之间主要作用力是价键力，其作用的大小以键力常数 k 表示，虽然影响谱带位置的因素很多，在大多数情况下，这些影响因素相对于键力常数的影响都是很小的，可以认为，一定原子间的键力常数在不同分子中的变化很小。因此，处于不同有机分子中的一些官能团的伸缩振动频率总是在一个较窄的范围内变动，而分子的其余部分对它的影响较小，它们在红外光谱中似乎表现为相对独立的结构单元，显示这些基团存在的特征振动频率，简称为基团频率。这种频率的存在指示了某一特征官能团的存在。有机化合物官能团的基团频率一般位于 $4000 \sim 1300 \mathrm{cm}^{-1}$ 区域。此区域内红外吸收峰较少，各种官能团的振动频率较强，可以作为鉴别分子中官能团的主要依据。而在小于 $1300 \mathrm{cm}^{-1}$ 的区域红外吸收峰较多，而且分子结构的微小变化都会引起该区域吸收峰的明显改变，好像化合物的"指纹"一样，该区域称为指纹区，可用来识别特定分子。

用红外光谱鉴定化合物时，需要查阅或比对该化合物的标准红外光谱图，根据红外光谱与分子结构的关系，借助红外光谱图中的特征吸收，以确定某种特征基团的存在。表 3-1 和表 3-2 分别给出了一些主要基团和典型官能团的红外吸收峰的位置。

表 3-1　主要基团的红外吸收峰[①]

波数范围/cm^{-1}	官能团	波数范围/cm^{-1}	官能团
3700～3600	OH(H_2O、ROH、PhOH)稀溶液[②]	1440～1400	COOH
3530～3400	NH_2(双峰)、NH(单峰)(稀溶液)	1430～1400	CO—CH_2
3500～3250	OH(聚合物)(固体和液体)	1420～1400	CO—NH_2
3500～3060	NH(胺、酰胺)	1400～1360	$(CH_3)_3$C(双峰)
3320～3250	—C≡C—H(尖锐)	1400～1310	COO^-M^+(宽)
3300～2400	COOH(宽)	1380～1370	CH_3
3110～3000	C—H(C=C—H、Ph—H、CH_3X、CH_2X)	1380～1360	$CH(CH_3)_2$(双峰)
3000～2800	C—H(—CH_2—、—CH_3)	1370～1300	C—NO_2
2835～2815	OCH_3	1330～1310	Ph—CH_3
2750～2700	CHO	1300～1000	CF
2260～2100	—C≡C—	1280～1250	$SiCH_3$
2190～2130	CNS、C≡N	1280～1180	C—N—(芳香烃)
2000～1650	C—H(苯基)	1280～1150	—C—O—C—
1980～1950	—C=C=C—	1255～1240	$(CH_3)_3$C—
1950～1600	C=O	1275～1070	—C—O—C—
1715～1630	$RCONH_2$、RCONHR	1230～1100	—C—N—
1710～1530	—COO—(宽)	1160～1100	C=S
1680～1630	C=C(非共轭、非环)、C=N	1200～1000	COH
1680～1560	C=C(环合或共轭)	1120～1030	C—NH_2
1650～1590	RONO、$RONO_2$	1095～1015	Si—O—Si、Si—O—C
1650～1475	$RCONH_2$、RCONHR	1000～970	CH—CH_2
1615～1565	吡啶(双峰)	980～690	C=C—H
1610～1560	COO^-M^+[③]	870～670	芳香环
1550～1490	$PhNO_2$	860～760	R—NH_2(宽峰)
1515～1485	苯基	835～800	CH=C(面外)
1475～1450	—CH_2—、CH_3—	760～510	CCl
		730～675	CH=CH(顺式异构体)
		700～550	CBr

①只包括中等强度及强吸收峰。

②Ph 代表苯环。

③M 代表金属。

表 3-2　部分典型官能团的红外吸收峰的位置

官能团	波数范围/cm^{-1}	官能团	波数范围/cm^{-1}
乙炔	3300～3250(m 或 s)[①]	酰胺($CONH_2$)	3540～3520(m)
	2250～2100(W)		3400～3380(m)
乙醇(纯)	3300～3250(s)		1680～1660(s)
	1440～1320(m 或 s)		1650～1610(m)
	680～620(m 或 s)	(CONHR)	3440～3420(m)
乙醛	2830～2810(m)		1680～1640(s)
	2740～2720(m)		1560～1530(s)
	1725～1695(s)		1310～1290(m)
	1440～1320(s)		710～690(m)
烷基	2980～2850(m)	($CONR_2$)	1670～1640(s)
	1470～1450(m)	胺(伯)(仲)	3460～3280(m)
	1400～1360(m)		2830～2810(m)

续表

官能团	波数范围/cm⁻¹	官能团	波数范围/cm⁻¹
(CONR₂) 胺(伯)(仲)	1650~1590(s)	亚甲基(CH₂)	1475~1450(m)
	1190~1130(m)		1400~1365(m)
	740~700(m)		2940~2920(m)
氨	3200(s)		2860~2850(m)
	1430~1390(s)		1470~1450(m)
芳香烃	3100~3000(m)	(烯烃) 硝基(NO₂,烷烃)	3090~3070(m)
	1630~1590(m)		3020~2980(m)
	1520~1480(m)		2240~2220(m)
	900~650(s)		1570~1550(s)
溴代基	700~550(m)	(芳香烃) 吡啶基(C₅H₄N)	1380~1320(s)
叔丁基	2980~2850(m)		920~830(m)
	1400~1390(m)		1480~1460(s)
	1380~1360(s)		3080~3020(m)
羰基	1870~1650(s,宽)		1620~1580(s)
羧酸	3550(m)(稀溶液)		1590~1560(s)
	3000~2440(s,宽)	磺酸酯(ROSO₃R')	840~720(s)
	1760(s)(稀溶液)		1440~1350(s)
	1710~1680(s)(纯)		1230~1150(s)
氯代基	1440~1400(m)	(ROSO₃M)② 磺酸(RSO₃H)	1260~1210(s)
	960~910(s)		810~770(s)
	850~650(m)		1250~1150(s,宽)
氰基 酯醚	2190~2130(s)	SCN	2175~2160(m)
	1765~1720(s)	硫代基	2590~2560(w)
	1290~1180(s)		700~550(w)
	1285~1170(s)	乙烯基 (CH₂＝CH—)	3095~3080(m)
氟烷基 甲基	1140~1020(s)		1645~1605(m 或 s)
	1400~1000(s)		1000~900(s)
	2970~2780(s)		

① 括号内给出峰的强度：s 表示强；m 表示中；w 表示弱。

② M 代表金属。

3.3 傅里叶变换红外光谱仪

20 世纪 60 年代末发展起来的傅里叶变换红外光谱仪不再是采用棱镜和光栅分光，而是采用迈克尔逊（Michelson）干涉仪得到干涉图，即采用傅里叶变换将以时间为变量的干涉图转变为以频率为变量的光谱图。目前，基于计算机的发展以及干涉仪的快速、灵敏和高分辨率等优点，傅里叶变换红外光谱法逐渐成了红外光谱分析研究中的主流方法。

3.3.1　仪器的工作原理

　　傅里叶变换红外光谱仪称第三代红外光谱仪，其工作原理与棱镜和光栅光谱仪的工作原理截然不同。如图 3-7 所示是傅里叶变换红外光谱仪的典型光路系统。在傅里叶变换红外光谱仪中没有色散元件，没有狭缝，是将来自红外光源的、具有足够能量的辐射经干涉后照射到样品上然后到达检测器。傅里叶变换红外光谱仪的核心部件是干涉仪。图 3-8 是单束光照射迈克尔逊干涉仪时的工作原理，干涉仪是由固定不动的反射镜 M_1（定镜），可移动的反射镜 M_2（动镜）以及分光器 B 组成，M_1 和 M_2 是互相垂直的平面反射镜。分光器 B 以 $45°$ 角置于 M_1 和 M_2 之间能将来自光源的光束分成相等的两部分，一半光束经 B 后被反射，另一半光束透射通过 B。两束光产生了光程差，当光程差为半波长的偶数倍时，发生相长干涉，产生明线；当光程差为半波长的奇数倍时，发生相消干涉，产生暗线，若光程差既不是半波长的偶数倍，也不是奇数倍，则相干光强度介于前两种情况之间，在检测器上记录的信号将呈余弦变化，每移动四分之一波长的距离，信号则从明到暗周期性地改变一次。

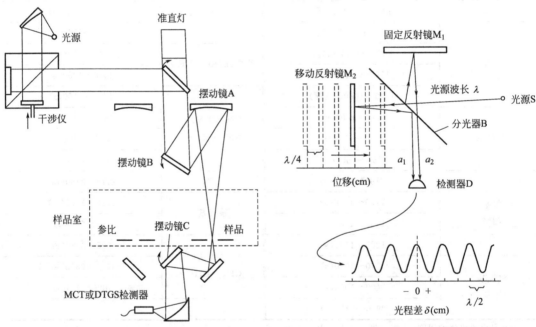

图 3-7　傅里叶变换红外光谱仪的典型光路系统　　　图 3-8　迈克尔逊干涉仪工作原理示意图

　　如果是两种频率的光一起进入干涉仪，则产生图 3-9(b) 的曲线。当很多种频率的光进入干涉仪后叠加，就产生了极其复杂的干涉图，它包括了辐射源提供的所有光谱信息，如图 3-9(c) 所示。

　　因此，在实际的傅里叶变换光谱测量中，主要由两步完成：其一，测量红外干涉图，该干涉图是一种非常复杂的谱，难以解释。其二，通过计算机对该干涉图进行快速傅里叶变化计算，从而得到以波长或波数为横坐标，以透射光强度为纵坐标的红外光谱图，故将这种干涉型红外光谱仪称为傅里叶变换红外光谱仪，其工作原理如图 3-10 所示。

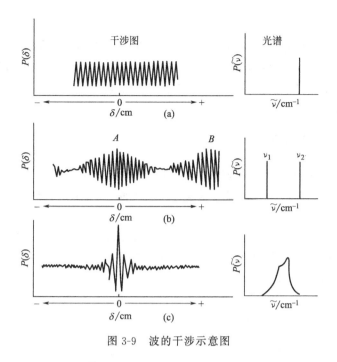

图 3-9 波的干涉示意图

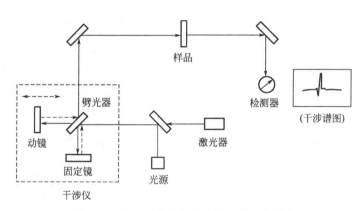

图 3-10 傅里叶变换红外光谱仪的工作原理

3.3.2 仪器的主要部件

3.3.2.1 光源

红外光谱仪中所用的光源有能斯特灯和硅碳棒。随着科技的发展，一种黑体空腔光源被研制出来，它的输出能量远远高于传统的红外光源。

3.3.2.2 迈克尔逊干涉仪

迈克尔逊干涉仪的作用是将光源发出的红外辐射转变成干涉光，特点是输出能量大、分辨率高、波数精度高（它采用激光干涉条纹准确测定光差，故使其测定的波数更为精确）、扫描重现性好。

3. 3. 2. 3 检测器

检测器作用是将光信号转变为电信号，特点是扫描速度快（一般在 1s 内可完成全谱扫描）、灵敏度高。用于红外辐射的检测器可分为两大类：热检测器和量子检测器。前者是将大量入射光子的累积能量，经过热效应，转变成可测的响应值。后者为一种半导体装置，利用光导效应进行检测。

3. 3. 2. 4 压模组件及压片器

压模的构造如图 3-11 所示，它是由压杆和压舌组成。压舌的直径为 13mm，两个压舌的表面光洁度很高，以保证压出的薄片表面光滑。因此，使用时要注意样品的粒度、湿度和硬度，以免损伤压舌表面的光洁度。

将其中一个压舌放在底座上，光洁面朝上，并装上压片套圈，将研磨后的样品放在这个压舌上，将另一个压舌光洁面向下轻轻转动以保证样品平面平整，顺序放压片套筒、弹簧和压杆，置于压片器（图 3-12）下，加压至 45MPa，持续 30s。拆片时，将底座换成取样器（形状与底座相似），将上、下压舌及其中间的样品片和压片套圈一起移到取样器上，再分别装上压片套筒及压杆，稍加压后即可取出压好的薄片。

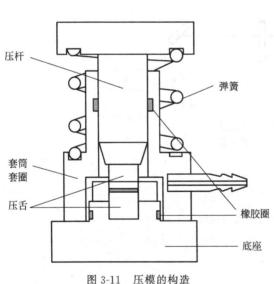

图 3-11 压模的构造

图 3-12 压片器

3. 3. 2. 5 样品池

用能透过红外光的透光材料（通常用 KBr 或 NaCl）制作样品池的窗片。傅里叶变换光谱仪的特点：

（1）测量速度快 一次扫描约需 1s，而一次扫描中包含了光源发出的所有中红外光的信息（通常测定样品的红外光谱信息多为 20 次扫描的结果）。它可以跟踪快速的原位化学反应，可以在线检测气相色谱以及液相色谱分离的样品，实现色谱和红外光谱的联用。

（2）分辨率高 相邻峰之间的分辨能力强，分辨率可以达到波数 0.5cm^{-1} 以下。

3.4　实验技术

3.4.1　固体样品制样

固体样品的制样一般采用研糊法和压片法。

（1）研糊法　将研细的样品与石蜡油调成均匀的糊状物后，涂于窗片上进行测量。由于石蜡油的C—H吸收带对样品有干扰，也可用全氧烃油代替。此法虽方便，但不能获得满意的定量结果。

（2）压片法　是最常用的固体样品制备法，将约1mg样品和100mg干燥的溴化钾粉末于玛瑙研钵中，研磨均匀，再在压片机上压成几乎呈透明状的圆片后进行测量。这种处理技术的优点是：干扰小，容易控制样品浓度。

为确保测定结果的准确性，固体样品制备应注意两点：

① 仔细研磨样品，使粉末颗粒均为$1 \sim 2 \mu m$；

② 试样颗粒必须均匀分散，且没有自由水分存在。

3.4.2　液体样品制样

纯液体样品可直接滴入两盐窗片之间形成薄膜后进行测定。为确保测定的准确度注意两点：

① 样品池的材料必须与所测量的光谱范围相匹配；

② 应正确选择溶剂。

水不作溶剂，因为它本身有吸收，且会侵蚀池窗，因此样品必须干燥。配成的溶液一般较稀，使其具有合适吸光度，有利于测定。

3.4.3　气体样品制样

可将被测气体直接充入已抽成真空的样品池内。常用样品池长度约在10cm以上。对痕量分析来说，采用多次反射使光程折叠，从而使光束通过样品池全长的次数达数十次。

3.4.4　红外光谱图的解析

依据红外光谱与分子结构的关系，由光谱仪器记录下来的红外光谱图中包含了大量的结构信息。但目前还不能实现复杂分子光谱图的直接计算。拿到一张红外光谱图，如果样品信息完整、纯度较高，且有标准谱图时，采用标准比对法可以确认；如果样品信息不详，纯度较差且没有标准谱图时，解析这样一张光谱图来说是一项比较困难的工作。通常解析一张红外光谱图基本的步骤为：

首先，根据化合物的元素分析结果，如分子量、熔点、沸点以及折射率等物理常数，初步估计化合物的种类。根据元素分析结果，初步确定化合物的化学式，由化学式求分子的不饱和度Ω，其经验公式如下：

$$\Omega = 1 + n_4 + \frac{n_3 - n_1}{2}$$

（3-7）

式中，n_4 为四价原子（C）的个数；n_3 为三价原子（N）的个数；n_1 为一价原子（H、X）的个数。计算的 Ω 等于 0 时，说明分子结构为链状饱和化合物；Ω 为 1 时，分子结构中可能含有一个双键或一个脂肪环；Ω 为 2 时，分子结构中可能含有一个三键或两个双键；Ω 大于 4 时，推测分子结构中可能含有芳环（苯环的不饱和度为 4）。不饱和度数的经验计算，可以使被测分子可能的结构范围大大缩小，再根据红外光谱图的特征频率，从而排除一部分不可能的结构，这样就可简化为某几个可能的结构。综合考查样品的情况，提出最可能的结构式。

其次，从已知的标准谱图中找出这个化合物的谱图和样品谱图相对照，以核对提出的结构是否正确。在谱图对照时也要仔细分析谱图中谱带出现的位置（谱图横坐标上的波数）、谱带的强度（峰的高度或面积）、谱带的形状（如宽度和裂分等）以及分析与分子结构相关的倍频峰及特征的指纹区峰等。

常用的红外标准谱图库有：

① 萨特勒（Sadtler）标准红外吸收光谱图（商品名 Haveitall IR）　由美国萨特勒研究实验室出版（从 1947 年开始）。萨特勒标准谱库是迄今为止最全面、最权威的纯化合物的红外标准谱库。它包括标准谱图库和商业谱图库两部分。标准谱图库是纯度在 98% 以上的化合物的标准谱图。商业谱图库是一些工业产品的红外吸收光谱图，分成了 20 多个类别。为了方便查找，该谱图库编制了分子式索引、化学分类索引、谱图顺序号索引和化合物名称索引，根据需要对红外吸收光谱数据库进行联机检索，利用软件进行计算机辅助谱图解析，已经成为化学工作者的常规性操作。

② Aldrich 红外光谱图库　网址为 http：//www. Sigma-Aldrich. Com/。

③ Sigma Fourier 红外吸收光谱图库　由 R. J. Keller 编制，Sigma Chemical Co. 于 1986 年出版，已汇集了 10400 张各类有机化合物的 FTIR 谱图，并附有索引。

④ SDBS 有机化合物谱图（日本）　网址为 http：//sdbs. db. aist. go. jp（National Institute of Advanced Industrial Science and Technology），是免费网站，支持通过化合物名称、分子式、分子量范围等查询。

3.5　实验内容

3.5.1　液体、固体样品红外光谱的测定及有机化合物中官能团的确认

实验目的

（1）掌握液体、固体样品的制样方法。

（2）了解傅里叶变换红外光谱仪的工作原理。

（3）理解有机化合物红外光谱的定性分析。

实验原理

IRAffinity-1 傅里叶变换红外光谱仪的工作原理如图 3-13 所示。固定平面镜、分光器和可调凹面镜组成傅里叶变换红外光谱仪的核心部件——迈克尔逊干涉仪。由光源发出的红外光经过固定平面镜后，由分光器分为两束：50% 的光透射到可调凹面镜，另外 50% 的光反射到固定凹面镜。

可调凹面镜移动至两束光光程差为半波长的偶数倍时，这两束光发生相长干涉，干涉由

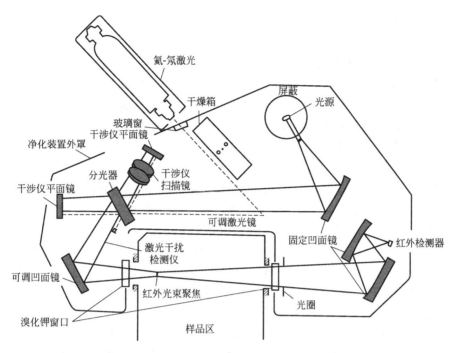

氦-氖激光

屏蔽
光源

干燥箱

玻璃窗
干涉仪平面镜

净化装置外罩

分光器　干涉仪
　　　扫描镜

干涉仪平面镜

可调激光镜

固定凹面镜

红外检测器

激光干扰
检测仪

可调凹面镜

红外光束聚焦

光圈

溴化钾窗口

样品区

图 3-13　IRAffinity-1 傅里叶变换红外光谱仪的工作原理

红外检测器获得，经过计算机傅里叶变换处理后得到红外光谱图。

红外光谱定性分析，一般采用两种方法：一种是已知标准物对照法，另一种是标准图谱检索比对法。

① 已知标准物对照法是标准物和被检物在相同的条件下，分别绘出其红外光谱进行对照，图谱相同，则确认为同一化合物。

② 标准图谱检索比对法是一个最直接、可靠的方法。根据待测样品的来源、物理常数、分子式以及谱图中的特征谱带，检索比对标准图谱来确定化合物。常用标准图谱集为萨特勒红外标准图谱集（Sadtler catalog of infrared standard spectra）。在用未知物图谱检索比对标准图谱时，必须注意：

a. 比较所用仪器与绘制的标准图谱在分辨率与精度上的差别，可能导致某些峰的结构有细微差别。

b. 未知物的测绘条件一致，否则图谱会出现很大差别。当测定溶液样品时，溶剂的影响大，测定必须要求一致，以免得出错误结论。若只是浓度不同，只会影响峰的强度而每个峰之间的相对强度是一致的。

c. 应尽可能避免杂质的引入，因为杂质的引入必定干扰特征吸收带。如水的存在会引进水的吸收带等。

仪器与试剂

（1）仪器　IRAffinity-1 型傅里叶变换红外光谱仪；手压式压片机（包括压模等）；玛瑙研钵；可拆式液体池；试样架。

（2）试剂　丙酮；石蜡油；滑石粉；对硝基苯甲酸；苯乙酮试剂；KBr；无水乙醇；苯甲醛等。

实验步骤

(1) 固体样品对硝基苯甲酸的红外光谱的测绘　取样品（已干燥）1～2mg，在玛瑙研钵中充分磨细后，再加入100～200mg干燥的KBr，继续研磨至完全混匀，颗粒的直径约为2mm。取出约100mg混合物装于干净的压模内（均匀铺洒在压模内）于压片机上在45kPa压力下，压制30s，制成透明薄片。将此透明薄片装于样品架上，放于IRAffinity-1型傅里叶变换红外光谱仪的样品池中。若透光率达到40%以上，即可进行扫谱。从4000cm^{-1}扫至400cm^{-1}为止。若透光率未达40%，则重新压片。扫谱结束后，取下样品架，取出薄片，按要求将模具、样品架等擦净收好。

(2) 纯液体样品苯乙酮（或苯甲醛）的红外光谱的测绘

① 样品池的准备　戴上指套，将可拆式液体样品池的两个盐研片从干燥器中取出后，在红外灯下用少许滑石粉混入几滴无水乙醇磨光其表面。用软纸擦净后，滴加无水乙醇1～2滴，用吸水纸擦洗干，反复数次，然后将盐研片放于红外灯下烘干备用。

② 液体样品的测试　在两盐研片之间滴半滴液体于盐研片上。将另一盐研片平压在上面（注意，不能有气泡），再将另一金属片盖上，对角方向旋紧螺钉，将盐研片夹紧在其中。把此液体池放于IRAffinity-1型傅里叶变换红外光谱仪的样品池，进行扫谱。

③ 扫谱结束后，取下样品池，松开螺钉，套上指套，小心取出盐研片。先用软纸擦净液体，滴上无水乙醇，洗去样品（千万不能用水洗，要用无水乙醇洗）。然后，再于红外灯下用滑石粉及无水乙醇进行抛光处理。最后，用无水乙醇将表面洗干净，擦干、烘干。将盐研片收入干燥器中保存。

数据处理

把扫谱得到的谱图与已知标准谱图进行对照比较，并找出主要吸收峰的归属。

注意事项

(1) 固体样品经研磨（在红外灯下）后仍应随时注意防止吸水，否则压出的锭片易粘在模具上。

(2) 可拆式液体池的盐研片应保持干燥透明，每次测定前后均应反复用无水乙醇及滑石粉进行抛光处理（在红外灯下），但切勿用水洗。

思考题

(1) 傅里叶变换红外光谱仪与紫外-可见分光光度计在光路设计上有何不同？为什么？

(2) 简述固体样品的制样方法及注意事项。

(3) 简述液体样品的制样方法及注意事项。

3.5.2 苯甲酸及其未知物的红外光谱测定

实验目的

(1) 掌握红外光谱分析时固体样品的压片法样品制备技术。

(2) 学习傅里叶变换红外光谱仪的工作原理、构造和使用方法，并熟悉基本操作。

(3) 学习红外光谱与分子结构的关系。

实验原理

(1) 红外光谱仪原理　红外辐射光照射到物质分子时，如果分子某个基团的振动频率和红外辐射频率一致且伴有分子偶极矩的变化，此时，光的能量通过分子偶极矩的变化传递给分子，这个基团就吸收一定频率的红外光，产生振动跃迁（由原来的基态跃迁到了较高的振动能级），从而产生红外吸收光谱。由于振动能级的跃迁伴随转动能级的跃迁，因此所得的红外光谱不是简单的吸收线，而是一个吸收带。一般将红外区划分为三个区域：近红外区（4000～2820cm^{-1}）、中红外区（2820～400cm^{-1}）和远红外区（400～33cm^{-1}）。中红外区正好适于研究大部分有机化合物的分子振动基频。

用连续改变频率的红外光照射某试样，将分子吸收红外光的情况用仪器记录下来，就得到试样的红外吸收光谱图，图3-14为苯甲酸的红外光谱图。红外光谱图的横坐标是红外光的波数（波长的倒数），纵坐标是透射率，它表示红外光照射在样品薄膜上时，光能透过的程度。制样方法的选择和制样技术的好坏直接影响谱带的频率、数目和强度。

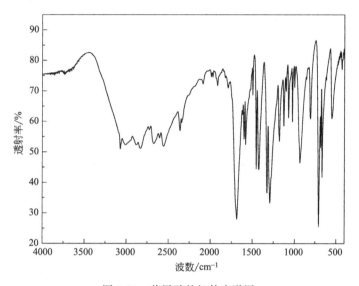

图3-14 苯甲酸的红外光谱图

（2）红外吸收光谱与分子结构的关系 特征频率区（或基团频率区）（4000～1298cm^{-1}）中的吸收峰基本是由基团的伸缩振动产生，数目不是很多，但具有很强的特征性，因此在基团鉴定工作上很有价值，主要是 X—H，C＝X 和 C≡X 的伸缩振动，用于鉴定官能团。在不同化合物中，同一种官能团的吸收振动总是出现在一个窄的波数范围内，但它不是出现在一个固定波数上，具体出现在哪一波数，与基团在分子中所处的环境有关。如羰基，不论是在酮、酸、酯或酰胺类等化合物中，其伸缩振动总是在1870～1650cm^{-1}出现一个强吸收峰。

指纹区（1298～600cm^{-1}）的情况不同，该区峰多而复杂，没有强的特征性，主要是由一些单键C—O、C—N和C—X（卤素原子）等的伸缩振动及C—H、O—H等含氢基团的弯曲振动以及C—C骨架振动产生。当分子结构稍有不同时，该区的吸收就有细微的差异。像每个人都有不同的指纹，因而称为指纹区。指纹区可以识别一些特定分子。

（3）苯甲酸的相关性质 苯甲酸为无色、无味片状晶体，分子式为C_6H_5COOH，又称安息香酸，熔点为122.13℃，沸点为249℃，相对密度为1.2659（15℃/4℃）。

由于氢键的作用，苯甲酸通常以二分子缔合体的形式存在。只有在测定气态样品或非极性溶剂的稀溶液时，才能看到游离态苯甲酸的特征吸收。用固体压片法得到的红外光谱中显示的是苯甲酸二分子缔合体的特征，在3000～2400cm^{-1}处是O—H伸展振动峰，峰宽且散；由于受氢键和芳环共轭两方面的影响，苯甲酸缔合体的C＝O伸缩振动吸收移到

$1800 \sim 1700 cm^{-1}$ 处，而游离 $C=O$ 伸缩振动吸收是在 $1730 \sim 1710 cm^{-1}$ 处；苯环上的 $C=O$ 伸缩振动吸收出现在 $1500 \sim 1480 cm^{-1}$ 和 $1610 \sim 1590 cm^{-1}$ 处，这两处特征吸收峰是鉴别有无芳环的标志之一。苯甲酸分子中各原子基团的基频峰在 $4000 \sim 650 cm^{-1}$ 范围内，见表 3-3。

表 3-3 苯甲酸分子中各原子的基频峰频率

原子基团的基本振动形式	基频峰的频率/cm^{-1}
$\nu_{=C-H}$（Ar 上）	3077、3012
$\nu_{C=C}$（Ar 上）	1600、1582、1495、1450
$\delta_{=C-H}$（Ar 上邻接 5 个氢）	715、690
ν_{O-H}（形成氢键二聚体）	$3000 \sim 2500$（多重峰）
δ_{O-H}	935
$\nu_{C=O}$	1400
δ_{C-O-H}（面内弯曲振动）	1250

（4）压片法 将固体样品与卤化物（通常是 KBr）混合研细，并压成透明片状，然后放到红外光谱仪上进行分析，这种方法就是压片法，有时候也直接称为溴化钾（KBr）压片法。压片法所用卤化物需要尽可能地干燥，其纯度一般应达到分析纯，除了前面提到的 KBr 外，可采用的卤化物还有 NaCl 和 KI 等。其中 NaCl 的晶格能较大，很难压成透明的薄片，而 KI 纯度一般不高，不易精制，因此实际测试中，一般采用 KBr 或 KCl 作样品载体，尤其以 KBr 用得多。

仪器与试剂

（1）仪器 空调机；IRAffinity-1 型傅里叶变换红外光谱仪；KBr 压片器及附件；压片机；模具和干燥器；玛瑙研钵；药匙；镜头纸及红外灯。

（2）试剂 苯甲酸粉末；光谱纯 KBr 粉末；丙酮。

实验步骤

（1）开启空调机，使室内温度控制在 $18 \sim 20 \text{℃}$，相对湿度 $\leqslant 65 \%$。

（2）将所有的模具用丙酮擦拭干净，在红外灯下烘烤。

（3）在红外灯下将 150mg 左右预先在 110℃ 烘干 48h 以上，并保存在干燥器内的溴化钾置于洁净的玛瑙研钵中进行研磨，研磨成均匀、细小的颗粒。

（4）将 KBr 装入模具，在压片机上压片，加压至 45kPa 时，保压 30s 之后解除压力。

（5）打开傅里叶变换红外光谱仪，将压好的薄片装机，设置背景的各项参数之后，进行测试，得到背景的扫描谱图。

（6）取一定量的样品（样品：$KBr = 1 : 100$）放入研钵中研细，然后重复上述步骤得到试样的薄片。

（7）将样品的薄片固定好，装入红外光谱仪，设置样品测试的各项参数后进行测试，得到苯甲酸的红外光谱图。

（8）删掉背景谱图，对样品谱图进行编辑和修饰，并标注出吸收峰值，保存试样的红外光谱图。

（9）在红外光谱仪自带的谱图库中进行检索，检出相关度较大的已知物标准谱图，对样品的谱图进行解读，参考标准谱图从而得出鉴定结果。

数据处理

（1）在苯甲酸标样和试样红外光谱图上，标出各特征吸收峰的波数，并确定其归属。

（2）将苯甲酸试样光谱图和苯甲酸标准光谱图进行对比，如果两张图上的各特征吸收峰强度一致，则可认为该试样是苯甲酸。

注意事项

（1）样品必须预先纯化，保证纯度。

（2）样品必须保持干燥，避免损坏仪器和水峰对样品谱图的干扰。

（3）制得的盐片透光度大于 75%，且完整而没有裂痕。

思考题

（1）影响样品红外光谱图质量的因素有哪些？

（2）用压片法制样时，为什么要求将固体试样研磨到颗粒粒度为 $2\mu m$ 左右？

（3）为什么要求 KBr 粉末干燥，避免其吸水受潮？

（4）红外光谱实验室为什么对温度和相对湿度要维持一定的指标？

3.5.3　红外光谱法定量测定苯酚类羟基

实验目的

（1）掌握红外光谱定量分析的方法。

（2）了解去除有机酸干扰的方法。

实验原理

羟基在红外区有强吸收，但是由于含羟基的物质本身分子间有氢键作用，或者由于极性分子间的氢键缔合而影响吸收峰的位置、形状及强度，常常会造成吸光度与浓度间的线性关系被干扰，以致无法用红外光谱法直接定量。为了克服用红外光谱法测定苯酚类物质时所遇到的干扰，可采用溴化反应使苯酚的羟基的伸缩振动由原来的 $3584cm^{-1}$ 移至 $3521cm^{-1}$。这种位移可能由邻位 Br 原子与—OH 基团形成分子内氢键所致。如果苯酚的 2 位及 6 位都被取代了或由于位阻效应使 Br 原子无法进入酚羟基的邻位时，都没有这种伸缩振动位移现象。有机酸在 $3521cm^{-1}$ 处有少量吸收干扰。为了避免这种干扰，可用碳酸氢钠溶液萃取溶有苯酚类试样的四氯化碳溶液，以除去有机酸。

仪器与试剂

（1）仪器　IRAffinity-1 型傅里叶变换红外光谱仪；可拆式液体样品池；研片；红外灯；分液漏斗等。

（2）试剂　无水乙醇；滑石粉；四氯化碳（A.R.）；10% Na_2SO_3 溶液；2% $NaHCO_3$ 溶液；三溴苯酚（A.R.）。

实验步骤

由苯酚和溴水反应得到三溴苯酚沉淀。将沉淀过滤，洗涤干净并用红外灯烘干。冷却后，称取样品 0.1g，加入 10mL CCl_4 溶液，再加入 5mL10% Na_2SO_3 溶液于分液漏斗中摇振 15min，三溴苯酚进入四氯化碳层。在另一支分液漏斗中，将四氯化碳萃取液与 50mL2% $NaHCO_3$ 溶液摇振 5min。放出四氯化碳层，经滤纸过滤以除去悬浮的水滴。然后，在红外光谱仪上于 $4000\sim400cm^{-1}$ 区域扫描记录吸光度。

配制一系列标准的 2,4,6-三溴苯酚-四氯化碳溶液（如 5%、10%、15%、20% 等），在

$3521cm^{-1}$ 处分别测量各溶液的吸光度，绘制标准曲线。

数据处理

由实验结果绘制出 $A\text{-}c$ 标准曲线，在曲线上找出被测组分对应的浓度，根据样品量测出其含量。

注意事项

（1）本实验所用的液体样品池内研片间的宽度始终应保持一致，故金属垫片厚度应一致。

（2）液体样品应用注射器注入液体池中。

思考题

（1）如何避免溶剂对吸光度的干扰？

（2）如何保证仪器的准确度？

第4章

分子荧光和磷光光谱法

4.1 引言

    荧光分析是光化学分析中最为灵敏的分析方法之一，它比紫外-可见分光光度法的灵敏度要高出 2～4 个数量级，检测下限为 0.1～0.001μg/mL。荧光分析法具有选择性好，线性范围宽，且能提供激发光谱、发射光谱、发光强度、发光寿命、量子率等诸多信息等优点，已成为一种重要的痕量分析技术。当被测物质本身具有荧光时，可以直接测量其荧光度来测定该物质的浓度。芳香族化合物具有共轭的不饱和结构，因此大多能产生荧光，则可直接进行荧光的测定。对于大多数无机物或有机物本身没有荧光或发出的荧光很弱时，无法直接进行测定，此时可采用间接法进行测定。间接测定的方法有荧光猝灭法和荧光衍生法。荧光猝灭法是分子本身没有荧光，但可使某种荧光物质的荧光猝灭，通过测量该荧光物质荧光强度的降低而间接测定该分析物。因此，荧光分析法已广泛应用于无机化合物和有机化合物及生物分子的分析中，在生物化学、药物学、临床化学等领域有着广泛的应用。

    随着科学技术的迅速发展，激光、微机、电子学等新技术的引入，极大地推动了荧光分析法在理论上和仪器上的发展，促进了诸多如时间分辨、相分辨、荧光偏振、荧光免疫、同步荧光、三维荧光技术和荧光光纤化学传感器、荧光光纤免疫传感器等荧光分析新方法与技术的发展。

    近年来，荧光分析法在生命科学领域中的重要应用体现在对遗传物质脱氧核糖核酸（DNA）的分析。由于 DNA 自身荧光效率低，一般条件下几乎检测不到 DNA 的荧光。为此，人们选用某些荧光分子作为探针，通过探针标记分子的荧光变化来考察 DNA 与小分子及药物的作用机制，以此探讨致病原因，并筛选和设计新的高效低毒药物。此外，利用激光诱导荧光检测的超高灵敏度，可实时检测溶液中的单分子行为，这一研究工作已受到了广泛的关注。目前，单分子荧光检测在 DNA 测序、纳米材料分析、医学诊断、分子动力学机理等方面都具有独特的应用价值，在生命科学中具有广阔的应用前景。

4.2　分子荧光和磷光的原理

4.2.1　分子荧光和磷光的产生

处于基态的分子在吸收适当能量（光能、电能、化学能、生物能等）后，其价电子从成键轨道或非键轨道跃迁到反键轨道上去，这就是分子激发态产生的本质。激发态不稳定，通过释放能量衰变到基态。激发态在返回基态时常伴随光子的辐射，这种现象称为光致发光。所谓光致发光是指分子吸收了光能而被激发至较高能态，在返回基态时，发射出与吸收光波长相等或不等的辐射现象。荧（磷）光的产生属于分子的光致发光现象。

每个分子都具有一系列的电子能级，每一个电子能级中又包含了一系列的振动能级和转动能级。图 4-1 中基态用 S_0 表示，第一电子激发单重态和第二电子激发单重态分别用 S_1 和 S_2 表示，第一电子激发三重态和第二电子激发三重态分别用 T_1、T_2 表示，基态和激发态的振动能级用 $\nu = 0$、1、2、3、…表示。

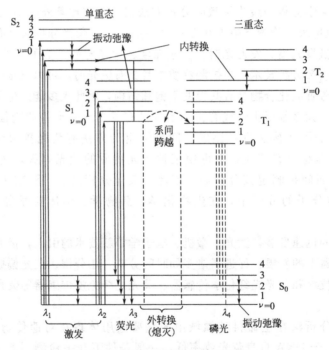

图 4-1　荧光和磷光体系能级图

单重态与三重态的区别在于电子自旋方向不同。电子激发态的多重度可用 $m = 2s + 1$ 表示，其中 s 为电子自旋量子数的代数和，其数值为 0 或 1。当所有电子都配对时，$s = 0$，$m = 1$，分子的电子态处于单重态，用符号 S 表示，如果电子在跃迁过程中不发生自旋方向的变化，此时分子处于激发的单重态。当两个电子是平行自旋的，$s = 1$，多重度 $m = 3$，分子的电子态处于三重激发态，用符号 T 表示。根据洪特规则，处于独立轨道上的非成对电子，平行自旋要比成对自旋更稳定，所以三重态的能级要比相应的单重态能级略低（见图 4-1 中的 S_1 和 T_1，S_2 和 T_2）。

处于激发态的分子是不稳定的，将以辐射跃迁或非辐射跃迁等方式返回基态，这个过程称为分子的去激发过程，而去激发过程包括了多个可能的途径，其中对大多数分子而言，当分子处于第一激发单重态 S_1 的最低振动能级时，分子返回基态的过程比振动弛豫和内转换过程慢得多。分子可能通过发射光子跃迁回到基态的 S_0 的各个振动能级上，这个过程称为荧光发射。图 4-1 中 λ_3 所表示的波长，荧光发射过程约为 10^{-8} s。激发态分子经过系间跨越到达激发三重态后，经过迅速的弛豫到达第一电子激发三重态（T_1）的最低振动能级上，再从 T_1 态经发射光子返回基态。此过程称为磷光发射。磷光发射是不同多重态之间的跃迁（即 $T_1 \rightarrow S_0$），故属禁阻跃迁，因此磷光的寿命比荧光要长得多，约为 10^{-3} s 或 10s。

4.2.2 荧光量子产率

荧光的量子产率，也称为荧光效率，用 Φ 表示，是发射荧光的分子数与总的激发态分子数之比

$$\Phi = \frac{k_f}{k_f + \sum k_i} \tag{4-1}$$

式中，k_f 为荧光发射过程的速率常数；$\sum k_i$ 为无辐射跃迁过程的速率常数的总和。由上式可知，凡是能够使 k_f 值增加而使其他 k 降低的因素都可以增强荧光。通常 k_f 主要取决于分子的化学结构，而 $\sum k_i$ 主要取决于化学环境，同时与化学结构有关。

4.2.3 激发光谱和发射光谱

荧光属于光致发光。荧光光谱包括激发光谱和发射光谱。

荧光的激发光谱：通过固定荧光的最大发射波长，改变激发的波长，测量荧光强度，以激发光波长为横坐标，荧光强度为纵坐标作图，得到了荧光的激发光谱曲线。

荧光的发射光谱：通过固定荧光的激发波长，改变发射光的波长，测量荧光强度，以发射光波长为横坐标，荧光强度为纵坐标作图，得到了荧光的发射光谱曲线。

室温下萘的乙醇溶液荧光激发光谱、荧光发射光谱和磷光光谱见图 4-2。

通常情况下荧光发射光谱的发射波长大于激发波长，这种现象称为斯托克斯位移。这种激发和发射之间的位移是由振动弛豫内转换瞬间能量损失产生的。

一般情况下，分子的荧光发射光谱与其吸收光谱之间存在镜像关系。图 4-3 是苝在苯溶液中的吸收光谱和荧光发射光谱图。由图可以看出吸收和发射间存在较好的镜像关系。镜像对称规则的产生是由于大多分子的基态和第一激发单重态的振动能级结构类似，因此吸收光谱的形状与荧光发射光谱的形状呈镜像对称关系。实际大多数

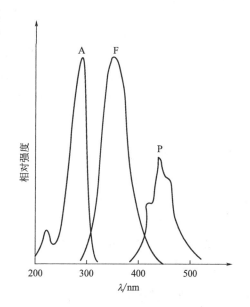

图 4-2 室温下萘的乙醇溶液荧光激发光谱、荧光发射光谱和磷光光谱

A—荧光激发光谱；F—荧光发射光谱；P—磷光光谱

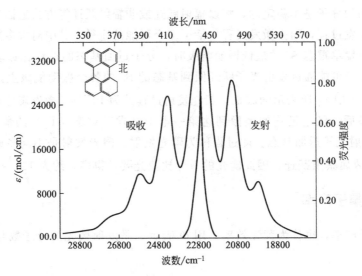

图 4-3　芘在苯溶液中的吸收光谱和荧光发射光谱图

化合物虽然存在这样的镜像关系，但其对称程度不如芘分子。

4.2.4　荧光与分子结构的关系

荧光与物质分子的化学结构密切相关。一般具有强荧光的分子都具有大的共轭 π 键结构、供电子取代基和刚性平面结构等，有助于荧光的发射。因此，分子中至少具有一个芳环或具有多个共轭双键的有机化合物才容易发射荧光，而饱和的或只有孤立双键的化合物，无显著的荧光。结构对分子荧光的影响主要表现在以下几个方面。

4.2.4.1　跃迁类型

大量的实验结果证明，多数荧光化合物都是由 $\pi \rightarrow \pi^*$ 或 $n \rightarrow \pi^*$ 跃迁所致的激发态去活化后，发生 $\pi^* \rightarrow \pi$ 或 $\pi^* \rightarrow n$ 跃迁而产生的，其中 $\pi^* \rightarrow \pi$ 跃迁的量子效率较高，原因是：①$\pi \rightarrow \pi^*$ 跃迁的摩尔吸光系数比 $n \rightarrow \pi^*$ 跃迁大 100～10000 倍，跃迁的寿命（$10^{-9} \sim 10^{-7}$ s）又比 $n \rightarrow \pi^*$ 跃迁寿命（$10^{-7} \sim 10^{-5}$ s）短，则 K_f 较大；②系间跨跃的速率常数小，有利于发射荧光。

4.2.4.2　共轭效应

芳香族化合物含有 $\pi \rightarrow \pi^*$ 跃迁有利于荧光发射，因为共轭效应能增加荧光物质的摩尔吸光系数，有利于产生更多激发态分子，从而有利于荧光的发生。实验证明，易于实现 $\pi \rightarrow \pi^*$ 跃迁的芳香族化合物容易发出荧光，而脂肪族化合物（除少数高度共轭体系化合物外）极少能发出荧光。体系的共轭度越大，则 π 电子的离域性越大，荧光越容易发生，灵敏度和荧光效率也越大。

4.2.4.3　取代基效应

苯环上的取代基会引起最大吸收波长的位移及相应荧光峰的改变。通常，供电子基团，如—NH_2、—OH、—OCH_3 和—$NHCH_3$ 等，使荧光增强；而吸电子基团，如—Cl、—Br、

—I、—NHCOCH₃、—NO₂ 和—COOH 等，使荧光减弱。

4.2.4.4　刚性平面结构的平面效应

实验表明，具有刚性平面结构的有机分子具有较强的荧光，这是由于它们与溶剂或其他溶质分子的相互作用较小，通过碰撞去活化的可能性较小，从而有利于荧光的发射。例如，荧光素和酚酞结构相似，前者分子中氧桥使其具有刚性平面结构，因而具有较强的荧光；后者不易保持平面构型，没有荧光。又如芴，由于其分子中存在成桥的亚甲基，使刚性增加，从而有较强的荧光，其量子效率接近于1，而联苯在同样条件下的荧光量子效率仅为 0.20。

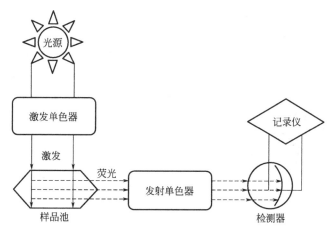

总之，荧光是由具有荧光结构的物质吸收光后产生的，其发光强度与物质分子吸光作用及荧光效率有关，荧光与物质的化学结构密切相关，若能增加分子的共轭度或存在刚性平面结构，则可以增强荧光的强度；反之，则荧光减弱。分子所处的环境对其荧光发射也存在直接的影响，因此，合理地优化实验条件，有助于提高荧光分析的灵敏度和选择性。

4.3　仪器结构与原理

常用的荧光测定仪器有荧光分光光度计，一般由光源、单色仪、样品池、检测器及数据记录系统组成。仪器的基本构造如图 4-4 所示。

图 4-4　荧光分光光度计结构框图

由光源发出的光经过单色仪后得到所需要的激发光波长，入射到样品池上激发荧光物质产生荧光，为消除入射光及散射光的影响，荧光的测量方向通常与激发光成 90°角。荧光通过第二个单色仪分光后进入检测器而被检测。第二个单色仪的作用是消除溶液中可能存在的其他波长的光的干扰。

（1）光源　高压氙灯是目前荧光分光光度计中应用最为广泛的一种光源，在 400～800nm 波长范围内提供连续的光。此外，发光二极管或者激光二极管也可作为光源，这类光源轻便、所需能量较少，产生的热量很少。发光二极管属于连续光源但限于小范围光谱区的输出，而激光二极管则属于单色光源。激光是一种能量集中、具有良好单色性的光源，使用激光源能够极大地提高荧光检测的灵敏度。利用激光作为光源的激光诱导荧光检测技术已经实现了单分子检测的目标，从而使荧光分析具有更为广阔的应用。

（2）单色仪　单色仪的作用是对波长进行选择，包括激发波长和发射波长。常用的单色仪有光栅和滤光片。

（3）样品池　荧光检测的样品池通常采用四面透光的方形石英池。

（4）检测器　现代荧光分光光度计普遍采用光电倍增管（PMT）作为检测器。电荷耦合器件（charge-coupled device，CCD）是一种多通道检测器，具有连续采集多维图谱的功能。CCD 作为检测器已在荧光显微镜上得到广泛应用。

（5）数据记录系统　目前商品化的荧光分光光度计都由计算机控制，并配有相应的软件。

4.4　实验技术

4.4.1　同步扫描技术

基于激发和发射单色仪在扫描过程中彼此间所保持的关系，同步扫描技术可分为固定波长差、固定能量差和可变角（可变波长）同步扫描。同步扫描技术具有使光谱简化，使谱带窄化，提高分辨率，减少光谱重叠，提高选择性，减少散射光影响等诸多优点。

图 4-5 为并四苯的激发光谱和发射光谱及固定波长差同步扫描荧光谱。从图可见，荧光光谱得到明显的简化。这种光谱的简化，虽然损失了其他光谱带所包含的信息，对光谱学的研究不利，但是对分析工作却十分有利，可避免其他谱带存在所引起的干扰，提高了测量的

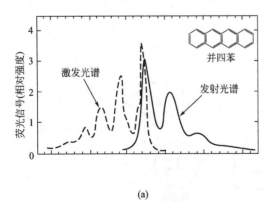
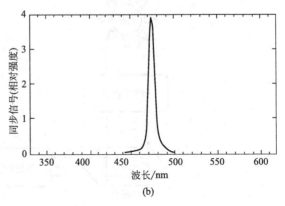

图 4-5　并四苯的激发光谱和发射光谱（a）及固定波长差同步扫描荧光谱（b）

选择性。固定波长差同步扫描中，波长差的选择直接影响到同步光谱的形状、带宽和信号强度，从而提供了一种提高选择性的途径。通常在可能条件下，选择等于斯托克斯（Stokes）位移的 $\Delta\lambda$ 值是有利的，很可能获得荧光信号最强、半峰宽最小的同步荧光光谱。

4.4.2 三维光谱

三维荧光光谱（亦称总发光光谱或激发-发射矩阵图）技术与常规荧光分析的主要区别是能获得激发波长同时变化的荧光强度信息。三维荧光光谱有两种表示形式：三维曲线光谱图和等（强度）高线图。如图 4-6 所示，从萘的三维荧光光谱可以清楚看到激发波长与发射波长变化时荧光强度的信号。它能提供更完整的光谱信息，可作为光谱指纹技术用于环境检测和污染物鉴定的佐证。

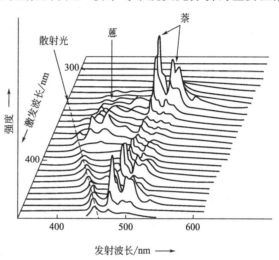

图 4-6 蒽和萘的三维荧光光谱图

三维光谱技术能获得完整的光谱信息，是一种很有价值的光谱指纹技术。三维光谱技术可在石油勘采中用于油气显示和矿源判定；在环境监测和法庭判证中用于类似可疑物的鉴别；在临床医学中用于癌细胞的辅助诊断和不同细菌的表征和鉴别；另外，作为一种快速检测技术，对化学反应多组分动力学研究具有独特的优点。

4.5 实验内容

4.5.1 荧光分析法测定水杨酸含量

实验目的

(1) 掌握荧光分析法测定水杨酸含量的原理和方法；

(2) 进一步熟悉荧光分光光度计的基本操作。

实验原理

邻羟基苯甲酸（亦称水杨酸），含有一个能发射荧光的苯环，在 pH＝12 的碱性溶液和 pH＝5.5 的近中性溶液中，310nm 附近紫外光的激发下会发射荧光；而且 pH＝5.5 的近中性溶液中邻羟基苯甲酸因羟基与羧基形成分子内氢键，增加了分子刚性而有较强荧光。利用此性质，在 pH＝5.5 时测定邻羟基苯甲酸的荧光强度，已有研究表明水杨酸的浓度在 0～12μg/mL 范围内均与其荧光强度呈良好的线性关系。

仪器与试剂

(1) 仪器 荧光分光光度计；石英皿；容量瓶；移液管；比色管。

(2) 试剂 邻羟基苯甲酸标准溶液［60μg/mL（水溶液）］；HAc-NaAc 缓冲溶液（47g NaAc 和 6g 冰醋酸溶于水并稀释至 1L 得到 pH＝5.5 的缓冲溶液）；0.1mol/L NaOH 溶液。

实验步骤

(1) 邻羟基苯甲酸标准溶液的配制　分别移取 0.40mL、0.80mL、1.20mL、1.60mL、2.00mL 邻羟基苯甲酸标准溶液于已编号的 10mL 比色管中，再分别加入 1.0mL pH＝5.5 的 HAc-NaAc 缓冲溶液，用去离子水稀释至刻度，摇匀备用。

(2) 确定最大发射波长和激发波长　选取羟基苯甲酸标准溶液中浓度适中的溶液来测定其激发光谱和发射光谱。先固定发射波长为 400nm，在 250～350nm 区间进行激发波长扫描，获得溶液的激发光谱和荧光最大激发波长 λ_{ex}；再固定最大激发波长 λ_{ex}，在 350～500nm 区间进行发射波长扫描，获得溶液的发射光谱和荧光最大发射波长 λ_{em}。

(3) 鉴定未知溶液　确定待测样品的 pH 值，如 pH 值不在 5.5 附近，通过加入适量的酸、碱或缓冲溶液调整溶液的 pH 值为 5.5。根据上述激发光谱和发射光谱的扫描结果，在所确定激发波长和发射波长处，测量待测样品的荧光强度。

(4) 标准溶液荧光强度的测定　设置上述实验所确定的最大发射波长 λ_{em} 和最大激发波长 λ_{ex}，在此组波长下测定上述各标准系列溶液的荧光强度。以溶液荧光强度为纵坐标，以溶液浓度为横坐标绘制标准曲线。根据所测得的未知溶液的荧光强度在标准曲线上确定邻羟基苯甲酸的浓度。

数据处理

(1) 最大发射波长和激发波长的确定记录如下。

激发波长 λ_{ex}/nm	发射波长 λ_{em}/nm	荧光强度 F

(2) 邻羟基苯甲酸标准溶液和样品荧光强度的测定记录如下。

邻羟基苯甲酸标准溶液	1	2	3	4	5	样品
浓度/(μg/mL)						
荧光强度						

(3) 以各标准溶液的荧光强度为纵坐标，分别以邻羟基苯甲酸的浓度为横坐标作标准曲线。

思考题

(1) pH＝5.5 时，邻羟基苯甲酸（pK_{a_1}＝3.00，pK_{a_2}＝12.83）和间羟基苯甲酸（pK_{a_1}＝4.05，pK_{a_2}＝9.85）水溶液中主要存在的酸、碱形式是什么？为什么二者的荧光性质不同？

(2) 从本实验中总结出几条影响物质荧光强度的因素。

4.5.2　荧光法测定复合维生素中维生素 B₂ 的含量

实验目的

(1) 掌握荧光法测定复合维生素制剂中维生素 B₂ 的含量（标准曲线法）。

(2) 熟悉荧光光度计的使用方法。

实验原理

维生素 B_2（$C_{17}H_{20}N_4O_6$，分子量 376.37，又称核黄素）是橘黄色无臭的针状结晶，其结构式为：

由于分子中有三个芳香环，具有平面刚性结构，因此它能够发射荧光。维生素 B_2 易溶于水而不溶于乙醚等有机溶剂，在中性或酸性溶液中稳定，光照易分解，对热稳定。

维生素 B_2 溶液在 $400\sim460nm$ 蓝光的照射下，发出绿色荧光，荧光峰在 535nm 附近维生素 B_2，在 pH 为 $6\sim7$ 的溶液中荧光强度最大，而且其荧光强度与维生素 B_2 溶液浓度呈线性关系，因此可以用荧光光谱法测维生素 B_2 的含量。而维生素 B_2 在碱性溶液中经光照非常易于分解，故测定维生素 B_2 的荧光强度需在酸性条件下，且避光。

在酸性条件下的维生素 B_2 稀溶液中，荧光强度 F 与维生素 B_2 的浓度 c 有以下关系：

$$F = 2.303\Phi I_0 \varepsilon bc$$

在一定的实验条件下，当荧光量子产率（Φ）、入射光强度（I_0）、物质的摩尔吸光系数（ε）和液层厚度（b）固定不变时，荧光强度（F）与荧光物质的浓度（c）呈如下线性关系：

$$F = Kc$$

这是荧光光谱法定量分析的依据。

仪器与试剂

(1) 仪器　RF-5301PC 型荧光光度计（岛津）；石英皿：1cm；容量瓶：50mL。

(2) 试剂　$10.0\mu g/mL$ 维生素 B_2 标准溶液（称取 10.00mg 维生素 B_2 置 100mL 烧杯中，加 1% 乙酸溶液使其溶解，并定量转移 1000mL 容量瓶中，并用 1% 乙酸溶液稀释至刻度，摇匀，将溶液保存在冷暗处）；1% 乙酸溶液。

实验步骤

(1) 系列标准溶液的制备　取维生素 B_2 标准溶液（$10.0\mu g/mL$）1.00mL、2.00mL、3.00mL、4.00mL 及 5.00mL，分别置于 50mL 容量瓶中，各加 1% 乙酸溶液稀释至刻度，摇匀，待测。

(2) 待测样品溶液的制备　取维生素 B_2 10 片，研细，精密称取适量（约相当维生素 B_2 10mg）置于 100mL 烧杯中，加 1% 乙酸溶液使其溶解，定量转移至 1000mL 的容量瓶中，用 1% 乙酸稀释至刻度，摇匀。过滤，弃去初滤液，吸取续滤液 2.0mL 于 100mL 容量瓶中，用 1% 乙酸溶液稀释至刻度，摇匀，待测。

(3) 确定最大激发波长和发射波长　选取维生素 B_2 标准溶液中浓度适中的溶液来测定其激发光谱和发射光谱。先固定发射波长为 540nm，在 $220\sim500nm$ 区间进行激发波长扫描，获得溶液的激发光谱和荧光最大激发波长 λ_{em}；再固定最大激发波长 440nm，在 $400\sim600nm$ 区间进行发射波长扫描，获得溶液的发射光谱和荧光最大发射波长 λ_{ex}。

(4) 标准溶液及样品溶液荧光的测定　将激发波长固定在 440nm，荧光发射波长为

540nm，测量上述系列标准维生素 B_2 溶液的荧光发射强度。以溶液的荧光发射强度为纵坐标，标准溶液浓度为横坐标，制作标准曲线。

在同样条件下测定未知溶液的荧光强度，并由标准曲线确定未知试样中维生素 B_2 的浓度，计算药片中维生素 B_2 的含量。

数据处理

（1）激发光谱和荧光发射光谱绘制过程中实验数据记录。

激发波长 λ_{ex}/nm	250	300	350	400	500	600
最大荧光发射波长 λ_{em}/nm						
荧光强度 F						

（2）标准溶液及待测溶液的浓度和荧光强度。

维生素 B_2 溶液浓度（µg/mL）	1.0	2.0	3.0	4.0	5.0	样品
相对荧光强度						
$\lambda_{ex}=$				$\lambda_{em}=$		

（3）以系列标准溶液的荧光发射强度 F 为纵坐标，标准溶液浓度为横坐标，制作维生素 B_2 溶液浓度 c 的标准曲线，从标准曲线上查得未知维生素 B_2 的质量（µg），然后根据样品称量 m，按下式计算复合维生素 B 中含维生素 B_2 的标示量。

$$维生素 B_2 的标示量=\frac{查得维生素 B_2 的质量（\mu g）\times 10^{-3}}{m（mg）\times \frac{1}{100}\times \frac{10.0}{100}\times \frac{5.00}{100}}\times 100\% \tag{4-2}$$

思考题

（1）解释荧光光度法较吸收光度法灵敏度高的原因？

（2）维生素 B_2 在 pH 为 6~7 时荧光最强，本实验为何在酸性溶液中测定？

4.5.3 荧光法测定硫酸奎宁的含量

实验目的

（1）掌握荧光法定量测定奎宁含量的原理与方法

（2）探究溶液的 pH 值和卤化物对奎宁荧光强度的影响。

（3）进一步熟悉荧光分光光度计的基本操作

实验原理

硫酸奎宁 [分子式 $(C_{20}H_{24}N_2O_2O_2)_2 \cdot H_2SO_4 \cdot 2H_2O$，分子量 782.96] 为抗疟药，是硫酸奎尼丁的光学异抗体，其结构如下：

奎宁在稀硫酸溶液中是强的荧光物质，它有两个激发波长 250nm 和 350nm，荧光发射峰在 450nm。奎宁的荧光强度随着溶液酸度的改变，发生明显改变。除了酸度对它有显著的影响外，卤素等原子也对其荧光强度有明显的猝灭作用。因此，奎宁样品浓度的测定必须固定其他的实验条件，在低浓度时，采用标准曲线法即用已知浓度的标准物质，按试样相同的处理方法，配制成一系列标准溶液。通过测定这些溶液的荧光强度，以荧光强度为纵坐标，标准溶液浓度为横坐标绘制标准曲线，再根据试样溶液的荧光强度，在标准曲线上求出试样中荧光物质的含量。

仪器与试剂

（1）仪器　RF-5301PC 型荧光光度计（岛津）；石英比色皿；容量瓶：1000mL 2 只，250mL 1 只，50mL 6 只，移液管 1 支。

（2）试剂　100.0μg/mL 奎宁储备液（120.7mg 硫酸奎宁二水合物中加入 50mL 1mol/mL 的硫酸溶液，并用去离子水定容至 1000mL。将此溶液稀释至 10 倍，得到 10.00μg/mL 奎宁标准溶液）；0.05mol/L 的 H_2SO_4 溶液。

实验步骤

（1）系列标准溶液的制备　吸取硫酸奎宁储备液（100μg/mL）5.00mL 置 50mL 容量瓶中，加 H_2SO_4 溶液（0.05mol/L）稀释至刻度，摇匀，得到 10.00μg/mL 的硫酸奎宁标准溶液。

取 6 只 50mL 容量瓶，分别加入 10.00μg/mL 奎宁标准溶液 0、2.00mL、4.00mL、6.00mL、8.00mL、10.00mL，用 0.05mol/L 硫酸溶液稀释至刻度，摇匀，待测。

（2）样品溶液的制备　精密称取硫酸奎宁样品约 40mg 置于 1000mL 容量瓶中，用 H_2SO_4 溶液（0.05mol/L）溶解并稀释至刻度，摇匀。吸取此溶液 1.00mL，置于 100mL 容量瓶中，用 H_2SO_4 溶液（0.05mol/L）稀释至刻度，摇匀，待测。

（3）测定

① 按照仪器说明书接通电源，开机，仪器进行初始化后，设置灵敏度、狭缝、信噪比等参数及打印条件。

② 将硫酸奎宁的对照品溶液置于石英池中。

③ 绘制荧光发射光谱，将激发波长设定为 360nm，在 400～600m 范围扫描荧光发射光谱，确定适合的荧光发射波长。

④ 绘制激发光谱，将荧光发射波长设定为上述荧光波长（450nm），在 200～400nm 范围扫描激发光谱，确定适合的激发波长。

注意事项：硫酸奎宁标准溶液必须当天配制，避光保存。

数据处理

（1）最大发射波长和激发波长的确定记录如下。

激发波长 λ_{ex}/nm	发射波长 λ_{em}/nm	荧光强度 F

（2）未知样品溶液荧光强度的测定记录。

硫酸奎宁标准溶液	1	2	3	4	5	6	样品
浓度/(μg/mL)							
荧光强度							

（3）样品的测定　将激发波长固定在 350nm 处，荧光波长固定在 450nm 处，测定 H_2SO_4 空白溶液（0.05mol/L）、对照品和样品溶液的荧光强度，按下列关系式计算出样品的浓度及含量

$$硫酸奎宁样品浓度 \ c_x = \frac{F_x - F_{s_0}}{F_s - F_{s_0}} \times c_s \tag{4-3}$$

$$硫酸奎宁样品含量 = \frac{c_x \times 10^{-3}}{m(\text{mg}) \times \dfrac{1}{1000} \times \dfrac{1.00}{100}} \tag{4-4}$$

思考题

（1）测量时，为什么要测定硫酸的空白溶液？

（2）能用 0.05mol/L 的 HCl 来代替 0.05mol/L 的 H_2SO_4 溶液吗？为什么？

第5章

激光拉曼光谱法

5.1 引言

拉曼光谱（Raman spectroscopy）是一种散射光谱，早在1923年德国物理学家 Asmekal 就已经预言了拉曼效应。在1928年，印度物理学家拉曼（C. V. Raman）通过透镜将太阳光聚光后，照射到无色透明的液体苯样品上，然后采用不同颜色的滤光片观察光的变化情况。在实验中他发现了与入射光波长不同的散射光，并记录了散射光谱。拉曼的这项工作于1930年获得了诺贝尔物理学奖。为了纪念这一发现，人们将与入射光不同频率的散射光称为拉曼散射。由于拉曼散射的频率与入射光不同，而产生的频率位移称为拉曼位移。当拉曼散射光与入射光的频率之差与发生散射的分子振动频率相等时，通过拉曼散射的测定可以得到分子的振动光谱。拉曼光谱和红外光谱同属于分子振动-转动光谱，但它们的机理是不同的。红外光谱是分子对辐射源红外光的特征吸收，可以直接观察到样品分子对辐射能量的吸收情况；而拉曼光谱则是对分子辐射源的散射。事实上，拉曼光谱的观察非常困难，主要原因是拉曼效应很弱，测量拉曼光谱时对样品要求很严格，只能测试纯液体或浓溶液样品。另外，样品本身若产生荧光和杂散光对测定会有干扰，加之仪器的发展滞后，使得拉曼光谱的发展较慢。直至20世纪60年代初期，随着激光技术的迅速发展，人们很快把激光用作拉曼光谱的激发光源，通常称为激光拉曼光谱使拉曼光谱得以快速发展。现代拉曼光谱仪已克服了早期拉曼实验上的许多困难，它与红外光谱一样，是研究分子振动光谱的重要方法。

5.2 拉曼光谱的基本原理

5.2.1 光的瑞利散射

当一束平行的单色光（通常为可见光区域）照射到样品之上，当它不能被被照射的物体吸收时，大部分入射光仍然沿着入射光束方向通过样品，仅有0.1%的入射光子与样品分子发生弹性碰撞（不发生能量交换的碰撞方式），光子的频率并未改变，即散射光频率与入射光频率相同，而只是向各个方向散射。在19世纪70年代，瑞利（Rayleigh）首先发现了上述散射现象，这种散射命名为瑞利散射（Rayleigh）。瑞利散射被认为是光与样品分子间的弹性碰撞，因为它们之间没有能量的交换，即光的频率不变，只是改变了光子运动的方向。也就是说入射光是平行的，而散射光却是各向同性的。瑞利还发现散射光的强度与散射方向有关，且与入射光波长的四次方成反比。

5.2.2　拉曼散射

一个频率为 ν_0 的单色激发光束照射在样品上，单色激发光的光子与作为散射中心的分子相互作用时，大部分光子只是改变方向发生散射，而光的频率与入射的激发光的频率相同，这种散射称为瑞利散射；总散射光中仅有 0.1% 的光散射，不仅改变了光的传播方向，而且散射光的频率也发生了改变，不同于入射时的激发光的频率，这种比瑞利散射弱得多的谱线即为拉曼散射，是在 1928 年由印度物理学家拉曼在实验中观察到的。产生拉曼散射的原因是光子与分子之间发生了能量交换。对于斯托克斯（Stokes）拉曼散射来说，分子由处于振动基态 E_0 被激发至激发态 E_1，分子得到的能量为 ΔE（图 5-1），恰好等于光子失去的能量：

$$\Delta E = E_1 - E_0 \tag{5-1}$$

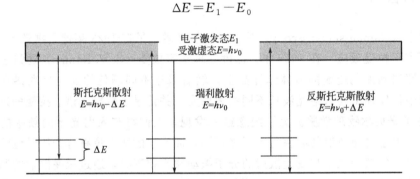

图 5-1　瑞利散射和拉曼散射示意图

与之相对应的光子频率改变 $\Delta\nu$，为：

$$\Delta\nu = \Delta E/h \tag{5-2}$$

式中，h 为普朗克常数。此时，Stokes 散射的频率为 ν_s，

$$\nu_s = \nu_0 - \Delta E/h, \Delta\nu = \nu_0 - \nu_s$$

斯托克斯散射光的频率低于激发光频率 ν_0。

同理，反斯托克斯（Anti-Stokes）散射光的频率 ν_{as} 为

$$\nu_{as} = \nu_0 + \Delta E/h, \quad \Delta\nu = \nu_{as} - \nu_0$$

反斯托克斯散射光的频率高于激发光频率。

斯托克斯与反斯托克斯散射光的频率与激发光频率之差 $\Delta\nu$ 统称为拉曼位移（Raman shift）。斯托克斯散射通常要比反斯托克斯散射强得多，拉曼光谱仪通常测定的大多是斯托克斯散射，也统称为拉曼散射。

拉曼位移取决于分子振动能级的改变，不同的化学键或基团有不同的振动，ΔE 反映了指定能级的变化，因此，与之相对应的拉曼位移 $\Delta\nu$ 也是特征的。这是拉曼光谱可以作为分子结构定性分析的理论依据。

5.2.3　产生拉曼光谱线的条件

拉曼散射发生的过程与物质直接吸收红外辐射有很大的不同，所以对于拉曼散射光谱，不要求如红外吸收振动有偶极矩的变化，但是却要求有分子极化率的变化。依据极化率原理，在静电场 E 中的原子或分子，原子感应产生偶极子 μ，原子核移向偶极子负端，电子云移向偶极子正端。这个过程对于分子在入射光的电场作用下同样是适用的。分子在入射光的电场中发生极化，正负电荷中心相对移动，极化产生诱导偶极矩 P，它正比于电场强度 E，符合 $P=\alpha E$ 的关系，比例常数 α 称为分子的极化率。拉曼散射的发生必须在有相应极化率 α 的变化时才能实现，可见拉曼位移与入射光频率无关，而仅与分子振动能级的改变有关，不同物质的分子具有不同的振动能级，因而有不同的拉曼位移。

5.2.4　拉曼光谱图

图 5-2 为液体 CCl_4 的拉曼光谱图，单色光源为 He-Ne 激光源。若改用激发波长为488.0nm 的氩离子激光源或波长不同的其他激光源时，得到对应每一种激光源的 CCl_4 拉曼光谱图，分析发现，不同激光源下的 CCl_4 拉曼谱线的形状及拉曼谱线之间的相对位置不变，但不同光谱图中各拉曼谱线的中心频率却发生了位移。将入射光频率与拉曼散射光频率之间的差值称为拉曼位移。拉曼位移（$\Delta \nu$）通常用下式表示：

$$\Delta \bar{\nu} = \bar{\nu}_0 - \bar{\nu}_R$$

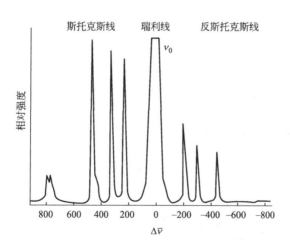

图 5-2　液体 CCl_4 拉曼光谱图

可见，拉曼位移与入射激光源的频率无关，而仅与分子振动能级的改变有关。不同物质的分子具有不同的振动能级，因而有不同的拉曼位移。因此，拉曼位移是特征的，不受仪器的条件限制。它可以作为研究分子结构的重要依据。在实际工作中，拉曼光谱图常以拉曼位移（以波数为单位）为横坐标，拉曼谱线强度为纵坐标，由于斯托克斯线比反斯托克斯线强得多，因此拉曼光谱仪通常测的是前者，故将入射光的波数视作零（$\Delta \bar{\nu}=0$），定位在横坐标右端，忽略反斯托克斯线。拉曼光谱图主要用于结构的定性鉴定。如果实验条件能够恒定，拉曼散射光强度与物质浓度之间的比例关系也满足定量分析。

5.2.5　拉曼光谱和红外光谱的关系

拉曼光谱与红外光谱从产生光谱的机理来看有着本质的差别。拉曼光谱是分子对激发光的散射，而红外光谱是分子对红外辐射的吸收，但两者都是研究分子振动-转动光谱的重要手段，同属分子光谱。通常，分子的非对称性振动和极性基团的振动，都会引起分子偶极矩的变化，则这类分子都具有红外活性。而分子对称性振动和非极性基团的振动，会使分子变形，随之引起极化率的变化，则这类分子具有拉曼活性。因此拉曼光谱更适用于研究同原子的非极性键的振动，如 C—C、S—S、N—N 键等，对称分子的骨架振动等均可从拉曼光谱得到丰富的分子结构的信息。对于不同原子的极性键，如 C═O、C—H、N—H 和 O—H 等，在红外光谱中具有红外活性，而分子对称骨架振动在红外光谱上几乎看不到。因此，对分子结构的鉴定，拉曼光谱和红外光谱是互相补充而不能相互替代的两种重要的光谱方法。

虽然拉曼光谱和红外光谱同属分子光谱，但在产生机理、选律、实验技术和光谱解析方面均有较大的差别。

① 拉曼光谱的常规范围是 $4000 \sim 40 \mathrm{cm}^{-1}$，包括了完整的振动频率范围。红外光谱包括近、中、远红外范围，商品化的红外光谱仪仅包括中红外范围（$4000 \sim 400 \mathrm{cm}^{-1}$）。

② 红外光谱可用于任何状态的样品（气、固、液），但对于水溶液、单晶和聚合物是比较困难的；而拉曼光谱就比较方便，几乎可以不做制样处理就可以进行光谱分析。拉曼光谱同样可用于固体、液体和气体样品的分析，尤其对于固体样品可以直接进行测定，不需要研磨制成 KBr 压片。但样品容易遭到高强度激光束的烧焦或变质。拉曼光谱法的灵敏度很低，因为拉曼散射很弱。

③ 红外光谱制样过程中不能有水，因为水本身有强的红外吸收。但是水的拉曼散射是极弱的，所以水是拉曼光谱的一种优良的溶剂，因此对无机物的拉曼光谱的研究很多。

④ 拉曼光谱是利用可见光获得的，所以拉曼光谱可用普通的玻璃毛细管作样品池，拉曼散射光能全部透过玻璃，而红外光谱的样品池需要特殊材料做成。

5.3　拉曼光谱仪的结构与原理

激光拉曼光谱仪主要由激光器、样品室、双单色仪、检测器、计算机控制系统和记录仪等部分组成，见图 5-3。

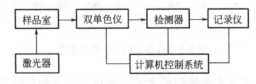

图 5-3　激光拉曼光谱仪方框图

当激光经反光镜照射到样品时，通常是在与入射光成 90°角的方向收集散射光。为抑制杂散光，常用双光栅单色仪，在特殊需要（如测定低波数的拉曼光谱）时，还需用第三单色仪，以得到高质量的拉曼谱图。散射信号经分光后，进入检测器。由于拉曼散射信号十分微弱，须经光电倍增管将微弱的光信号变成微弱的电信号，再经微电放大系统放大，由记录仪记录下拉曼光谱图。

图 5-4 为环己烷的拉曼光谱，横坐标是拉曼位移，以波数 cm^{-1} 为单位，纵坐标为拉曼散射光的强度。

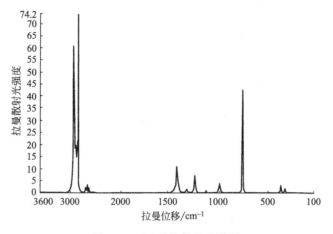

图 5-4　环己烷的拉曼光谱图

5.3.1 激光器

拉曼光谱仪最常用的激光器是氩离子激光器，以 Spetra-Physics 公司生产的 2020 型 Ar^+ 激光器为例，全线输出功率为 5W，单线输出功率为 2W。最常用的激发线的波长为 514.5nm（绿光）和 488.0nm（蓝光）。若额定输出功率为 2W，由 Ar^+ 激光器可得到的波长和功率如表 5-1 所示。

表 5-1　Ar^+ 激光器各激发线的波长和功率

波长/nm	514.5	501.7	496.5	488.0	476.5	472.7	465.8	457.9
相对输出功率/mW	800	140	300	700	300	60	50	150

由于 Ar^+ 激光器可以提供多条功率不同的分立波数的激发线，为一定波长范围的共振拉曼提供了可能的光源。由于拉曼位移与入射激光源的频率无关，所用激发光的波长不同，所测得的拉曼位移（$\Delta \bar{\nu} = \bar{\nu}_0 - \bar{\nu}_R$）是不变的，只是强度不同而已。

5.3.2 样品室

拉曼光谱仪的样品室有两个重要的功能：一是将激光聚焦在样品上，产生拉曼散射，故在样品室内装有聚焦透镜；二是收集由样品产生的拉曼散射光，并使其聚焦在双单色仪的入射狭缝上，因此样品室又装有收集透镜。

为适应固体、液体、薄膜、气体等各种形态的样品，样品室除装有三维可调的样品平台外，还备有各种样品池和样品架。为适应动力学实验的需要，样品室可以改装为大样品室，并可配置高温炉或液氮冷却装置，以满足实验中的控温需要。

5.3.3 双单色仪

典型的滤光部件是前置的单色仪，它们可以滤去光源中非激光频率的大部分光能。双单色仪即由两个单色仪串联而成（图 5-5）。从样品室收集的拉曼散射光，通过入射狭缝 S_1 进入双单色仪，经光栅 G 分光，由中间狭缝 S_3 和 S_4 进一步减小杂散光对测量的干扰，然后由出射狭缝 S_2 进入光电倍增管。

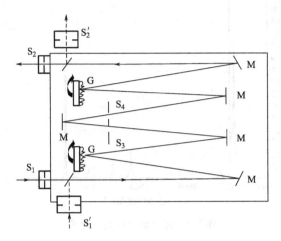

图 5-5 双单色仪光路图

为减少杂散光的影响，整个双单色仪的内壁及狭缝均为黑色。为保证测量的精度，整个双单色仪装有恒温装置，保证工作温度为 24℃。

双单色仪是拉曼光谱仪的心脏，要求环境清洁，灰尘对双单色仪的光学元件镜面的沾污是很严重的，必要时要用洗耳球吹扫除去镜面上的灰尘，但切忌用粗糙的滤纸或布抹擦，以免划破光学镀膜，也不要用有机溶剂擦洗，以免损坏光学镀膜。

5.3.4 光电检测器

实际使用过程中，特别要注意避免强光的进入，在拉曼测试设置参数时，一定要把瑞利线挡住，以免因瑞利线进入，造成过载而烧毁光电倍增管。长时间冷却光电倍增管，会使它的暗计数维持在较低的水平，这对减少拉曼光谱的噪声，提高信噪比是有利的。

5.4 实验内容

5.4.1 有机酸的拉曼光谱测定

实验目的

（1）初步了解激光拉曼光谱仪的各主要部件的结构和性能。

（2）初步掌握测定样品的基本参数的设定。

（3）测定 2 种有机物的拉曼光谱，并指认。

实验原理

拉曼散射是由于分子极化率的改变而产生的。拉曼位移取决于分子振动能级的变化，不同化学键或基团有特征的分子振动，ΔE 反映了指定能级的变化，因此与之对应的拉曼位移也是特征的。这是拉曼光谱可以作为分子结构定性分析的依据。

以下是对有机化合物中基团的拉曼光谱特征频率和强度（表 5-2）的简要介绍：

表 5-2 有机化合物中基团的拉曼光谱特征频率和强度

振动[1]	频率范围/cm^{-1}	拉曼强度[2]	红外强度[2]
ν(O—H)	3650～3000	w	s
ν(N—H)	3500～3300	m	m
ν($\equiv$C—H)	3300	w	s
ν($=$C—H)	3100～3000	s	m
ν(—C—H)	3000～2800	s	s
ν(—S—H)	2600～2550	s	w
ν(C$\equiv$N)	2255～2220	m—s	s—o
ν(C$\equiv$C)	2250～2100	vs	w—o
ν(C$=$O)	1820～1680	s—w	vs
ν(C$=$C)	1900～1500	vs—m	o—m
ν(C$=$N)	1680～1610	s	m
ν(N$=$N),脂肪族取代基	1580～1550	m	o
ν(N$=$N),芳香族取代基	1440～1410	m	o
ν_a[(C—)NO$_2$]	1590～1530	m	s
ν_s[(C—)NO$_2$]	1380～1340	vs	m
ν_a[(C—)SO$_2$(—C)]	1350～1310	w—o	s
ν_s[(C—)SO$_2$(—C)]	1160～1120	s	s
ν[(C—)SO(—C)]	1070～1020	m	s
ν(C$=$S)	1250～1000	s	w
δ(CH$_2$),δ_a(CH$_3$)	1470～1400	m	m
δ_S(CH$_3$)	1380	m—w,如在 C$=$C 上,s	s—m
ν(C—C)	1600,1580	s—m	m—s
	1500,1450	m—w	m—s
	1000	s(单取代时) m(1,3,5 衍生物时)	o—w
ν(C—C)	1300～600	s—m	m—w
ν_a(C—O—C)	1150～1060	w	s
ν_s(C—O—C)	970～800	s—m	w—o
ν(Si—O—Si)	1110～1000	w—o	vs
ν(Si—O—Si)	550～450	vs	o—m
ν(O—O)	900～845	s	m
ν(S—S)	550～430	s	o
ν(Se—Se)	330～290	s	o—w
ν[C(芳香族)—S]	1100～1080	s	s—m
ν[C(脂肪族)—S]	790～630	s	s—m
ν(C—Cl)	800～550	s	s
ν(C—Br)	700～500	s	s
ν(C—I)	660～480	s	s
δ_s(C—C),脂肪链 C$_n$,$n=3$～12	400～250		
$n>12$	2495/n	s—m	w—o
分子晶体中的晶格振动	200～20	vs—o	s—o

① ν: 伸缩振动; δ: 弯曲振动; ν_s: 对称伸缩振动; ν_a: 反对称伸缩振动。

② vs: 很强; s: 强; m: 中; w: 弱; o: 非常弱或看不到信号。

（1）C—H 振动　对于 C—H 伸缩振动的谱带，正烷烃一般在 2980～2850cm^{-1}；烯烃中$=$CH$_2$，$=$CHR 的谱带在 3100～3000cm^{-1}；芳香族化合物中 C—H 振动谱带则在

$3050 cm^{-1}$ 附近。

C—H 变形振动，包括剪式振动、面内面外摇摆振动和扭曲振动，其频率范围分别为：正烷烃中甲基的 HCH 面外变形频率为 $1466\sim1465 cm^{-1}$；根据碳原子数的不同稍有区别；甲基和亚甲基的面内变形频率在 $1473\sim1446 cm^{-1}$；甲基的剪式振动频率在 $1385\sim1368 cm^{-1}$；甲基 HCH 面内变形振动还有 $975\sim835 cm^{-1}$ 处的谱带。

亚甲基扭曲振动与面内摇摆振动的混合谱带在 $1310\sim1175 cm^{-1}$；亚甲基面内摇摆振动和扭曲振动的混合谱带在 $1060\sim719 cm^{-1}$；$CH_3—CH_2$ 扭曲振动的谱带在 $280\sim220 cm^{-1}$，而 $—CH_2—CH_2—$ 扭曲振动的谱带则在 $1530 cm^{-1}$。

（2）C—C 骨架振动　由于拉曼光谱对非极性基团的振动和分子的对称振动比较敏感，因而在研究有机化合物的骨架结构时，用拉曼光谱较红外光谱有利，红外光谱因对极性基团和分子的非对称振动敏感，适合测定分子的端基。

正烷烃中 C—C 伸缩振动频率在 $1150\sim950 cm^{-1}$；C—C—C 变形振动频率在 $425\sim150 cm^{-1}$。伸缩振动频率与碳链长短无关，而变形振动频率则是碳链长度的函数，因此，变形振动频率是链长度的特征。

（3）C=O 振动　酸类的 C=O 对称伸缩振动频率随物理状态不同而有差异，如甲酸单体对称伸缩振动频率为 $1170 cm^{-1}$，二聚体对称伸缩振动频率为 $1754 cm^{-1}$；90℃下的液体对称伸缩振动频率为 $1679 cm^{-1}$，0℃以下的液体对称伸缩振动频率为 $1654 cm^{-1}$；35%～100%水溶液对称伸缩振动频率为 $1672 cm^{-1}$。

酸酐中的 C=O 对称伸缩振动在 $1820 cm^{-1}$；反对称伸缩振动在 $1765 cm^{-1}$。而其他链状饱和酸酐则分别在 $1805\sim1799 cm^{-1}$ 和 $1745\sim1738 cm^{-1}$。

在指认有机化合物拉曼光谱时，基团特征频率是定性分析的重要依据，但也要注意，基团的频率在化学环境的影响下发生的位移，包括位移的方向和大小。此外，谱带的相对强度和谱峰的形状也应综合考虑。

仪器与试剂

（1）仪器　SPEX1403 拉曼光谱仪。

（2）试剂　CCl_4；甲酸；丙烯酸。

实验步骤

（1）以四氯化碳为样品，了解激光拉曼光谱仪的正确操作过程，并调节光路，得到四氯化碳的拉曼光谱图，由特征的 $460 cm^{-1}$ 峰的强度，评价仪器的状态。

（2）用毛细管封装有机酸样品。注意，封装毛细管时，要均匀转动毛细管，使封口光滑，并保持毛细管平直。试样尽量保持居中，内充液体有 $1\sim2 mm$ 长即可。在以上光路上，测定每一种有机样品的拉曼光谱，存储数据并打印拉曼光谱图。

注意事项

（1）在调试激光光路时，注意眼睛不要直视激光光束，绝对防止激光直视视网膜，以防烧伤致残。

（2）正确设置激光功率，并保证瑞利线不进入单色仪。

（3）光谱测试完毕后。尽快关闭检测器的负高压电源，使激光功率调至最小，然后再处理数据，记录谱图。

数据处理

记录拉曼光谱图，查阅指认标准拉曼光谱图。

思考题

(1) 激光拉曼光谱定性分析的依据是什么？

(2) 比较红外光谱与拉曼光谱的特点，说明拉曼光谱的适用范围。

5.4.2　无机化合物的拉曼光谱测定

实验目的

(1) 初步了解傅里叶变换拉曼光谱仪的各主要部件的结构和性能。

(2) 初步掌握测定样品的基本参数设定，液体、粉末和固体片状样品的制样方法。

(3) 测定 1~2 种无机化合物的拉曼光谱，并进行指认。

实验原理

拉曼散射是分子振动能级改变的结果，对无机化合物进行拉曼测试时，含离子键的化合物没有拉曼散射峰，只有含共价键的化合物才有拉曼散射。因此相对于有机化合物的拉曼光谱来说更为简单。但由于有些无机化合物的荧光不容易淬灭，采用近红外激光测定它们的拉曼光谱是比较合适的。

无机化合物的拉曼光谱有以下特点：首先，在分子振动时，水的极化率变化很小，其拉曼散射较弱，在 $1700 \sim 1600 \mathrm{cm}^{-1}$ 范围内不会产生大的干扰，对无机水溶液的测试比红外光谱方便得多；其次，各金属-配位键的振动频率都在 $700 \sim 100 \mathrm{cm}^{-1}$ 范围内，对于拉曼光谱，只要采用合适的滤光片将瑞利散射的干扰除去，无需更换其他附件就可以涵盖这一段光谱区域，而对于红外光谱，这段区域位于远红外区，需要采用附加的远红外附件及特殊的检测器，才可以得到无机物的远红外光谱。

金属离子和配位体间的共价键常具有拉曼活性，因此，拉曼光谱可提供有关配位化合物的组成、结构和稳定性等信息。例如大量的卤素和类卤素配合物都有较强的拉曼活性，宜用拉曼光谱进行研究。又如金属-氧键也有拉曼活性，像 VO_4^{3-}，$Al(OH)_4^-$，$Si(OH)_6^{2-}$ 和 $Sn(OH)_6^{2-}$ 都可以用拉曼光谱进行分析，从而得到其形态；同样，可以证明在硼酸溶液中解离出的阴离子是以四面体的 $B(OH)_4^-$ 形式，而不是以 $H_2BO_3^-$ 的形式存在。

仪器与试剂

(1) 仪器　Spectrum 2000R 型傅里叶变换拉曼光谱仪。

(2) 试剂　硫酸钡；氧化锆；$K_2Cr_2O_7$ 水溶液。

实验步骤

(1) 以硫酸钡为样品，了解傅里叶变换拉曼光谱仪的正确操作规程，学习调节三维样品台，得到硫酸钡的拉曼光谱图。

(2) 将粉末样品填入小体积样品杯中，并用压杆压实。小样品杯装入已准备好的粉末样品架上，测量该粉末的拉曼光谱，并存储。

(3) 将片状固体样品固定在已准备好的固体样品架上，测量该样品的拉曼光谱，并存储。

(4) 将水溶液样品封装在毛细管中，放入已准备好的液体样品架上，测量其拉曼光谱，并存储。

(5) 打印光谱图，并解析谱图。

数据处理

记录拉曼光谱图，查阅有关的无机化合物标准拉曼光谱图，并进行指认。

注意事项

（1）眼睛不要直视激光光束，以免受伤。近红外激光不可见，因此更要小心。

（2）依据监测谱图方式逐步调节激光功率，在不损伤样品的条件下得到最佳光谱信号。

（3）光谱测试完毕后，将激光功率调小至待机状态，然后关闭激光。

思考题

（1）比较红外光谱与拉曼光谱的特点，说明拉曼光谱分析的特点是什么。

（2）比较拉曼光谱与红外光谱中固体样品制样的区别。

第6章

核磁共振波谱法

6.1 引言

在外磁场的作用下，磁性的原子核发生自旋能级的分裂，磁能级间的能量差很小，当用波长 $0.1 \sim 100m$ 的无线电波照射磁场中的磁性原子核时，自旋核会吸收特定频率的电磁辐射（与自旋能级分裂产生的能量差相等的辐射），从较低的能级跃迁到较高的能级，产生核磁共振，并在某些特定的磁场强度处产生强弱不同的吸收信号。以吸收信号的强度为纵坐标，以频率为横坐标作图，得到的波谱，即为核磁共振波谱，建立在该原理基础上的分析方法称为核磁共振波谱法（nuclear magnetic resonance spectroscopy，NMR）。

自 20 世纪 50 年代，Knight，Proctor 和虞福春等发现了化学位移与原子核间的耦合现象，而倍受化学界的重视。很快商品化的连续波方式的核磁共振波谱仪被商品化。随着脉冲技术以及计算机技术的应用，发展成了脉冲式傅里叶变换方式的核磁共振波谱仪。从而 NMR 波谱法从丰核（主要是 ^1H 核）的测量向稀核，尤其是 ^{13}C 核发展，并使之成为常规的测量方法，极大地方便了有机分子结构的确定。随着核磁共振波谱仪磁场从低强度（0.7T，相当于 ^1H 核共振频率 30MHz）发展到高强度（23.49T，^1H 核共振频率 1000MHz），从单一地测量简单图谱发展成多维、多量子跃迁技术，为研究十分复杂的生物大分子的结构及性能提供了极其有利的工具。NMR 波谱法是一种无需破坏试样的分析方法，虽然灵敏度不高，但可从中获取分子结构的大量信息，此外，还可以得到化学键、热力学参数和反应动力学机理方面的信息，同时核磁成像技术，已经成为用于医学临床诊断最为重要的手段。

NMR 波谱法通过从图谱中谱峰强度来获取基团的化学位移；从峰形来获取耦合常数及基团间耦合关系；从峰面积或峰强度来获取核的相对数量以及弛豫等现象，从而分析化合物分子内部的基团及其相互的连接关系，以及分子链运动等较为完整的化学结构的信息。

6.2　核磁共振吸收原理及应用

6.2.1　原子核的自旋及回旋

6.2.1.1　原子核的自旋

原子核具有质量并带有正电荷，同时具有自旋现象，其自旋用自旋量子数 I 表示。原子核的自旋量子数与质量数和原子序数三者之间存在的经验规律见表 6-1。

表 6-1　原子核的自旋量子数与质量数和原子序数的关系

质量数	原子序数	自旋量子数(I)
偶数	偶数	0
偶数	奇数	1,2,3,…
奇数	奇或偶	$1/2,3/2,5/2,…$

具有自旋的原子核会产生角动量。又因原子核带正电，自旋时会产生磁矩。质量数、电荷数都为偶数的原子核，因自旋量子数为零（$I=0$），故不产生磁矩。除此之外，自旋量子数都不为零，因而具有磁矩，在强磁场中都能产生核磁共振。

各种有机化合物中都含有能产生核磁共振的原子核，而其中以 $^1H_1$、$^{13}C_6$ 核最重要。由于 $^1H_1$ 核的天然丰度最高，达 99.985%，它对磁场的敏感度最大，因此 $^1H_1$ 核的核磁共振是分析化合物分子基团最重要的手段。而 $^{13}C_6$ 的天然丰度只有 1.11%，它对磁场的敏感度很小，因此检测它就十分困难。

6.2.1.2　原子核的回旋

由于原子核带有正电荷且电荷呈均匀分布状态，自旋时其周围空间会产生磁场。因此，$I \neq 0$ 的核自旋时产生动量矩 P 和磁矩 μ，它们与自旋量子数 I 有如下关系：

$$P = \sqrt{I(I+1)\frac{h}{2\pi}} \tag{6-1}$$

$$\mu = \gamma \sqrt{I(I+1)\frac{h}{2\pi}} \tag{6-2}$$

式中，h 为普朗克常量；γ 为磁旋比，是原子核的一个基本常数。同一类原子核（指 I 值相同的核，如 $^1H_1$、$^{13}C_6$、$^{31}P_{15}$ 等），动量矩相同，但磁矩不同，因而 γ 不同，如 ^1H 原子 $\gamma = 26.752 \times 10^7 \, rad/(T \cdot S)$，$^{13}C$ 原子：$\gamma = 6.728 \times 10^7 \, rad/(T \cdot S)$。核磁矩和动量矩都是矢量，其方向一致。在没有外磁场作用时，$I \neq 0$ 的原子核自旋方向随机分布，彼此没有能量（能级）的差别。

若使 $I \neq 0$ 的原子核处于外磁场中，则核磁矩有不同的取向，共有 $m = 2I+1$ 个取向，m 为磁量子数，用 I，$I-1$，$I-2$，…，$-I+2$，$-I+1$，$-I$ 表示。$2I+1$ 就代表某原子核在外磁场中的 $2I+1$ 个能量状态或 $2I+1$ 个能级。例如 $^1H_1$ 核，$I=1/2$，则 $m=\pm 1/2$，在外磁场中有两个取向（顺磁方向和抗磁方向），如图 6-1 所示。图 6-2 是其能级图。图 6-1 中的 H_0 表示外磁场，由于 $^1H_1$ 核在磁场中取向不同，故它的自旋轴与外磁场（H_0）的方

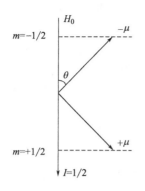

图 6-1　$^1H_1$ 核磁矩的取向

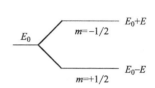

图 6-2　$^1H_1$ 核磁能级图

向成一定的夹角 θ。由于外磁场的作用，$^1H_1$ 就绕磁场的方向回旋，形成一个回旋的轨道，如图 6-3 所示。

$^1H_1$ 核在外磁场中产生回旋，回旋具有一定的角速度，用 ω 表示。实验证明，角速度与外加磁场强度成正比。

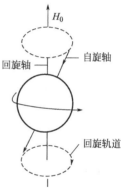

图 6-3　$^1H_1$ 核的自旋与回旋

$$\omega = \gamma H_0 \qquad (6\text{-}3)$$

而 $\omega = 2\pi\nu$，则：

$$\nu = \frac{\gamma}{2\pi} H_0 \qquad (6\text{-}4)$$

式中，ω 是圆频率（$\omega = 2\pi\nu$），rad/s；H_0 是磁感应强度，T；γ 是核的磁旋比，rad/(T·S)；ν 为 $^1H_1$ 核的回旋频率，MHz。当外磁场强度 H_0 增加时，核的回旋角速度增大，其回旋频率也增大。当磁场强度 H_0 为 1.4092T 时，$^1H_1$ 所产生的回旋频率 ν 为 60MHz。H_0 为 2.348T 时，所产生的回旋频率 ν 为 100MHz。

6.2.2　核磁共振与核磁弛豫

6.2.2.1　核磁共振

磁矩不为零的原子核在外磁场作用下自旋能级发生塞曼分裂。$^1H_1$ 核在外磁场中有两种取向，它代表两种不同的能级。图 6-3 为 $^1H_1$ 核的自旋与回旋，其磁矩方向与外磁场方向一致，此时 $m = +1/2$，一般为低能级，但还有另一种取向，即磁矩与外磁场方向相反，此时 $m = -1/2$，一般为高能级。

由于磁矩的取向不同，决定了其能级不同，核吸收或放出能量时，其磁矩的取向要发生改变，根据量子力学理论，两能级之间的能量差 ΔE 为：

$$\Delta E = \frac{\mu}{I} H_0 = 2\mu H_0 \qquad (6\text{-}5)$$

式中，ΔE 也恰等于 $h\nu$，即：

$$\Delta E = h\nu = h \frac{\gamma}{2\pi} H_0 = 2\mu H_0 \qquad (6\text{-}6)$$

如果要使核磁发生跃迁，由一个取向（如 $m = +1/2$）跃迁到另一个取向（$m = -1/2$），

则应向 $m=+1/2$ 的能级照射电磁波,当此电磁波的频率 ν' 等于核磁的回旋频率 ν 时,即发生核磁共振。

由式(6-6)可知,回旋频率与外加磁场强度成正比,而核磁共振时 ν' 正好与 ν 相等,故可通过调节电磁波的照射频率或外磁场强度,使之发生核磁共振。电磁波照射率的大小位于射频区,故称为射频。在实验中是通过加在 H_0 垂直方向上一个小的交变磁场 H_1 产生射频。

6.2.2.2　核磁弛豫

如上所述,$^1H_1$ 核的磁矩在强磁场中的能级分裂为 2,而且平均分配在两个相邻的能级上,其能级差 $\Delta E=2\mu H_0$。但实际上根据玻耳兹曼分配定律计算,低能级的 $^1H_1$ 核数占有微弱的多数。温度为 300K、射频 60MHz、外磁场强度 H_0 为 1.4092T 时,两能级的 $^1H_1$ 核数之比为

$$\frac{N_{\mathrm{H}}}{N_{\mathrm{L}}}=\mathrm{e}^{-\frac{\Delta E}{kT}}=\mathrm{e}^{-\frac{2\mu H_0}{kT}}\approx 1-\frac{2\mu H_0}{kT} \tag{6-7}$$

式中,N_{H}、N_{L} 分别为高能级和低能级的 $^1H_1$ 核数;k 为玻耳兹曼常量;T 为温度,K。因 $\mu=\gamma\dfrac{h}{4\pi}$,所以:

$$\frac{N_{\mathrm{H}}}{N_{\mathrm{L}}}=1-\frac{2\gamma h H_0}{4\pi kT}\approx 1-9.7\times 10^{-6}$$

$$\text{或 } N_{\mathrm{H}}/N_{\mathrm{L}}\approx 1.0000097$$

这表明低能级的核数比高能级的核数多 10% 左右,对每个 $^1H_1$ 核来说,上、下跃迁的概率是一样的,但由于低能级的核数稍多,故总的来说仍产生净吸收。

如果核连续吸收某一辐射能,则低能级的核数将减少,核的吸收强度将减弱,以致信号消失,这种现象称为核饱和。处于饱和状态的核不再有净吸收。在兆赫频率范围内,原子核受到强的照射,这时候原子核处于高能级,通过自发辐射到低能级的概率接近于零,但可通过一些非辐射途径回到低能级,这个过程称为核磁弛豫。核磁弛豫所需的时间称为弛豫时间。核磁弛豫分以下两种。

(1) 自旋-晶格弛豫　晶格是指含有回旋核的整个分子体系。在这种体系中,各种原子和分子都在平移、振动和转动。而某些磁性核会产生脉动磁场,在这些脉动磁场中,可能有的磁场的频率与周围某回旋核的频率相同,这时就有可能发生能量的转移而产生弛豫。此时,高能级的原子核将其能量作为热能传到周围环境中,从高能级回到低能级,并使低能级保持过剩。对于固体样品,能量传递给晶格,固体样品则传递给周围的分子或者溶剂。这是从纵向来影响高、低能级的核数,故称纵向弛豫,也称自旋-晶格弛豫。

自旋-晶格弛豫达到热平衡状态需要一定的时间,其半衰期以 T_1 表示。T_1 越小,则表示自旋-晶格弛豫的效率越高。固体分子靠得很紧,振动、转动频率小;纵向弛豫效率低,T_1 很大,可达几小时。液体、气体易产生纵向弛豫,T_1 值很小,仅为 1s 左右。因此,在进行核磁共振实验时,一般将样品变成液态,否则会影响吸收峰宽度。

(2) 自旋-自旋弛豫　自旋-自旋弛豫是自旋体系内部核与核直接交换能量的过程。自旋核 A 除了受外磁场作用外,还会受到邻近自旋核 B 所产生的局部磁场的影响。当自旋核 A

与自旋核 B 的回旋频率相同而方向相反时，可发生偶极-偶极的相互作用，它们之间便进行能量交换。高能级的核把能量传给低能级的核，使低能级的核变成高能级的核，核的自旋方向发生改变，但各能级的核数没有改变，核自旋体系内部的总能量也不改变，这种弛豫称为自旋-自旋弛豫，也称为横向弛豫，其半衰期以 T_2 表示。

弛豫时间可分为 T_1 和 T_2，但对于每一个核来说，它在某高能级所停留的平均时间只取决于 T_1 和 T_2 中较小的一个，并影响谱线的宽度。根据海森伯测不准关系式：

$$\Delta E \Delta t \geqslant \frac{h}{4\pi} \tag{6-8}$$

$$\Delta E \Delta t \approx h$$

因 $\Delta E = h \Delta \nu$，所以：$h \Delta \nu \Delta t \approx h$

$$\Delta \nu \approx \frac{1}{\Delta t} \tag{6-9}$$

式中，$\Delta \nu$ 表示谱线的宽度，它与弛豫时间成反比。对固体样品，T_1 较大，T_2 特别小，总的弛豫时间由 T_2 决定，故谱线很宽，在测定核磁共振波谱时，需将固体样品配制成液体。对液体、气体样品，T_1 及 T_2 均为 1s 左右，能给出尖锐的谱峰。

值得注意的是，核磁共振实验时样品中的氧需要排除，因为氧是顺磁性物质，会使磁场发生波动，易造成 T_1 减小，使 $\Delta \nu$ 加宽。

6.2.3 化学位移的测量

如果有机化合物的所有质子的 $^1H_1$ 共振频率都相同，则核磁共振波谱图上只有一个峰，它对有机化合物结构鉴定将毫无意义。实际上，同种核素的共振频率在不同的化学基团中略不相同。因为核外化学环境不同，电子云分布不同，对核的屏蔽作用不同，核实际上所感受到的外加的静磁感应强度不同，因此共振频率也就不同。实验表明，由于 $^1H_1$ 核所处的周围环境的不同，有机化合物中的各个氢原子发生核磁共振时，所吸收的射频均存在着百万分之几的差异。这是因为当氢核自旋时，周围的负电荷也随之转动，在外加磁场的影响下，核外电子在其原子轨道上形成环流，产生一个对抗磁场（$H_1 = \sigma H$），其方向与外加磁场方向相反。这种对抗磁场使核实际受到外加磁场的作用减小，则 $H_{实} = H_0 - H_1$，而由于各个 $^1H_1$ 核所处的化学环境不同（化学结构不同），因此磁场强度减小的程度不一样。

核外电子对抗磁场的作用称为屏蔽效应（图 6-4）。屏蔽效应的大小与核外电子云密度有关，电子云密度越大，屏蔽效应就越强，则磁场强度要相应地增加，才能产生核磁共振。此外，屏蔽效应还与外加磁场强度成正比，因此核实际受到的磁场强度 $H_{实}$ 为：

$$H_{实} = H_0 - H_1 = H_0 - \sigma H = H_0(1-\sigma) \tag{6-10}$$

式中，σ 为比例常数，称为屏蔽常数。式(6-4)可改写为：

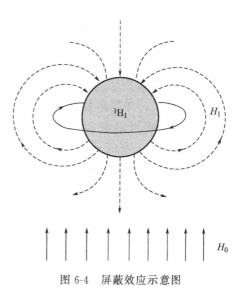

图 6-4 屏蔽效应示意图

$$\nu = \frac{\gamma}{2\pi}H_0(1-\sigma) \tag{6-11}$$

不同结构中的 $^1H_1$ 核，核外电子云密度不同，屏蔽效应（屏蔽常数）不同。由式(6-11)可知，在同一电磁场中，同一化合物中各种不同环境的 $^1H_1$ 核或不同化合物中的 $^1H_1$ 核的共振频率并不在同一位置，而是随氢核所处的化学环境不同，在不同的位置出现吸收峰，这种由于氢核的化学环境不同而产生的谱线位移称为化学位移。分子中不同官能团中 $^1H_1$ 核的化学位移与其结构有关，因此利用这种关系可研究分子的结构。

由于化学位移的数值很小，要精确测量其绝对值较困难，而且不同兆赫的仪器测出的数值存在差别，故采用相对化学位移（统称为化学位移）表示。由于化学位移与磁场强度成正比，如果以某物质（一般采用四甲基硅烷，TMS）的吸收峰为标准时，谱图中各吸收峰与标准物吸收峰之间的相对距离用下式表示

$$\delta = \frac{H_{样}-H_{标}}{H_0}\times 10^6 \tag{6-12}$$

或

$$\delta = \frac{\nu_{样}-\nu_{标}}{\nu_{标}}\times 10^6 \approx \frac{\nu_{样}-\nu_{标}}{\nu_0}\times 10^6 \tag{6-13}$$

式中，δ 为化学位移；$\nu_{样}$ 为试样的共振频率；$\nu_{标}$ 为标准物的共振频率；ν_0 为仪器的频率。由于 $\nu_{标}$ 与仪器的频率 ν_0 相差很小，因此分母中 $\nu_{标}$ 可近似用 ν_0 代替；化学位移 δ 习惯上用百万分之一（10^6）为单位来表示。化学位移的基准需要人为规定，不同核素用不同的标准物，目前公认四甲基硅烷（TMS）兼作为 ^1H，^{13}C，^{29}Si 核的基准。规定标准物 TMS 的 $\delta=0$，在它左边为正，右边为负。各种有机化合物的 δ 值大多数在 10 以下，因此，大多数核磁共振波谱仪的扫描范围都在 10 之内。

测量化学位移选用 TMS 作标准最为理想，因为它具有一系列的优点：①具有化学惰性；②易与其他有机化合物混溶；③分子中各个 $^1H_1$ 核所处的化学环境完全相同，因此在谱图上出现一个单的尖峰；④分子中四个甲基的屏蔽效应很大，使 $^1H_1$ 核的共振磁场高于大多数有机化合物规定 TMS 的化学位移（$\delta=0$），使用较方便，不需再进行校正；⑤沸点低（27℃），易挥发，便于样品回收，TMS 常配制成 10%～15% 的 CCl_4 或 $CDCl_3$ 溶液，直接在试样中加入 2～3 滴作内标准。

对于极性较大的有机化合物样品，常采用 4,4-二甲基-4-硅戊烷-1-磺酸钠（DSS）作内标准，其用量少，仅能给出一个尖锐的甲基峰，而亚甲基峰几乎看不到。当用 D_2O 或 H_2O 作溶剂时，也可将 TMS 密封于毛细管中，再放入试样溶液中作外标准。

测量化学位移时，固体样品的谱峰较宽，需选择适当的溶剂配制成溶液，一般浓度为 0.1～0.5mol/L，样品用量为 1～10mg，对于黏性大的液体也最好配成稀溶液后测定，以提高分辨率。所用溶剂要求不含 $^1H_1$ 核，以免产生干扰。常用的溶剂有 CCl_4、CS_2、CCl_2、$CDCl_3$ 等，有时也用 C_6H_6、CH_3COCH_3、CH_3CN、CH_3OH 等，但需要进行氘（D）交换，使 H 原子交换成 D，避免溶剂峰干扰。此外，溶剂的溶解性要好，与样品不缔合，沸点低，样品容易回收。具体选择何种溶剂，可根据仪器的灵敏度及样品的性质确定。

如果配制的样品中存在极少的铁磁性杂质、灰尘等物质，都会使谱峰展宽。实验前可将溶液过滤、离心或用小磁棒浸入样品溶液，以去除杂质。当样品中存在少量氧时，由于是波动磁场，自旋-晶格弛豫时间 T_1 减小，谱峰加宽，故可通入 N_2、He 或抽成真空，以消除

氧的影响。

6.2.4　影响化学位移的因素

6.2.4.1　局部屏蔽效应

影响$^1H_1$核的核外成键电子的电子云密度的屏蔽效应称为局部屏蔽效应。这种屏蔽效应与$^1H_1$核附近的原子或基团的吸电子和推电子作用有关。当$^1H_1$核附近有一个或几个吸电子的原子或基团存在时，则$^1H_1$核的核外电子云密度降低，屏蔽效应减小，所需的共振磁场强度降低，化学位移左移。当$^1H_1$核附近有一个或几个推电子原子或基团存在时，则$^1H_1$核的核外电子云密度增加，屏蔽效应增大，化学位移右移，见表6-2。

表6-2　乙烷及卤代甲烷的化学位移值

物质	δ	物质	δ	物质	δ
$CH_3—CH_3$	0.90	$CH_3—F$	4.26	$CH_3—Cl$	3.05
$CH_3—Br$	2.68	$CH_3—I$	2.16	CH_2Cl_2	5.33

由表6-2可知，—CH_3为推电子基，化学位移最小，随着$CH_3—CH_3$上甲基取代基的电负性增大，化学位移也增大。^1H、^{13}C的NMR研究得最多，数据积累得也最多。较详细的化学位移可查阅相关文献。有时化学位移可用经验公式，根据取代基对化学位移的影响具有"加和性"的原则，由大量实验数据归纳总结出各种取代基的经验参数加以估算。这种估算有助于对谱线的指认，如对^1H的δ的计算可用Shoolery经验式，^{13}C的δ可用Grant-Paul经验式或Lindeman-Adams经验式。

6.2.4.2　磁各向异性效应

分子中$^1H_1$核受邻近原子或其他基团核外电子的电子云所产生的屏蔽效应的影响，统称为磁各向异性效应。磁各向异性效应具有方向性，其大小与它们之间的距离有关。

苯环的磁各向异性效应很典型，其屏蔽效应见图6-5。环的上、下方为屏蔽区，用"＋"表示。其他方向为去屏蔽区，用"－"表示。两者交界处为零。这种现象是因为苯环的环电流产生感应磁场，当感应磁场的方向与外磁场（H_0）方向相反时，对外磁场起抗磁作用（屏蔽区）；反之，当感应磁场的方向与H_0方向相同时，就加强了外磁场（去屏蔽区）。前者（用"＋"表示）相当于一种屏蔽效应，后者（用"－"表示）相当于一种去屏蔽效应。因此，屏蔽区正好位于苯环的上、下方，而苯环平面是去屏蔽

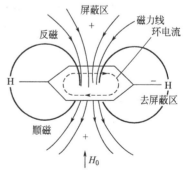

图6-5　苯环的屏蔽效应

区。位于屏蔽区的$^1H_1$核的δ值会减小，去屏蔽区的$^1H_1$核的δ值会增大。因此，苯环上的$^1H_1$核的化学位移值较大，$\delta=7.27$。对二甲苯中苯环$^1H_1$核的$\delta=7.06$。某些环烯化合物能形成大的环流效应，环内、环外也能产生屏蔽区和去屏蔽区，使$^1H_1$核具有不同的δ值。

例如18-环烯分子，环内$^1H_1$核处于屏蔽区，$\delta=-2.99$；环外$^1H_1$处于去屏蔽区，$\delta=$

9.28。反式-15,16-二甲基二氢芘的甲基上的 $^1H_1$ 核处于高磁场（屏蔽区），$\delta = -4.2$。

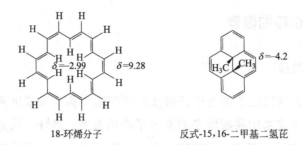

18-环烯分子   反式-15,16-二甲基二氢芘

与苯环相似，双键化合物也具有屏蔽区和去屏蔽区。如图 6-6 所示，上、下区域为屏蔽区，双键所在的平面为去屏蔽区。又如环戊烷中—CH_2—与环戊烯中的—CH_2—，其 δ 值分别为 1.51 和 1.90，前者的 $^1H_1$ 核处在屏蔽区，后者处在去屏蔽区。三键的屏蔽效应见图 6-7。

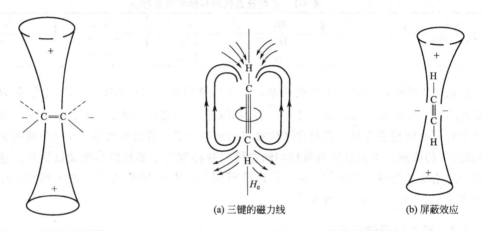

(a) 三键的磁力线   (b) 屏蔽效应

图 6-6 双键的屏蔽效应   图 6-7 三键的屏蔽效应

羰基的屏蔽效应与苯环相似，其屏蔽效应见图 6-8。羰基上的 $^1H_1$ 核处于去屏蔽区，其 δ 值较大。因此很多醛基化合物的 $^1H_1$ 核具有较高的 δ 值，例如：

$$R—\overset{\underset{|}{H}}{C}=O \qquad Ar—\overset{\underset{|}{H}}{C}=O \qquad RO—\overset{\underset{|}{H}}{C}=O$$

$$\delta = 9.6 \qquad\qquad \delta = 9.9 \qquad\qquad \delta = 8.03$$

由于 C—C 单键中的 δ 电子产生的各向异性效应较小，C—C 键轴处于去屏蔽区，其屏蔽效应见图 6-9。随着 C 上 $^1H_1$ 被取代，其屏蔽效应减小，δ 值增大，则有：

$$\delta_{CH} > \delta_{CH_2} > \delta_{CH_3}$$

一般脂肪酸化合物的 δ 值都较小，但随溶剂的不同，其化学位移值会有较大的变化。

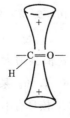

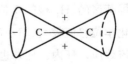

图 6-8 羰基的屏蔽效应   图 6-9 单键的屏蔽效应

6.2.4.3 氢键效应

化学位移受氢键影响较大。当分子中形成氢键后，由于静电作用，氢键中$^1H_1$核周围的电子云密度降低，$^1H_1$核处于较低磁场下，其δ值增大。例如，乙酸在非极性溶剂中以二聚体形式存在，是因为形成了较强的氢键，其化学位移值相应增大，一般在$10\sim13.2$。化学位移也随氢键的强度变化而变化，氢键越强，化学位移值越大，但在不同溶剂中相差较大，并随其浓度、温度的不同而有显著的变化。

分子内形成氢键也影响化学位移，一般使δ值增大。例如下面的化合物，因形成分子内氢键，A的δ值为6.8，B的δ值为16.61。

6.2.4.4 溶剂化效应

除上述影响因素外，溶剂的影响也是一种不可忽视的因素。$^1H_1$核在不同溶剂中，因受溶剂的影响而发生化学位移的变化，这种效应称为溶剂化效应。溶剂的这种影响是通过溶剂的磁化率、极性、氢键以及屏蔽效应而产生作用的。所用溶剂磁化率不同，可使样品分子所受磁场强度不同，从而对化学位移值产生影响；不同溶剂分子会使溶质分子的电子云形状改变，屏蔽作用也会使其改变；溶剂分子的磁各向异性可使溶质分子不同部位产生屏蔽效应或去屏蔽效应；溶剂分子与溶质分子间形成氢键，也会影响氢核的化学位移。当溶液浓度为$0.05\sim0.5mol/L$时，碳原子上的$^1H_1$核在CCl_4或$CDCl_3$中的δ变化不大，在$60MHz$下只改变$\pm6Hz$。但在苯或吡啶等溶剂中，其δ可改变0.5，这是因为苯和吡啶是磁各向异性效应较大的溶剂，苯环或吡啶环形成的屏蔽区和去屏蔽区对邻近溶质分子中的$^1H_1$核的δ影响较大。

6.2.5 化学位移与结构的关系

6.2.5.1 甲基的化学位移

在核磁共振波谱图中，甲基（—CH_3）峰的形状比较特征。由于其中的$^1H_1$核具有很强的屏蔽效应，因此δ较小。饱和烷烃中的 CH_3—$\overset{|}{\underset{|}{C}}$— 结构，其中$\delta$为$0.7\sim2$。但随着甲基上取代基的不同，其$\delta$有所变化，表6-3中列出了各种化合物中的甲基的化学位移δ。

6.2.5.2 亚甲基和次甲基的化学位移

在有机化合物中，亚甲基和次甲基一般不如甲基的特征性强，常呈现出比较复杂的峰形，甚至与其他峰重叠。

常见的各种化合物中的亚甲基和次甲基的化学位移见表6-4。

表 6-3 各种化合物中甲基的化学位移 δ

取代基 X	CH₃—X	取代基 X	CH₃—X
—C— (C)	0.9	—CO— (苯环)	2.62
—C=C—	1.7	—Br	2.65
—C=C—R	1.9	—NHCOR	2.9
—C=C—C=C—	2.0	—Cl	3.05
—C≡C—R	1.8	—OR	3.3
—COOR	2.0	—N⁺R	3.33
—CN	2.0	—OH	3.38
—COOH	2.07	—OSO₂OR	3.58
—CONR	2.02	—OCOR	3.58
—COR	2.10	—O— (苯环)	3.73
—SR	2.10	—F	4.26
—NH₂ 或—NR₂	2.15	—NO₂	4.33
—I	2.16	—C—NR₂	1.0
—CHO	2.17	—C—SR	1.35
(苯环)	2.34	—C—Br	1.70

表 6-4 亚甲基和次甲基的化学位移 δ

取代基 X	R′CH₂—X	R′RR″CH—X	取代基 X	R′CH₂—X	R′RR″CH—X
—C— (C)	1.25	1.5	—SR	2.40	3.1
—C=C—	1.95	2.6	—NH₂ 或—NR₂	2.50	2.87
—C≡C—R	1.8	2.8	—I	3.15	4.2
—COOR	2.1	2.5	—CHO	2.2	2.4
—CN	2.48	2.7	—Ph	2.62	2.87
—CONR₂	2.05	2.4	—Br	3.34	4.1
—COOH	2.34	2.57	—NHCOR	3.3	3.5
—COR	2.40	2.5	—Cl	3.44	4.02
—OR	3.36	3.8	—OPh	3.90	4.0
—N⁺R₃⁻	3.40	3.5	—OCOPh	4.23	5.12
—OH	3.56	3.85	—F	4.35	4.8
—OS₂OR	—	—	—NO₂	4.40	4.60
—OCOR	4.15	5.01	—COPh	2.62	—

6.2.6 自旋裂分与耦合常数

在有机化合物碘代乙烷的核磁共振波谱中，如图 6-10 所示，—CH₃、—CH₂—的吸收峰，都不是单峰，而是复峰。—CH₃ 为三重峰，—CH₂—为四重峰。这种现象证明了核自旋量子数 $I \neq 0$ 的核在外磁场中有 $2I+1$ 种自旋状态，它们的磁矩的方向与大小各不相同，所形成的附加磁场通过化学键中的成键电子而作用或干扰到其他核，这种作用或干扰是相互的，被称为自旋耦合，并以耦合常数 J 表示其干扰强度的大小，单位以 Hz 表示。

有机化合物分子中有相邻的两个 ${}^1H_1$ 核，它们的磁矩之间可产生偶极-偶极作用。以碘

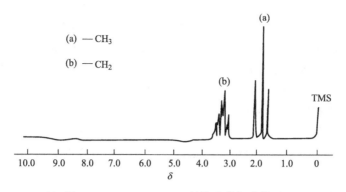

图 6-10 CH_3—CH_2—I 的核磁共振波谱图

代乙烷为例，如果以"↑"和"↓"分别表示氢原子核的自旋在磁场中的两种取向，那么对于碘代乙烷中的—CH_2—来说，在磁场中这两个 $^1H_1$ 核可以有三种排列方式，如图 6-11(a) 所示，其中②的两种排列方式相同。这三种排列方式就产生了三种不同的局部磁场，干扰相邻的—CH_3 峰，使之分裂为三重峰，其高度比为 1∶2∶1。对—CH_3 来说，有四种排列方式，如图 6-11(b) 所示，其中②与③中的三种排列方式分别相同。因此产生四种不同的局部磁场，干扰邻近的—CH_2—峰，使之分裂为四重峰，高度比为 1∶3∶3∶1。

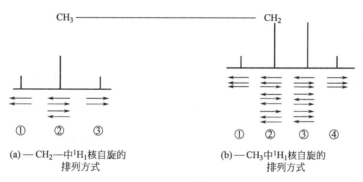

(a)—CH_2—中 $^1H_1$ 核自旋的排列方式

(b)—CH_3 中 $^1H_1$ 核自旋的排列方式

图 6-11 CH_3CH_2I 中 $^1H_1$ 核峰分裂图

由此可见，分子中甲基与亚甲基峰的分裂是由分子本身的结构所决定的，与外加磁场强度 H_0 无关。它们之间的耦合实际上是两基团中不同位置的 $^1H_1$ 核的自旋之间的耦合，所以称为自旋-自旋耦合，简称自旋耦合。耦合常数 J 的大小可以通过测定谱图上裂分的耦合峰之间的距离获得。

实验证明，$^1H_1$ 核之间的自旋耦合是通过成键电子传递的。例如 CH_3—CH_2—I，甲基中的氢与亚甲基中的氢相隔三个单键产生耦合。当超过三个单键时，基本上不发生耦合，$J \approx 0$。有些化合物中两个 $^1H_1$ 核之间相距三个以上的单键，仍有耦合存在，这种耦合称为远程耦合。

耦合的结果是两种 $^1H_1$ 核产生的谱线数目增多，如 CH_3—CH_2—I 中—CH_3 产生三重峰，—CH_2—产生四重峰，这种现象称为自旋-自旋裂分，简称自旋裂分。图 6-10 是 CH_3—CH_2—I 的核磁共振波谱图。

这些耦合作用导致核磁能级或谱线进一步裂分而呈现出更精细的结构。分析这种精细结构可以确定分子内各种基团之间的连接关系，进而获取分子总体的空间结构。

当分析了更多的类似于 $CH_3—CH_2—I$ 的核磁共振波谱图后，就可知自旋裂分是有一定规律的。例如甲基与亚甲基相邻时，甲基裂分成三重峰，即 $2+1$，表示甲基有 2 个相邻 $^1H_1$。而亚甲基裂分成四重峰，即 $3+1$，表示亚甲基有三个相邻 $^1H_1$。如此类推，某基团中氢与几个氢相邻时，则裂分成 $n+1$ 个峰。当有不同的氢相邻时（如一种是 n，另一种是 n'），则裂分成 $(n+1)(n'+1)$ 个峰，这个规律称为 $n+1$ 规律。按 $n+1$ 规律裂分的谱图称为一级谱图。一级谱图的各峰强度比也有一定的规律，如单峰为 1，双重峰为 $1:1$，三重峰为 $1:2:1$，四重峰为 $1:3:3:1$，五重峰为 $1:4:6:4:1$，依此类推。实际上按此规则出峰的谱图称为一级谱图或简单谱图。这时裂分峰的相对强度比由二项式 $(a+b)^n$ 的展开式项数来确定。

因此，从谱图中峰的强度比可推知为几重峰，进一步判断有多少邻近的氢核数。但是这种 $n+1$ 规律是一种近似的规律，有其局限性。图 6-10 中三重峰强度比不是 $1:2:1$，而是左边的峰偏高。四重峰强度比也不是 $1:3:3:1$，而是右边的峰偏高，形成的两组峰都是内侧峰高、外侧峰低的峰形，与 $n+1$ 规律存在一定的偏差。这是因为分析某基团中的 $^1H_1$ 核的分裂时，把它当作一个孤立体系来考虑，而只有当其 $J \ll \Delta\nu$（J 与 $\Delta\nu$ 分别为相邻两基团上氢之间的耦合常数与化学位移差，均为绝对值）时，$n+1$ 规律才适用。当 $J \approx \Delta\nu$ 或 $J > \Delta\nu$ 时，不能再把基团中的 $^1H_1$ 核当作孤立体系来分析，而要将相邻 $^1H_1$ 统一来考虑，用二级裂分进行处理。

6.3 仪器结构与原理

核磁共振波谱仪的种类和型号很多。

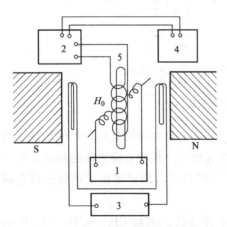

图 6-12 核磁共振波谱仪示意图

S、N—磁铁；1—射频振荡器；2—射频接收器；
3—扫描发生器；4—记录器；5—探头

常用的核磁共振波谱仪有 60MHz（1.4092T）、100MHz（2.3500T）、300MHz（7.0500T）、700MHz（16.4420T）等。近来还生产了更高频率的仪器，如采用永久超导磁场的 1000MHz 新型核磁共振波谱仪。图 6-12 是核磁共振波谱仪的示意图。仪器由强磁场、射频振荡器、扫描发生器、探头、射频接收器和记录处理系统组成。

6.3.1 磁铁和磁场扫描发生器

强磁场的作用是使样品中的核自旋体系的磁能级发生分裂，因此磁场的质量和强度决定了核磁共振波谱仪的灵敏度和分辨率。灵敏度和分辨率随磁场强度的增加而增加，磁场的均匀性、稳定性及重现性必须良好。有三类磁铁可供选择：永久磁铁、电磁铁以及超导磁铁。永久磁铁可提供的磁场强度可达 $0.7046\sim$ 1.4092T，它对温度变化极为敏感，需要恒温。对于电磁铁，除了要有水冷却系统使磁体恒温，对供电电源要求稳压外，还采用磁通稳压器用以消除变化较快的磁场干扰。商品电磁铁提供的磁场强度可达 2.3497T，相当于质子的吸收频率为 100MHz。超导磁铁的分辨率最高，也最昂贵，所提供的磁场强度可达 14.09T，相当于质子的吸收频率为 600MHz。

实际上，磁场强度的变化每小时可达 10^{-6}，为克服这种波动，仪器中有频率锁定装置。将一种参比化合物（常用的是四甲基硅烷，简称 TMS）溶于样品溶液，当外加磁场漂移时，参比物的吸收信号强度随之变化。将这种信号的变化输入反馈电路，由此电路的输出再去控制磁铁线圈，以此来校正漂移。

6.3.2 探头

探头是整个仪器的心脏，是放置样品管的地方，固定在磁极间隙中间，常常备有多种探头组件和插件。探头按工作原理可分为单线法和双线法两种，前者适用于连续波核磁共振波谱仪，后者适用于脉冲傅里叶变换核磁共振波谱仪。这些组件和插件中除了有放置样品管的支架及驱使样品旋转的系统外，还装有向样品发射射频场的发射线圈和用于接收共振信号的接收线圈，实际上常采用单一线圈分时先后兼作射频的发射和接收之用。对于不同的核种所施加的射频波可经过波段选择及调谐来实现。线圈中央插入装有试样的样品管，样品管外套上转子，在压缩空气的驱使下使样品管旋转起来。它的主要作用是消除垂直于样品管轴向平面内的磁场的不均匀性，也可用以控制样品的温度。

6.3.3 扫描发生器

扫描发生器可在强磁场 H_0 方向叠加一个小的扫描磁场 H'_0，当原子核在总的外磁场 $(H_0+H'_0)$ 作用下产生的回旋频率对应于外加射频频率时，原子核吸收射频能量产生核磁共振。

6.3.4 射频振荡器

射频振荡器能产生固定的频率，其作用是激发核磁能级之间的跃迁。射频振荡器一般有两种形式：一种是连续波，它连续作用于核自旋体系以产生核磁共振信号；另一种是射频脉冲，以短而强的射频脉冲作用于核自旋体系，产生自由感应衰减信号，经计算机平均累加进行傅里叶变换后，得到核磁共振信号。采用后一种形式制成的核磁共振波谱仪称为脉冲傅里叶变换核磁共振波谱仪。

6.3.5 射频接收器

由接收线圈感应出共振信号之后，射频接收器接收所产生的微弱信号加以放大、检波，变成直流核磁共振信号。

6.3.6 记录处理系统

通过示波器直接观察核磁共振信号，或用记录器扫描谱图。配以积分仪，可扫描出各谱峰的峰面积之比，即积分高度曲线。

6.4 实验技术

6.4.1 样品制备

要想获取分子内部结构信息的分辨程度很高的谱图，一般应采用液态样品。凡固体样品须先在合适的溶剂中配成溶液，溶液浓度尽量浓一些，以减少测量时间，但不宜过于黏稠，凡液态样品，为减少分子间的相互作用而导致谱线加宽要求其具有较好地流动性，常需用极性溶剂稀释。合适的溶剂应黏度小，对试样溶解性能好，不与样品发生化学反应，且其谱峰不与样品峰发生重叠。CCl_4，无 $^1H_1$ 信号峰，而且价格便宜，是作 $^1H_1$ 谱时常用的溶剂，但测试时应采用外锁方式。在精细测量时应采用内锁方式，这时试样配制时务必用氘代溶剂。常用的氘代溶剂有 $CDCl_3$、D_2O，其氘代纯度，一般含氘 99.5% 以上。选择氘代试剂的作用：其一，粗略地作为化学位移的相对标准以消除残存 $^1H_1$ 的信号；其二，是为了避免溶剂信号过强而干扰测量。

欲观察位于高场的甲基、亚甲基等基团，应尽量避免用丙酮、乙醇、二甲亚砜等。对含芳香族质子的样品应尽量避免用氯仿及芳香族化合物的溶剂。不同溶剂由于其极性、溶剂化作用、氢键的形成等具有不同的溶剂效应。同时样品溶液中不应含有未溶的固体微粒、灰尘或顺磁性杂质，否则，会导致谱线变宽，甚至失去应有的精细结构。为此，样品应在测试前预过滤，除去杂质。必要时，应通氮气逐出溶解在试样中的顺磁性的氧气。

6.4.2　标准参考样品

测量试样的化学位移必须用标准物质作参考，按标准参考物加入的方式可分为外标（准）法和内标（准）法。外标法是将标准参考物装于毛细管中，再插入含被测试样的样品管内，同轴进行测量。其优点是标准参考物谱峰位置不会由于标准物与样品或溶剂间的分子相互作用而发生偏移。当标准参考物与溶剂互不相溶，又对化学位移精确度要求不高时，可用此法。其缺点是参考物与样品的磁化率不同，应对化学位移进行校正。在氢的标准谱图中，除早期数据外，一般采用内标准法。

内标法是将标准参考物直接加入样品中进行测量。因为溶剂本身的磁感应作用，处于溶剂中的样品所受磁场与外加磁场不同，内标准物与样品在同一溶剂中测定时可以抵消此作用，不需要进行磁化率的校正，因此内标法优于外标法。作为内标准物，应选用具有高化学惰性的，即不与溶剂和样品分子发生化学反应，却易与它们混溶，并易挥发而便于回收，具有易于识别的谱峰的样品。

对氢谱而言，通常用四甲基硅 $(CH_3)_4Si$(TMS) 作内标准物。它有 12 个等价质子，只有一个尖锐单峰，出现在高场。一般化合物的谱峰都在它的左边，故规定它的化学位移 δ 为零，在其左边出峰者 δ 为正值，右边出峰者 δ 为负值。若采用其他参考物，如苯、氯仿、环己烷等，都必须换算成以 TMS 为零点的 δ。由于 TMS 具有化学惰性、沸点低（27℃）、易挥发除去等特点，因此作为内标准物很合适。

不同核素所用的标准参考物不同。^{13}C 核与 ^{29}Si 核皆用 TMS，常用内标法测定。

6.4.3　图谱解析

① 对于一张合格的 NMR 谱图做解析时，先应判断图中的参考标准物峰、溶剂峰、旋转边带及杂质峰。利用峰面积积分值的比例不存在简单的整数比关系来判断杂质峰。

② 根据谱峰的化学位移，可以粗略判断它们分别所属的基团或可能的基团。由谱积分值求出各峰所含 H 原子的数目之比，初步确定各基团所含 $^1H_1$ 数目。可先从特殊的、简单

的峰入手。

③ 复杂谱峰的氢谱应仔细分析。在多重峰、复杂峰中寻找等间距的峰的关系及耦合常数，用以寻找基团之间的耦合关系。先考虑一级谱中具有简单耦合关系的基团，而后分析复杂的耦合体系。

④ 已知化学分子式，应计算其不饱和度，了解可能存在的环及双键数目。

⑤ 对复杂谱，或用常规谱分析不能确定分子结构，或为特殊研究目的，有必要采用各种相应的简化手段或采取特殊的序列做进一步实验，以便寻找分子内各基团之间的相互关联。

⑥ 综合每个峰组的 δ 和 J 积分值，合理地对各峰组的氢原子、碳原子进行分配，确定各基团。再由各原子间的耦合关系等推断相应的分子片断或若干结构单元，最后将它们组合成可能的一个或数个完整的分子。并从可能的分子结构推出各基团的峰位与峰形，验证结构式的合理性，剔除不合理的结构式。

6.5 实验内容

6.5.1 纯化合物 ^{1}H NMR 核磁共振谱及结构鉴定

实验目的

(1) 了解核磁共振仪结构、工作原理及特点。

(2) 掌握核磁共振仪样品制备技术。

(3) 熟悉核磁共振氢谱的实验方法、主要参数。

(4) 学习一级 ^{1}H NMR 谱解析结构的方法。

实验原理

核磁共振指的是利用核磁共振现象获取分子结构、人体内部结构信息的技术。核磁共振是一种探索、研究物质微观结构和性质的高新技术。目前，核磁共振已在物理、化学、材料科学、生命科学和医学等领域中得到了广泛应用。

(1) **核磁共振原理** 在外磁场的作用下，磁性的原子核发生自旋能级的分裂，当用波长 $0.1 \sim 100$ m 的无线电波照射磁场中的磁性原子核时，自旋核会吸收特定频率的电磁辐射，只有当自旋能级分裂产生的能量差与辐射能相等，即满足 $\Delta E = h\nu = h\dfrac{\gamma}{2\pi}H_0 = 2\mu H_0$，$^1H_1$ 从较低的能级跃迁到较高的能级，产生核磁共振，并在某些特定的磁场强度处产生强弱不同的吸收信号。以吸收信号的强度为纵坐标，以频率为横坐标作图，得到核磁共振波谱。具有磁性的原子核，处在某个外加静磁场中，受到特定频率的电磁波的作用，在它的磁能级之间发生的共振跃迁现象，叫核磁共振现象。由于不同基团的核外电子云的存在，对原子核产生了一定的屏蔽作用。核外电子云在外加静磁场中产生的感应磁场为：$H' = -\sigma H_0$，σ 为磁屏蔽常数。原子核实际感受到的磁场是外加静磁场和电子云产生的磁场的叠加：

$$\Delta H = H_0 - H' = H_0 - \sigma H_0 = (1 - \sigma)H_0 \tag{6-14}$$

所以，原子核的实际共振频率为：

$$\nu = \frac{\gamma}{2\pi}(1-\sigma)H_0 \tag{6-15}$$

对于同一种元素的原子核，如果处于不同的基团中（即化学环境不同），原子核周围的电子云密度是不相同的，因而共振频率 ν 不同，因此产生了化学位移 δ，如下：

$$\delta = \frac{\nu_{样品} - \nu_{参考物}}{\nu_{参考物}} \times 10^6 \tag{6-16}$$

（2）核磁共振仪　核磁共振仪分为两大类，即连续谱核磁共振仪及脉冲傅里叶变换核磁共振仪。前者将单一频率的射频场连续加在核系统上，得到的是频率域上的吸收信号和色散信号。后者将短而强的等距脉冲所调制的射频信号加到核系统上，使不同共振频率的许多核同时得到激发，得到的是时间域上的自由感应衰减信号（FID）的相干图，再经过计算机进行快速傅里叶变换后才得到频率域上的信号。

图 6-13 为普通的核磁共振仪，由四部分组成，即：①永久磁铁，提供外磁场，要求稳定性好；②射频振荡器，线圈垂直于外磁场，发射一定频率的电磁辐射信号；③射频接收器（检测器），当质子的进动频率与辐射频率相匹配时，发生能级跃迁，吸收能量，在感应线圈中产生毫伏级信号；④试样管，一定外径的玻璃管，在测量过程中旋转，磁场作用均匀。

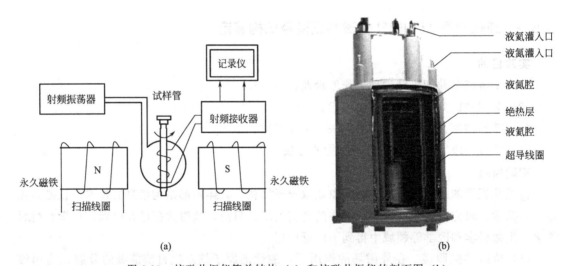

图 6-13　核磁共振仪简单结构（a）和核磁共振仪的剖面图（b）

仪器与试剂

（1）仪器：布鲁克 400MHz 核磁共振仪（型号：ADVANCE Ⅲ）；核磁管。

（2）试剂：氘代氯仿；乙基苯。

实验步骤

（1）测样前的准备工作

① 样品管的要求。核磁共振仪的样品管是专用样品管，由质量好的耐温玻璃制成，也有采用石英或聚四氟乙烯（PTFE）材料制成的。要求样品管无磁性，管壁平直、厚度均匀。

样品管形状是圆筒形的，样品管的直径取决于仪器探头的类型，外径可小到 1mm，大到 25mm。常见的样品管直径有 5mm，10mm，2.5mm 三种，长度要求大于 150mm。本仪器使用的样品管是 5mm。

② 配制样品及要求。核磁共振是一种定性分析的方法，则样品的取样量没有严格的要求。取样原则：在能达到分析要求的情况下，样品量少一些为好，样品浓度不易太高，否则谱图的旋转边带或卫星峰太大，不利于谱图的分析。

通常固体样品取 5mg 左右，液体样品取 0.05mL 左右。将样品小心地放入样品管中，用注射器取 0.5mL CDCl₃（氘代氯仿）注入样品管，使样品充分溶解。要求样品与试剂充分混合，溶液澄清、透明、无悬浮物或其他杂质。

（2）测样阶段

① 开机

a. 打开计算机电源，输入相应开机密码。

b. 运行 CCU 监控程序。

c. 开机柜电源（总电源）→BSMS/2 电源→BLAX300/1 电源→BLAX300/2 电源→AQS 电源。

d. 进入 NMR 程序：双击桌面 TOPSPIN。

e. 初始化：键入 CF↙，仪器进行自检和初始状态设置

② 标准样品放入磁场。将样品管插入转子，首先拿住样品管上部，把样品管放进转子，之后把转子放进一定深度的量筒，转子和量筒口紧密接触。轻轻把样品管往里推，保证中线上下的样品一样多。如果样品量大于两倍的中线到底座的距离，可以把样品管推到刚好接触量筒的底部。把样品管和转子放入磁体之前取下量筒。

由于样品的升降是由压缩空气来控制的，因此在放入样品时通过对这股压缩空气的开关来控制。将带样品管的转子放入磁体需要按以下步骤进行：a. 在命令行输入"ej"，打开压缩气体，等待磁体中有气流吹出，同时可以听到气流声音，这时如果磁体里有样品，样品就会慢慢升起并悬浮在磁体腔管上口。如果没有样品在磁体内，等待气流达到最大时（可以用手在腔口去感受气流的大小），手握核磁管上部，将样品放入磁体中，轻轻往下按压，确保样品已经被气流托住后方可松手。b. 输入"ij"命令关闭压缩空气，样品会缓慢落进磁体，进入探头中的位置。

注意：一是确保气流开启后才可放入样品，否则样品管直接跌至探头位置引起样品管破裂，损坏探头；二是由于核磁管的型号及生产厂家差别，核磁管的外径会有所不同，因此转子的选择也很重要，太松的转子会使得样品管在落入磁体过程中滑动，甚至在样品吹出过程中出现困难。

③ 锁场。核磁共振仪上的锁场是通过氘的信号实现的，样品通常是溶于氘代溶剂中测试，也为锁场提供了条件。点击"lock"命令，选择相应的溶剂 CDCl₃ 或其他。在放入样品之后，确认锁场。锁场过程需要几秒钟时间，等到窗口左下角的状态栏出现"lock finished"字样，并且锁场信号变为波浪的水平线，完成锁场。

④ 探头调谐。点击"probe match/Tune"→"Automatic…"→"OK"→"等待"→"atma finished"，完成探头调谐。

⑤ 匀场。点击"sampleRotation"→"start Rotaion"→"ron finished"→"sample"→"shim"→"topshim"→"OK"→"start"→"Close"结束。

（3）采样参数设置

① 点击"Acquistion pars"，调入采样参数表，可根据要求进行参数修改。

② 测量结束：点击"Left—sample"，关电源，关气。

③ NMR 谱图的输出：键入"PLOT↙"进入绘图模式，画出满意的谱图，对谱图进行分析。

注意事项

（1）切勿带铁磁性物质，如钥匙、手表、雨伞、耳机、手机等物品进入核磁实验室，这些物品在磁体附近有潜在的危险而且会扰动磁场而对实验结果产生影响。

（2）使用心脏起搏器或者金属关节的人员不可接近磁体。

（3）进入核磁实验室后要注意远离磁体，除放样品之外，应保持在 5 高斯线范围以外。

（4）严格遵守核磁实验室的各项安全注意警示。

思考题

（1）乙基苯的 ^{1}H NMR 谱中化学位移为 2.65×10^{-6} 处的峰为什么分裂成四重峰？化学位移为 1.25×10^{-6} 处的峰为什么分裂成三重峰？其峰裂分的宽度有什么特点？

（2）利用 ^{1}H NMR 谱图计算，可否计算两种不同物质的含量？为什么？

6.5.2　^{13}C NMR 的常规核磁共振谱与定量谱的测定

实验目的

（1）初步了解 ^{13}C NMR 常规谱。

（2）了解 ^{13}C NMR 常规谱的一般特点。

（3）了解一级 ^{13}C NMR 常规谱解析方法。

实验原理

将射频场 H_1 的频率 ν_1 对着 ^{13}C 核的共振频率以单脉冲序列观测。同时由辐照通道施加频率为 ^{1}H 核共振频率范围的宽而强的射频场 H_2，使体系中所有 ^{1}H 核受辐射而产生共振饱和，从而 ^{1}H 核对 ^{13}C 核耦合平均化或去耦。所观测到的 ^{13}C 谱是 NOE 增强效应的去耦的常规 ^{13}C NMR 谱。不同基团的碳受 NOE 增强是不同的，因此几乎是棒状的碳谱的强度不能反映碳原子的相对个数。倘若辐照门对 ^{1}H 的辐照条件加以控制，在 ^{13}C 观测用的激发脉冲停止后接收 ^{13}C 的 FID 信号的同时，对 ^{1}H 核进行去耦辐照，采样结束，辐照也结束。采样时间仅为 ms 数量级，足够短，NOE 刚刚产生随即便结束，因此大大抑制了 NOE，又消除了 ^{1}H 对 ^{13}C 的耦合，这就是反门控去耦的单脉冲序列。应注意，脉冲间隔时间应长到使体系的所有的磁化矢量皆恢复到原始平衡状态，这样，所获得的 ^{13}C 谱便是定量谱，因此各个 ^{13}C 谱线强度（积分高度）几乎正比于分子内各个碳原子的相对个数。

仪器与试剂

（1）仪器　布鲁克 400MHz 核磁共振仪（型号：ADVANCE Ⅲ）；核磁管。

（2）试剂　氘代氯仿；乙基苯。

实验步骤

（1）样品制备　核磁共振仪的样品管是专用样品管，由质量好的耐温玻璃制成，也有采用石英或聚四氟乙烯（PTFE）材料制成的。要求样品管无磁性，管壁平直、厚度均匀。样品管的直径取决于仪器探头的类型，外径可小到 1mm，大到 25mm。常见的样品管直径有 5mm，10mm，2.5mm 三种。

通常固体样品取 5mg 左右，液体样品取 0.05mL 左右。将样品小心地放入样品管中，用注射器取 0.5mL $CDCl_3$（氘代氯仿）注入样品管，使样品充分溶解，混合均匀、透明，无悬浮物或其他杂质。

（2）调整好仪器的分辨率　用乙醛标样按照 ^1H NMR 谱的条件，调整好仪器的分辨率（参照 6.5.1）

（3）改变实验参数与条件

① 改变实验参数与条件，使之适用于作 ^{13}C-NMR 谱。观测频率应为 ^1H 核磁共振频率的 1/4（90M 仪器 ^1H 共振频率为 90MHz，^{13}C 共振频率应为 22.5MHz），经调谐，准确对准此频率。开通辐照场，并调节使它的发射对接收通道的干扰最小。

② 检查实验工作参数与条件为常规去耦碳谱条件。更换试样为乙基苯-$CDCl_2$ 溶液。重新锁场并进一步调节分辨率，在旋转试样的情况下，测量 ^{13}C NMR 信号。待采样完成后，用新设定的参数处理数据。操作同 ^1H 谱步骤，作图，为了便于进行比较，仍进行积分。完成 H 完全去耦的常规 ^{13}C NMR 谱。

③ 部分改变实验条件与参数　改用抑制 NOE 的门控去耦脉冲系列的辐照方式，脉冲宽度用 20°~30°（对 ^{13}C），脉冲间隔时间改为 5~10s 或更长（当用 90°脉冲时，应用被测物中纵向弛豫时间最长的碳核的 T_1 的 5 倍以上）。累加次数改为常规谱的 2~3 倍。测量 ^{13}C NMR 信号。采样完成后，用新设定的参数处理数据，作出谱图及积分曲线，记录实验参数与结果，完成定量 ^{13}C NMR 谱。

（4）测量结束　点击"Left—sample"，关电源、关气。

（5）^{13}C NMR 谱图的输出　键入"PLOT↙"进入绘图模式，画出满意的谱图，对 ^{13}C NMR 谱图进行分析。

注意事项

（1）参见 6.5.1 节。

（2）参数的设定，特别是 ^{13}C 频率及其偏置和谱宽对于获取正常谱图很重要。

（3）实验完毕后关闭辐照通道。

思考题

（1）为什么在 ^{13}C NMR 谱图中，相同的碳数，碳峰的高度却不相同？

（2）试验中使用的是 400MHz 核磁共振仪，测 ^1H 时工作频率是 400.009MHz，用它测 ^{13}C 时的工作频率是多少？

（3）分析乙基苯碳谱的归属，说明理由。

（4）比较、归纳 ^{13}C 和 ^1H 的特点。

6.5.3　薄荷醇核磁共振 $^1H_1$ NMR 的结构鉴定

实验目的

（1）掌握化学位移耦合常数的测量及氢分布的计算。

（2）熟悉脂环化合物核磁共振氢谱的解析。

（3）熟悉推断分子结构的一般过程。

实验原理

化学位移是从 NMR 法直接获取的首要信息。同一种核素共振频率的差异归根为其周围电子环境的不同，即受屏蔽不同，这种差异称为化学位移。影响化学位移的因素很多。化学位移与被测核本身的电子结构、成键电子的杂化轨道类型、价态、氧化数、几何构型直接相关。根据 NMR 谱图中化学位移、耦合常数、谱峰的裂分、谱峰面积等实验数据，运用一级近似 $n+1$ 规律，进行简单谱图解析，可找出各谱峰对应的官能团及它们相互的连接方式，结合给定的已知薄荷醇（图 6-14）的结果进行确认。在实际测定核磁共振氢谱中，必须用氘代溶剂，以防溶剂氢的干扰。氘代氯仿的残留氢在 $\delta=7.28$ 处出现。四甲基硅（tetramethylsilane，TMS）用于标定核磁共振波谱图的零位（$\delta=0$），锁场是为了防止场漂移。

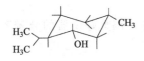

图 6-14　薄荷醇的结构式

仪器与试剂

（1）仪器　布鲁克 400MHz 核磁共振仪（型号：ADVANCEIII）；核磁管。

（2）试剂　薄荷醇（A.R.）；$CDCl_3$；TMS/CCl_4 溶液。

实验步骤

（1）样品配制　薄荷醇以氘代氯仿溶解后，取约 0.5mL 装于 $\varphi5mm$ 的核磁样品管中，并加少量 TMS 的 CCl_4 溶液，供测定。扫描范围 $\delta=10$，扫描次数 16，增益 16。

（2）操作步骤

① 开启核磁共振仪和空气压缩机，确认气压；样品（管）插入转子，调节插入深度，将样品置入磁体内的探头中。

② 找出氘锁信号并锁场（locking）。

③ 匀场（shimming）。

④ 调出谱的程序，选择合适的采样参数值。

⑤ 采样（data acquisition）。

（3）谱图处理　采样结束后，按规定方式进行谱图处理（data processing）。

（4）绘图　绘出 NMR 图谱。

数据处理

（1）标准薄荷醇的 $^1H_1$ 的 NMR 数据见表 6-5。

表 6-5　标准薄荷醇的 $^1H_1$ 的 NMR 数据

δ	氢数目及裂分情况	归属
3.41	$^1H, td, J=4.4Hz, J=10.4Hz$	3a
2.19	$^1H, Sept, xd, J=2.4Hz, J=7.2Hz$	8
1.95	$^1H, m$	2e
1.64	$^1H, m$	6e
1.60	$^1H, m$	5e
1.57	$^1H, s$	3-OH

（2）实际测定薄荷醇的 $^1H_1$ 的 NMR 数据及 NMR 谱图。

（3）对比，并通过 NMR 谱图中化学位移、耦合常数、谱峰的裂分、谱峰面积等实验数据，运用一级近似 $n+1$ 规律，进行简单谱图解析，可找出各谱峰对应的官能团及它们相互的连接方式。

思考题

（1）NMR 波谱法与 IR、UV 光谱法相比较有何重要差异？为什么？

（2）什么是内锁、外锁？NMR 法对内标法和外标法有哪些要求？

（3）如何获得一张正确的 $^1H_1$ NMR 谱图？分析讨论你所做的谱图的优劣。

（4）用本次实验使用的仪器（400MHz）测出的氢谱，某信号被裂分成双重峰（$\delta=$ 4.045 和 $\delta=4.036$，一级裂分），请计算其耦合常数为多少？

第7章

X射线分析法

7.1 引言

德国物理学家伦琴（W. C. Roentgen）在1895年研究阴极射线时发现了一种特异的光线。这种光线具有能量高、直线传播、穿透力强的特点，而且能杀死生物组织和细胞，并具有照相效应、荧光效应和电离效应。由于当时对这种光线知之甚少，故称为X射线。1912年德国物理学家劳厄（M. Von Laue）以晶体为光栅，发现了晶体的X射线衍射现象。英国物理学家布拉格父子（W. H. Bragg和W. L. Bragg）也利用X射线衍射方法测定了NaCl晶体的结构。大量的研究确定了X射线的电磁波性质，同时也开辟利用X射线衍射研究材料晶体结构的方法。X射线和可见光一样属于电磁辐射，但其波长和可见光的波长相比短得多，X射线的波长介于紫外线与γ射线之间，为$10^{-2} \sim 10^2$Å（1Å$=1 \times 10^{-10}$m），与其他电磁波一样，能产生反射、折射、散射、干涉、衍射、偏振和吸收等现象。但是，在通常实验条件下很难观察到X射线的反射。由于X射线的折射率n都很接近于1（但小于1），所以不可能像可见光那样用透镜成像，只有在极精密的条件下才能考虑折射对X射线作用介质的影响。X射线能够产生全反射，但其掠射角极小。由于X射线具有波长短、光子能量大这个基本特性，所以X射线与物质相互作用时产生的效应和可见光迥然不同。

在物质的微观结构中，原子和分子的距离（1~10Å）正好落在X射线的波长范围内，所以物质（特别是晶体）对X射线的散射和衍射能够传递极为丰富的、用于观察物质微观结构信息，可以说，大多数关于X射线光学性质的研究及应用都集中在散射和衍射现象上，尤其是衍射方面。X射线衍射方法是当今研究物质微观结构的主要方法。

X射线穿透物质时都会被部分吸收，其强度将被衰减变弱，吸收的程度与物质的组成、密度和厚度有关。在此过程中X射线与物质的相互作用是很复杂的，会引起多种效应，产生多种物理、化学过程。例如，它可以使气体电离；使一些物质产生一次X射线或发出可见的荧光；能破坏物质的化学键，引起化学分解，也能促使新键的形成和物质的合成；作用于生物细胞组织，还会导致生理效应，使新陈代谢发生变化至造成辐射损伤。X射线与物质之间的物理作用，可以分为两类：入射线被电子散射的过程和入射线能量被原子吸收的过程。

X射线散射的过程是指只引起X射线方向的改变，不引起能量变化的散射，称为相干散射，这是 X 射线衍射的物理基础。X 射线衍射分析在物理、化学、材料科学、地质学、生命科学和各种工程技术中应用最为广泛，所以，本章将介绍 X 射线衍射分析的基本原理、方法和应用。

多晶 X 射线衍射分析法又常称为粉末 X 射线衍射分析法，因为此法通常都要先把样品制成很细的粉末才便于实验使用。多晶 X 射线衍射分析法有着广泛的用途：

① 判断物质是否为晶体。

② 判断是何种晶体物质。

③ 判断物质的晶型。

④ 计算物质结构的应力。

⑤ 定量计算混合物质的比例。

⑥ 计算物质晶体结构数据。

⑦ 和其他专业相结合会有更广泛的用途。

自 1912 年劳厄等发现硫酸铜晶体的衍射现象的 100 年间，X 射线衍射这一重要探测手段在人们认识自然、探索自然方面，特别在凝聚态物理、材料科学、生命医学、化学化工、地学、矿物学、环境科学、考古学、历史学等众多领域发挥了积极作用，新的领域不断开拓、新的方法层出不穷，特别是同步辐射光源和自由电子激光的兴起，X 射线衍射研究方法仍在不断拓展，如超快 X 射线衍射、软 X 射线显微术、X 射线吸收结构、共振非弹性 X 射线衍射、同步辐射 X 射线色谱显微技术等。这些新型 X 射线衍射探测技术必将给各个学科领域注入新的活力。

7.2 X射线的产生

实验表明 X 射线产生的机制有多种，如在真空中凡是高速运动的带电粒子撞击到任何物质时，均可产生 X 射线。其中较为实用的能够获得足够强度的 X 射线的方法仍然是当年伦琴所采用的方法——阴极射线（高速电子束）轰击阴极（靶）的表面。其工作原理可用图 7-1 表示。

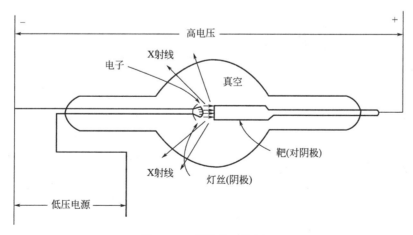

图 7-1　X 射线的工作原理

X 射线是一个真空二极管，它有两个电极：阴极用于发射电子的灯丝（钨丝）；阳极用于接收电子轰击的靶（又称对阳极）。X射线管供电部分至少包含有一个使灯丝加热的低压电源和一个给两极施加高电压的高压发生器。由于总是受到高能量电子的轰击，阳极还需要强制冷却。

X射线管的工作原理是：将X射线管的阳极接地，在X射线管的热阴极上加上负高压，形成高压电场。热阴极上由炽热灯丝发出的电子在此高电压电场的作用下被加速，高速轰击到靶面上，运动突然受阻，其动能部分转变为辐射能，以X射线的形式放出，即为X射线或伦琴射线。轰击到靶面上电子束的总能量只有极小一部分转变为X射线能。靶面发射的X射线能与电子束总能量的比率ε可用下面的近似公式表示：

$$\varepsilon = 1.1 \times 10^{-9} ZV \tag{7-1}$$

式中，Z为靶材料组成元素的原子序数；V为X射线管的极间电压（又称管电压），kV。

X光管的效率非常低。因为高速电子的动能仅有不足1%左右转变为X射线，其余99%以上都将以热能释放出来。于是，阳极（靶）材料多选择导热性好、熔点高的材料制成，例如X射线管的阳极通常是在铜质底座上镶嵌靶材料制成，常用的靶材有W、Ag、Mo、Cu、Ni、Co、Fe、Cr等。为保证热发射电子的自由运动，X射线管内的真空度可高达107Torr（1Torr＝133.322Pa）。在X射线管工作时，高速电子束打到靶上以后，一部分能量转化为X射线，而大部分能量却变为热能，使靶（阳极）的温度急剧升高。因此为防止X射线管损坏，必须对阳极以适当方式进行冷却，通常是通水冷却。

7.2.1 X射线光谱

由于X光管产生的X射线具有复杂的组成，其波长和强度存在明显的差异，从产生机理和射线的特点上，X射线分为连续X射线和特征X射线两种。

7.2.1.1 连续X射线

连续光谱又称为"白色"X射线，包含了从短波极限λ_m开始的全部波长，其强度随波长变化连续地改变。从短波极限λ_m开始，随着波长的增加，强度迅速达到一个极大值，之后逐渐减弱，直至趋于零，见图7-2。连续光谱的短波极限λ_m只取决于X射线管的工作电压。

目前还没有一个简单的理论能够对连续光谱变化的现象给予全面、清晰的解释，但应用量子理论可以简单说明为什么连续光谱具有一个短波极限。该理论认为，当能量为eU的电子和物质相碰撞产生光量子时，光量子的能量至多等于电子的能量，因此辐射必定有一个频率上限ν_m，此上限值应为：

$$h\nu_m = \frac{hc}{\lambda_m} = eU \tag{7-2}$$

式中，h为普朗克常数；c为光速。

当电压U以V为单位，波长λ以Å为单位时，短波极限λ_m可以表示为：

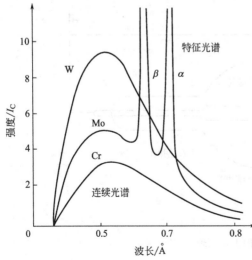

图7-2 X射线管产生的X射线的波长谱

$$\lambda_m = \frac{12395}{U} \tag{7-3}$$

如果一个电子射入物质后在发生有效碰撞（产生光量子）之前速度有所降低，则碰撞产生光量子的能量就会减小。由于多种因素使得发生有效碰撞的电子的速度可以从零到初速连续取值，因而出现了连续光谱，其波长自 λ_m 开始向长波长方向伸展。

实验指出，X射线管对阴极所接收的能量与高压 U 成正比，而输出辐射能占所得总能的百分数又与原子序数 Z 以及高压 U 成正比，因此，求出光谱的总能量（图7-2中连续光谱线下的面积）是与 ZU^2 成正比的。可见，对于在一定条件（管电流 i 和管电压 U）下工作的管子，因为连续光谱的强度与阴极元素的原子序数 Z 成正比，所以，当需要用"白光"辐射（即包含所有波长的连续辐射）时，选择重金属作靶的管子将更为有效。例如，用钨靶所得的"白光"辐射总能量是铜靶的2.6倍。从图7-2还可以观察到，连续光谱是从短波极限 λ_m 处突然开始的，大部分能量都集中在接近短波极限的位置，高电压对连续光谱有利。随着电压的增加，λ_m 变短，"白色"辐射能相对集中在短波极限一侧的一个范围内。在晶体衍射实验中，只有 Laue 法和能量色散型衍射仪需要使用连续光谱X射线，而在其他晶体衍射方法中，通常则要求使用"单色"X射线，连续光谱对这些方法所得的结果是不利的。因为连续光谱是这些衍射方法的衍射图背景产生的一个主要原因，此时需要适当选取X射线管的工作条件，同时需要采取必要的手段来避免连续光谱的不利影响。

7.2.1.2　特征X射线

在连续光谱上会有几条强度很高的线光谱（图7-2），但是它只占X射线管辐射总能量的很小一部分。这些线光谱的波长和X射线管的工作条件无关，只取决于对阴极组成元素的种类，是阴极元素的特征谱线。

原子发射光谱的示意图见图7-3(a)，K、L、M、N 等激发态的能级图见图7-3(b)。阴极发出的电子流轰击到靶面，如果电子能量足够高，靶内一些原子的 L 层电子被轰出，使原子处于能级较高的激发态，称为 L 激发态，依次类推。原子的激发态是不稳定的，寿命

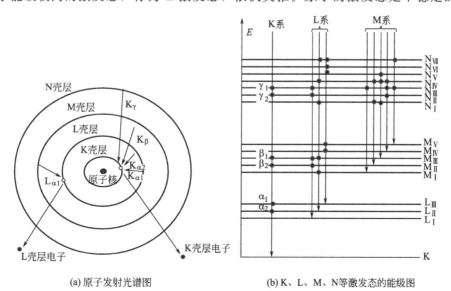

(a) 原子发射光谱图　　　　　　(b) K、L、M、N等激发态的能级图

图 7-3　元素特征 X 射线的激发机理

不超过 10^{-8}s，此时内层轨道上的空位将被离核更远轨道上的电子所补充，从而使原子能量降低。这时，多余的能量便以光量子的形式辐射出来。处于 K 激发态的原子，当不同外层的电子（L 层、M 层、N 层…）向 K 层跃迁时放出的能量各不相同，产生的一系列辐射统称为 K 系辐射。同样，L 层电子被击出后，原子处于 L 激发态，所产生的一系列辐射则统称为 L 系辐射，依次类推。基于上述机制产生的 X 射线，其波长只与原子处于不同激发态时发生电子跃迁的能级差有关，而原子的激发态是由原子结构决定的。因此，这些有特征波长的辐射能够反映出原子的结构特点，称为特征光谱。

元素的每条光谱线都是近单色的，衍射峰的半高宽小于 0.01Å，参与产生特征 X 射线的电子层是原子的内电子层。内层电子的能量可以认为仅取决于原子核而与外层电子无关（外层电子决定原子的化学性质和它们的紫外及可见光谱），所以，元素的 X 射线特征光谱比较简单，且随原子序数有规律地变化。特征光谱只取决于元素的种类而与物质处于何种化学或物理状态无关。各系 X 射线特征辐射都包含几个很接近的频率。例如，K 系辐射包含 $K_{\alpha 1}$、$K_{\alpha 2}$、和 K_{β} 等频率，$K_{\alpha 1}$、$K_{\alpha 2}$ 波长非常接近，相距 0.004Å，在实际使用时不易分开，统称为 K_{α} 线，K_{β} 线比 K_{α} 线频率要高，波长要短一些［图 7-3(b)］。K_{α} 线是电子由 L 层跃迁到 K 层时产生的辐射，而 K_{β} 线则是电子由 M 层跃迁到 K 层时产生的辐射［图 7-3(b)］。实际上 L、M 等能级又可分化成几个亚能级。依照选择法则，在能级之间只有满足一定选择规律要求时，跃迁才会发生。例如，跃迁到 K 层的电子如果来自 L 层，则只能从 L_{II} 和 L_{III} 亚层跃迁过来；如果来自 M 层，则只能从 M_{II} 及 M_{III} 亚层跃迁过来。所以，K_{α} 线就有 $K_{\alpha 1}$ 和 $K_{\alpha 2}$ 之分，K_{β} 线理论上也应该是双重的，但是 K_{β} 线的两根线中有一根非常弱，因此可以忽略。

各个系 X 射线的相对强度与产生该射线时能级的跃迁机遇有关。由于从 L 层跃迁到 K 层的机遇最大，所以 K_{α} 强度大于 K_{β} 的强度，而在 K_{α} 线中，$K_{\alpha 1}$ 的强度又大于 $K_{\alpha 2}$ 的强度。$K_{\alpha 1}$、$K_{\alpha 2}$ 和 K_{β} 的强度比约为 100：50：22。考虑到 $K_{\alpha 1}$ 的强度是 $K_{\alpha 2}$ 强度的 2 倍，所以，K 的平均波长应取两者的加权平均值，即：

$$\lambda_{K_{\alpha}} = \frac{2}{3}\lambda_{K_{\alpha 1}} + \frac{1}{3}\lambda_{K_{\alpha 2}} \qquad (7\text{-}4)$$

特征 X 射线的强度：

$$I_K = Ki(V - V_K)^n \qquad (7\text{-}5)$$

式中　　K——常数；

i——电流；

V——操作电压；

V_K——K 系激发电压；

n——常数。

表 7-1 给出了常见靶材 K 系特征 X 射线的波长、激发电压、工作电压等。需要说明的是，工作电压一般是激发电压的 3～5 倍。因为实验证明，当工作电压是激发电压的 3～5 倍时，$I_{特}/I_{连}$ 最大。

7.2.2　X 射线的性质及其与物质的相互作用

X 射线是由高能电子的突然减速或原子内层电子的跃迁而产生的。X 射线的本质与可见光一样，都是电磁波，只不过它的波长较短，能量较大而已。

表 7-1　常用 X 光管适宜的工作电压

靶子元素	原子序数	$\lambda_{K_{\alpha1}}$ (10^{-10}m)	$\lambda_{K_{\alpha2}}$ (10^{-10}m)	$\lambda_{K_{\alpha}}$ (10^{-10}m)	$\lambda_{K_{\beta}}$ (10^{-10}m)	λ_{K} (10^{-10}m)	激发电压 V_K/kV	适宜的工作电压/kV	K_{β} 将被强烈吸收的元素
Cr	24	2.28962	2.29352	2.2909	2.08479	2.0701	5.93	20～25	V
Fe	26	1.93597	1.93991	1.9373	1.75654	1.7429	7.10	25～30	Mn
Co	27	1.78890	1.79279	1.7902	1.62076	1.6072	7.71	30	Fe
Ni	28	1.65783	1.66168	1.6591	0.50008	1.4869	3.29	30～35	Co
Cu	29	1.54050	1.54434	1.5418	0.39217	1.3802	8.86	35～40	Ni
Mo	42	0.70926	0.71354	0.7107	0.63225	0.6192	2.00	50～55	Nb、Zr
Ag	47	0.55941	0.56381	0.5609	0.49701	0.4855	2.55	55～60	Pb、Rh

　　X 射线作为一种特殊光线，由于其存在的较高能量，形成了自己一系列物理性能。

7.2.2.1　波粒二象性

　　X 射线的波长约为 10^{-12}～10^{-8}m，按照物理学理论，它是一种仅次于宇宙射线和一部分 γ 射线的波长很短的电磁波，所以具有波动性。又因为由爱因斯坦方程 $E=h\nu=\dfrac{hc}{\lambda}$，X 射线本身具有能量 E，且具有动量 $p=\dfrac{h}{\lambda}$，所以它又具有粒子性。故 X 射线本身表现为波粒二象性。这样，便可用 ν 和 λ 计算光子的 E 值。

7.2.2.2　直线传播

　　X 射线具有相当强的穿透力，几乎不产生折射，其折射率约为 1。它基本无发散产生，不改变传播方向，沿直线传播。

7.2.2.3　具有杀伤力

　　X 射线可以杀死生物的组织和细胞。

7.2.2.4　具有光电效应

　　① X 射线可以使气体电离，产生电离效应。
　　② X 射线可以使照相底片感光，产生感光效应。
　　③ X 射线可以使铂氰化钾溶液发出荧光，产生荧光效应。
　　④ 当光子能量足够大时，可使被照射原子中的电子被击出成为光电子，原子被激发，而光子本身则被吸收，产生光电吸收。
　　⑤ 当光子能量进一步升高，将与被照射物质原子的内层电子相碰撞，使其激发并形成空位，导致电子重排，产生二次 X 射线，即荧光 X 射线。此为 X 射线荧光分析的基础。
　　⑥ 若被照射物原子内层电子有空位，被外层电子填补后，其多余的能量不以 X 射线的形式放出，而是传递给其余外层电子，使之脱离原子本身。此种现象称为俄歇（Auger）效应。

7.2.2.5　散射现象

　　X 射线与物体碰撞将使前进方向发生改变而产生散射现象。依据散射线与入射线间是否产生干涉，又可分为相干散射与非相干散射。

（1）相干散射　当入射 X 射线与照射原子的电子发生刚性碰撞时，能量不变，只改变传播方向，而产生与入射线相互干涉的散射，称为相干散射，也称为经典散射。

（2）非相干散射　入射 X 射线与被照射原子的电子发生非刚性碰撞，将部分能量传给原子，而使波长变长，所产生的与入射线不相互干涉的散射，称为非相干散射或量子散射。

7.2.2.6　吸收现象

X 射线穿过被照物体时，因为散射、光电效应和热损耗的影响，出现强度衰减的现象称为 X 射线的吸收。其衰减的程度与所经过物质的厚度成正比，也与入射线强度和物质密度密切相关。

综上所述，当 X 射线照射在物质上时，由于 X 射线具有很多独特的性质，所以会产生各种作用。从能量的转换角度来看，一束 X 射线通过物质时，其能量分为三部分：一部分被散射；一部分被吸收；剩余的部分将透过物质。

X 射线的主要物理性质及其穿过物质时的物理作用可以概括地用图 7-4 表示，一束 X 射线通过物体后，其强度将衰减，是被散射和吸收的结果，并且吸收是造成强度衰减的主要原因。X 射线散射的过程又可分为两种：一种是只引起 X 射线方向的改变，不引起能量变化的散射，称为相干散射，这是 X 射线衍射的物理基础；另一种是既引起 X 射线光子方向的改变，也引起其能量改变的散射，称为非相干散射或康普顿散射（或康普顿效应），此过程同时产生反冲电子。物质吸收 X 射线的过程主要是光电效应和热效应。物质中原子被入射 X 射线激发，受激原子产生二次辐射和光电子，入射线的能量因此被转化从而导致衰减。二次辐射又称为荧光 X 射线，是受激原子的特征射线，与入射线波长无关。荧光辐射是 X 射线光谱分析的依据。如果入射光子的能量被吸收，而又未激发出光电子，表明其能量转变成了物质分子的热振动，即以热的形式成为物质的内能。

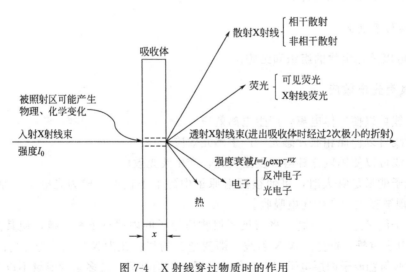

图 7-4　X 射线穿过物质时的作用

7.3　多晶X射线衍射的原理

多晶 X 射线衍射分析法又称为粉末 X 射线衍射分析法，利用此法时要先把样品制成很细的粉末，再对粉末进行压片制样。它有很多优点，例如：粉末 X 射线衍射分析法是一种非破坏性的分析方法，特别适合做物相分析；可以测定一些晶态物质的结构参数和晶体结构；同时也可以测定非晶态物质。因此，它是物理学中一种非常重要的实验方法。

7.3.1 单晶体对 X 射线的衍射

X 射线照射到晶体上发生散射，其中衍射现象是 X 射线被晶体散射的一种特殊表现。晶体的基本特征是其微观结构（原子、分子或离子的排列）具有周期性，当 X 射线被散射时，散射波中与入射波波长相同的相干散射波会互相干涉，在一些特定的方向上互相加强，产生衍射线。晶体可能产生衍射的方向取决于晶体微观结构的类型（晶胞类型）及其基本尺寸（晶面间距、晶胞参数等）；而衍射强度取决于体中各组成原子的元素种类及其分布排列的坐标。晶体衍射方法是目前研究晶体结构最有力的方法。

7.3.2 晶体产生 X 射线衍射的条件

X 射线衍射的方向与晶体结构之间的关系可以用两个方程进行描述：劳埃（Laue）方程和布拉格（Bragg）方程。前者基于直线点阵，后者基于平面点阵，这两个方程实际上是等效的。

7.3.2.1 劳埃（Laue）方程

首先考虑一行周期为 a_0 的原子列对入射 X 射线的衍射。如图 7-5 所示（忽略原子的大小），当入射角为 α_0 时，在 α_h 处观测散射线的叠加强度。相距为 a_0 的两个原子散射的 X 射线光程差为 $a_0(\cos\alpha_h-\cos\alpha_0)$，当光程差为零或等于波长的整数倍时，散射波的波峰和波谷分别互相叠加而使强度达到极大值值。光程差为零时，干涉最强，此时入射角 α_0 等于出射角，衍射称为零级衍射。

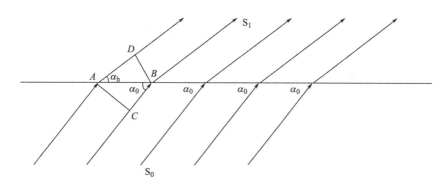

图 7-5 单行原子列对入射 X 射线的衍射

晶体结构是一种三维的周期结构，设有三行不共面的原子列，其周期大小分别为 a_0、b_0、c_0，入射 X 射线同它们的交角分别为 α_0、β_0、γ_0，当衍射角分别为 α_h、β_k、γ_l，则必定满足下列的条件。

$$\begin{cases} a_0(\cos\alpha_h - \cos\alpha_0) = h\lambda \\ b_0(\cos\beta_k - \cos\beta_0) = k\lambda \\ c_0(\cos\gamma_1 - \cos\gamma_0) = l\lambda \end{cases} \quad (7\text{-}6)$$

式中，h、k、l 为整数（可为零和正或负的数），称为衍射指标；λ 为入射线的波长。

式(7-6)为晶体产生 X 射线衍射的条件，称为劳埃方程。衍射指标 h、k、l 的整数性决定了晶体衍射方向的分离性，每一套衍射指标规定了一个衍射方向。

7.3.2.2　布拉格（Bragg）方程

晶体的空间点阵可划分为一族平行且等间距的平面点阵 (hkl)，或者称为晶面。同一晶体不同指标的晶面在空间的取向不同，晶面间距 $d_{(hkl)}$ 也不同。设有一族晶面，间距为 $d_{(hkl)}$，一束平行 X 射线射到该晶面族上，入射角为 θ。对于每一个晶面散射波的最大干涉强度的条件应该是：入射角和散射角的大小相等，且入射线、散射线和平面法线三者在同一平面内（类似镜面对可见光的反射条件），如图 7-6(a) 所示，因为在此条件下光程都是一样的，图中入射线 S_0 在 P，Q，R 处的相位相同，而散射线 S 在 P'，Q'，R' 处仍是同相，这是产生衍射的必要条件。

对于相邻晶面产生衍射的条件，如图 7-6(b) 所示的晶面 1，2，3…，间距为 $d_{(hkl)}$，相邻两个晶面上的入射线和散射线的光程差为 $MB+BN$，而 $MB+BN = d_{(hkl)}\sin\theta_n$，即光程差为 $2d_{(hkl)}\sin\theta_n$。当光程差为波长 λ 的整数倍时，相干散射波就能互相加强从而产生衍射。由此得晶面族产生衍射的条件为：

$$d_{(hkl)}\sin\theta_n = n\lambda \quad (7\text{-}7)$$

式中，n 为 1，2，3 等整数；θ_n 为相应某一 n 值的衍射角；n 为行射级数。

式(7-7)称为布拉格方程，是晶体学中最基本的方程之一。

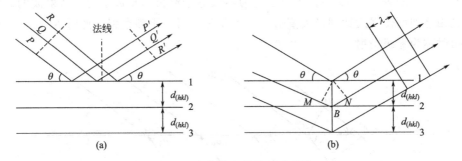

图 7-6　布拉格方程推导示意图

由布拉格方程可以知道如果要进行晶体衍射实验，其必要条件是：所用 X 射线的波长 $\lambda < 2d$。但是 λ 不能太小，否则衍射角也会很小，衍射线将集中在出射光路附近的很小的角度范围内，观测就无法进行。晶面间距一般在 10Å 以内，此外考虑到在空气中波长大于 2Å 的 X 射线衰减很严重，所以在晶体衍射工作中常用的 X 射线波长范围是 0.5～2Å。对于一族晶面 (hkl)，它可能产生的衍射数目 n 取决于晶面间距 d_0，因为必须满足 $n\lambda < 2d$。如果把第 n 级衍射视为和晶面族 (hkl) 平行但间距为 d/n 的晶面的第一级衍射（依照晶面指数的定义，这些假想晶面的指数为 nh，nk，nl，在 n 个这样的假想晶面中只有一个是实际晶体结构的一个点阵平面），于是布拉格方程可以简化表达为：

$$2d_0\sin\theta = \lambda \quad (d_0 = d/n) \quad (7\text{-}8)$$

实际上，一个三维晶体对一束平行而单色的入射 X 射线是不会发生衍射的，如果要产生衍射，则至少要求有一组晶面的取向恰好能满足布拉格方程，所以对于单晶的衍射实验，一般采用以下两种方法：①用一束平行的"白色"X 射线照射一个静止的单晶，这样对于任何一组晶面总有一个可能的波长能够满足布拉格方程；②用一束平行的单色 X 射线照射一个不断旋转的晶体，在晶体旋转的过程中各个取向的晶面都有机会通过满足布拉格方程的位置，此时晶面与入射 X 射线所成的角度就是衍射角。

7.3.3　多晶体和粉末材料衍射方法

晶体的 X 射线衍射图谱实质上是对晶体微观结构一种精细复杂的形象变换，是人们在微观结构的深度上对晶态物质进行观察研究不可缺少的基本工具。大多数固态物质（以及某些液体）都是晶态或者准晶态物质，它们常以细粒或者微细的晶粒聚集体形式存在，即使是大颗粒的晶体，一般也不难得到它们的粉末状样品，所以多晶物质的 X 射线衍射分析法的应用非常广泛。从多晶 X 射线衍射数据中所能获得的关于晶体结构的信息，虽然不如单晶体衍射丰富，但是由于样品容易得到，多晶 X 射线衍射法的应用更为广泛而有效。

对多晶体和粉末材料的 X 射线衍射分析研究，一般采用单色 X 射线照射多晶体或粉末试样的衍射方法。多晶衍射仪器按其设计所采用的衍射几何来区分，有平行光束型和聚焦光束型两大类型；而按其采用的 X 射线检测记录方法分，有衍射照相机和 X 射线检测器两大类型。用衍射照相机的照相底片记录衍射图的方法，称为粉末照相法，简称粉末法或粉晶法，其中主要有德拜法、聚焦照相法及针孔照相法等；若用 X 射线探测器或测角仪来记录衍射图，则称为衍射仪法。由于 X 射线衍射仪法用 X 射线探测器或测角仪来探测衍射线的强度和位置，并将它们转化为电信号，然后借助计算机技术对数据进行分析和处理，具有灵敏度和测量精确度高、数据处理和分析能力强的特点，因此得到广泛应用。本章仅对物相分析法的几个主要应用做一些原理性的介绍。

7.3.3.1　X 射线衍射方法的依据

晶体的 X 射线衍射图谱是对晶体微观精细结构的形象变换，每种晶体结构与其 X 射线衍射图之间有着一一对应的关系，任何一种晶态物质都有自己独特的 X 射线衍射图，而且不会因为与其他物质混合在一起而发生变化，这就是 X 射线衍射法进行物相分析的依据。

由 Bragg 方程知道，晶体的每一衍射都必然和一组间距为 d 的晶面族相联系：

$$2d\sin\theta = n\lambda \tag{7-9}$$

另外，某晶体的每一衍射的强度 I 又与结构因子 F 模量的平方成正比：

$$I = I_0 K |F|^2 V \tag{7-10}$$

式中，I_0 为单位截面积上入射线的功率；V 为参与衍射晶体的体积；K 为比例系数，与诸多因素有关。

我们知道，每种晶体结构中可能出现的 d 值是由晶胞参数 a_0、b_0、c_0、α_0、β_0、γ_0 所决定的，它们决定了衍射的方向。$|F|^2$ 也是由晶体结构决定的，它是晶胞内原子坐标的函数，它决定了衍射的强度。d 和 $|F|^2$ 都是晶体结构所决定的，因此每种物质都有其特有的衍射图谱。由此可以肯定，混合物的衍射图谱不过是其各组成物质物相图谱的简单叠合，所以通过对混合物衍射图的解释、辨认，从而达到对物相的鉴定。从上式可以看到：每一衍射

的强度还与 V 有关,在混合物存在的情况下则应与该衍射所对应物相的含量有关,可见 X 射线衍射方法不仅能进行物相定性的鉴定,还可以完成定量的测定。

7.3.3.2 物相定性鉴定

任何结晶物质,无论是单晶体还是多晶体,都具有特定的晶体结构类型,晶胞大小,晶胞中的原子、离子或分子数目,以及它们所在的位置,因此能给出特定的多晶体衍射花样。也就是说,一种多晶物质无论是纯相还是存在于多相混合试样中,它都给出特定的衍射花样。事实上没有两种不同的结晶物质可以给出完全相同的衍射花样,就如同不可能找到指纹全然相同的两个人一样。另外,未知混合物的衍射花样是混合物中各相物质衍射花样的总和,每种相的各衍射线条的 d 值和相对强度 (I/I_1) 不变,这是各种衍射方法做物相定性分析(物相鉴定)的基础。任何化学分析的方法只能得出试样中所含的元素及其含量,而不能说明其存在的物相状态。多晶的电子衍射和中子衍射花样除相对强度不同于 X 射线衍射外,其他则应相同。

通常只要辨认出样品的粉末衍射图谱分别与哪些已知晶体的粉末衍射图相关,我们就可以判定该样品是由哪些晶体混合组成的。这里的"相关"包括两层含义:①样品的图中能找到组成物相对应出现的衍射峰,而且实验的 d 值和相对应的已知 d 值在实验误差范围内一致。②各衍射线相对强度顺序原则上也应该是一致的。

显然,这一原理的应用,需要积累大量的各种已知化合物的衍射图数据资料作为参考标准,而且还要有一套实用的查找对比方法,才能迅速完成未知物衍射图的辨认和解释,得出其物相组成的鉴定结论。

作为 X 射线衍射参考标准的基本要求是:它必须是一种纯物质物相的衍射图,其衍射图必须有良好的重现性;该物质必须是单相的,是经过精密的化学组成分析后确定其化学式的。目前,这种参考标准图不仅能通过实验得到,而且也能通过计算机计算得到。

现在,内容最丰富、规模最庞大的多晶衍射数据库是由 JCPDS(Joint Committee on Powder Diffraction Standards)编纂的《粉末衍射卡片集》(PDF)。至 1942 年由美国材料试验学会(ASTM)和美国 X 射线与电子衍射学会(关国晶体学会的前身),联合编辑出版了第一版 PDF 卡(又称为 ASTM 卡片集),收集有约 2800 种化合物的数据,为 X 射线衍射物相鉴定方法的应用准备了条件;而后 PDF 卡不断增补修订,自 1957 年起,每年增补一批数据卡片,称为一"集"(se),并删除一批旧的数据卡。参加编纂工作的专业协会陆续增加,至 1964 年,正式成立了国际 JCPDS 协会,继续负责 PDF 卡的编纂审订工作,1998 年改由国际衍射数据中心(ICDD)收集编辑出版 PDF 卡组,并以 Window 方式建立数据库。至 1987 年增至 37 集,化合物总数超过 50000 种。

7.4 X射线衍射仪

X 射线多晶衍射仪(X 射线粉末衍射仪)由 X 射线发生器、测角仪、X 射线强度测量系统以及衍射仪控制与数据采集、处理系统等部分组成。图 7-7 为 X 射线多晶衍射仪的组成结构示意图。

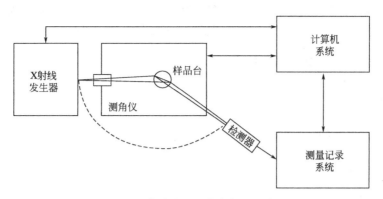

图 7-7　X射线多晶衍射仪构造示意图

7.4.1　X射线发生器

X射线多晶衍射仪的X射线发生器由X射线管、高压发生器、管压管流稳定电路以及各种保护电路等部分组成。

7.4.1.1　X射线管

产生X射线的射线管实际上都属于热电子二极管，有密封式（图7-8）和转靶式两种。前者最大功率不超过2.7kW；后者是为获得高强度的X射线而设计的，一般功率在10kW以上。X射线管工作时阴极接负高压，阳极接地。灯丝附近装有控制栅，使灯丝发出的热电子在电场的作用下聚焦轰击到靶面上。阳极靶面上受电子束轰击而向四周发射X射线。密封式X射线管内真空度达$10^{-5}\sim10^{5}$Torr。高真空可以延长发射热电子的钨质灯丝的寿命，并防止阳极表面受到污染。早期生产的X射线管一般用云母片作窗口材料，而现在的衍射用射线管窗口材料都用Be片（厚0.25～0.3mm），Be片对MoK_α、CuK_α、CrK_α分别具有99%、93%、80%左右的透射率。

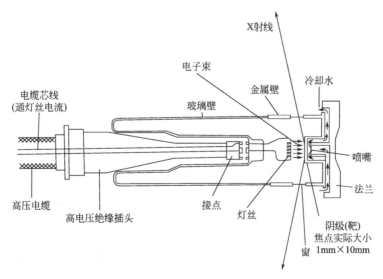

图 7-8　密封式衍射用X射线管结构示意图

X射线管消耗的功率只有很少一部分转化为X射线的功率，99%以上都转化为热而消耗掉，因此X射线管工作时必须用水流从靶面后面加以冷却，以免靶面熔化毁坏。

7.4.1.2　高压发生器及其控制电路

给X射线管工作提供高压的高压发生器过去一直使用中频高压发生器，近年已多采用性能更佳的高频高压电源。X射线管的工作电压（管压）和阳极电流（管流）均有稳定电路控制以保持X射线管发射的X射线强度高度稳定。

7.4.1.3　保护电路

X射线发生器配置有下列安全保护电路。

① 冷却水保护电路　冷却水流量不足时，将自动断开X射线发生器的电源，以免X射线管受到损坏。

② 功率过载保护电路　当管子的运行功率超过设定值时，自动切断X射线发生器的电源。

③ 过电压和过电流保护电路　当管压、管流发生异常时，自动切断X射线发生器的电源。

④ 防辐射保护电路　门连锁机构。

⑤ 报警　当上述的保护电路起作用时，将发出相应的提示。

7.4.2　测角仪的光路系统

测角仪是衍射仪上最精密的机械部件，用来精确测量衍射角。如图7-9为卧式测角仪的光路系统。X射线源使用线焦点光源，线焦点与测角仪轴平行。测角仪的中央是样品台，样

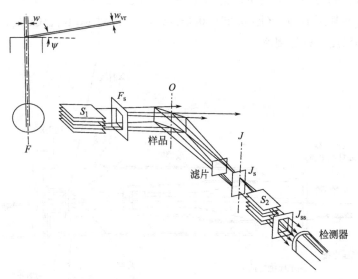

图7-9　卧式测角仪的光路系统（$FO=OJ$）

F—射线源焦线；S_1，S_2—第一、第二平行薄片光阑；F_s—发射狭缝；J—接收狭缝中线；

J_s—接收狭缝；J_{ss}—防散射狭缝；O—测角仪转轴线

品台上有一个作为放置样品时使样品平面定位的基准面，用以保证样品平面与样品台转轴重合。样品与检测器的支臂围绕同一转轴旋转，即图7-9中的 O 轴。

测角仪光路上配有一套狭缝系统——Sollar狭缝，即图7-9中显示的分别设在射线源与样品及样品与检测器之间的 S_1、S_2。Sollar狭缝是一组等间距平行的平面与射线源焦线垂直的金属薄片。其作用是限制X射线在测角仪轴向方向的发散，使X射线束可以近似地看作仅在扫描圆平面上发散的射线束。

滤波片一般设置在样品与接收狭缝之间。

整个光路系统应满足以下要求：发散、接收、防散射等各狭缝的中线，X射线源焦线以及Sollar狭缝缝的平行箔片的法线等均应与衍射仪轴平行，并且它们的高度中点、检测器的窗口中心、样品中心以及滤波片中心等均应同在衍射仪的扫描平面上；X射线源焦点 F 到衍射仪轴 O 的距离与 O 到接收狭缝中线 J 的距离相等；样品表面平面以轴 O 转动，且恒与轴 O 重合等。当上述要求满足后，无论入射X射线束对样品表面取怎样的衍射角 θ，衍射X射线束都能近似地聚焦进入接收狭缝中，而衍射角 θ 就等于接收狭缝自零度位置起转过的角度的一半。

7.4.3 X射线强度测量记录系统

X射线粉末衍射仪的X射线强度测量系统由放大器、脉冲幅度分析器、计数率表等单元电路组成，并配用NaI闪烁检测器。

7.4.3.1 X射线检测器

NaI晶体闪烁检测器是各种晶体X射线衍射工作中通用性能最好的检测器。它的主要优点是：对于晶体X射线衍射使用的X射线均具有很高甚至达到100％的量子效率；使用寿命长，稳定性好。

7.4.3.2 脉冲幅度分析器

衍射仪的射线强度测量系统都配置有脉冲幅度分析器，其目的是利用检测器的能量分辨本领对X射线按波长进行有选择性的测量。检测器的能量分辨本领在晶体X射线衍射强度的测量中有重要的价值。

7.4.3.3 计数率表

X射线的强度用脉冲计数率表示，单位为每秒脉冲数（cps）。借助计数率表便能用毫伏记录仪测量记录扫描过程接收到的X射线强度的变化，得到衍射曲线。

7.4.4 衍射仪控制及数据采集分析系统

数字化的X射线衍射仪的运行控制以及衍射数据的采集分析等过程都可以通过计算机系统以在线方式来完成。计算机配有一套衍射仪专用的控制分析操作系统。它包括一系列衍射仪操作的功能程序和许多衍射数据分析的应用程序，还有衍射工作常用数据表、操作步骤的查询程序。

7.5 实验技术

7.5.1 样品制备

准备衍射仪用的样品试片一般包括两个步骤：首先，把样品研磨成适合衍射实验用的粉末；其次，把样品粉末制成有一个十分平整平面的试片。制样及之后安装试片、记录衍射谱图的整个过程中都不允许样品的组成及其物理、化学性质发生变化。只有确保采样的代表性和样品成分的可靠性，衍射射数据才有意义。

7.5.1.1 对样品粉末粒度的要求

任何一种粉末衍射技术都要求样品是十分细小的粉末颗粒，使试样在受光照的体积中有足够多数量的晶粒。因为只有这样，才能满足获得正确的粉末衍射图谱数据的条件，即试样受光照体积中晶粒的取向完全随机分布才能保证用照相法获得的衍射环呈现连续线条，或者才能保证用衍射仪法获得的衍射强度值有很好的重现性。此外，将样品制成很细的粉末颗粒，还有利于抑制晶粒的择优取向，以及在定量解析多相样品的衍射强度时忽略消光和微吸收效应的影响。

7.5.1.2 关于样品试片平面的准备

粉末衍射仪要求样品试片的表面是十分平整的平面。试片装上样品台后，其平面必须能与衍射仪轴重合并与聚焦圆相切。试片表面与真正平面的偏离（表面形状不规则、不平整、凸出或凹下、很毛糙等）会引起衍射线的宽化、位移以及使强度产生复杂的变化等。

粉末、块体、薄膜和纤维样品等都可以利用 X 射线衍射仪来进行物相分析。但是样品的种类与测试目的（定性分析或定量分析）不同，其准备方法也是有差异的。

(1) 粉末 粉末试样必须细小而且没有择优取向（其取向是混乱排列的），所以，通常将试样用玛瑙研钵研细后使用。定性分析中粉末粒度可以粗一些，不超过 350 目（44μm）就可以了。常用的粉末样品架为玻璃试样架，填充区为 20mm×18mm。需要一点一点地充填进去，最终使粉末试样在试样架中均匀分布，并且与玻璃表面齐平。这样还是需要一定量的粉末试样的。而如果这种粉末试样少到不足以填充满玻璃凹槽，则应滴一层用乙酸戊酯稀释的火棉胶溶液，再将粉末试样撒在上面，完全干燥后就可以测试了。

(2) 块体 样品如果是块状的，应该将其表面抛光，测试面小于 20mm×18mm，再用橡皮泥将样品粘在铝样品支架上，表面与铝样品支架表面一致。

(3) 薄膜 X 射线测试的样品如果是薄膜，则应将其剪切为不超过 20mm×18mm 的小块，再用胶带纸粘在玻璃支架上，然后再进行测试。

实际情况可以采用以下几种制样方法：使样品粉末尽可能细，并在装样时用筛子筛入样品框窗孔，再用小抹刀刀口剁实；采用撒落法将样品粉末散落在倾斜放置的黏胶平面上；向样品中添加各向同性物质（如 MgO、CaF$_2$ 等）制成混合物，添加物能起到内标的作用。

7.5.2 实验参数选择

7.5.2.1 发散狭缝

发散狭缝的宽度决定了入射 X 射线束在扫描平面上的发散角 α。依据式(7-11)，样品表面受照区的宽度 L，可以计算得到不同 α 角的发散狭缝所适用的最低的 2θ 角。

$$L = R\sin\theta\sin\alpha / [\sin(\theta+\alpha/2)\sin(\theta-\alpha/2)] = \alpha R/\sin\theta \tag{7-11}$$

7.5.2.2 接收狭缝

接收狭缝是为了限制待测角度位置附近区域之外的 X 射线进入检测器，它的宽度对衍射仪的分辨能力、线的强度以及峰高/背底比有着重要的影响。使用窄的接收狭缝可以获得较好的分辨能力。

7.5.2.3 防散射狭缝

防散射狭缝是光路中的辅助狭缝。此狭缝如果选用得当，可以得到最低的背底，而衍射线强度的降低不超过 2%。

7.5.2.4 扫描方式

扫描方式有连续扫描和步进扫描。多数商品化的 X 射线衍射仪多采用连续扫描方式，其工作效率较高。

7.5.3 原始数据的初步处理

直接从衍射仪得到的数据，是衍射空间的一个剖面的数据，即对应于扫描平面内一系列 2θ 角度位置的 X 射线衍射强度数据。要了解有关物质结构的信息，必须对这些原始数据进行初步处理。计算机或人工处理时应遵循的原则有以下内容：
① 图谱的平滑。
② 背底的扣除和弱峰的辨认。
③ 峰位的确定。

7.5.4 衍射强度的测量

在衍射仪技术中，所测得的计数或计数率对应的是 2θ 位置上的 X 射线强度，称为实验绝对强度，其单位是计数/s(cps)。峰高强度是以减去背景后的峰颠高度代表的衍射峰的强度，通常采用积分强度表示。它代表着相应晶面簇衍射 X 射线的总能量。它的优点是：尽管峰的高度和形状可能随实验条件的不同而变化，但峰的面积却比较稳定，计数统计误差较小。

7.5.5 检索与匹配

在考虑了适当的实验误差以后，合理地使用各种索引，寻找可能符合的 PDF 卡号，抽出卡片与未知样的实验数据核对，必要时应多次反复核对。

7.6　实验内容

7.6.1　YAG 粉末的物相分析

实验目的

（1）巩固学习 X 射线衍射仪的工作原理。

（2）掌握用 X 射线衍射仪定性分析粉末物相的方法。

（3）学习处理 X 射线衍射获得的实验结果。

实验原理

（1）X 射线衍射的基本原理　X 射线物相分析法是根据晶体对 X 射线的衍射特征，即衍射线的位置、强度及数量来鉴定结晶物质物相的一种方法。任何一种结晶体都有其独有的晶体结构。X 射线衍射仪就是利用这个原理来工作的。

X 射线照射到某一种晶体上发生衍射，其衍射花样也是独一无二的。这种独特性可采用各衍射晶面间距 d 和衍射线的相对强度 I/I_0 来表征。衍射晶面间距 d 仅与晶胞的形状和大小相关，I/I_0 则与质点的种类及其在晶胞中的位置有关。因此，晶面间距 d 和衍射线的相对强度 I/I_0 都可以反映一种晶体物质结构，由此可以鉴别这种结晶物质的物相。

（2）X 射线衍射仪结构　X 射线衍射仪包括 X 射线发生器（X 射线管）、测角仪、X 射线探测器、计算机控制处理系统等。

① X 射线管。X 射线管有两种：密闭式和可拆卸式。密闭式 X 射线管包括阴极灯丝、阳极、聚焦罩几个部分，功率为 $1\sim2kW$，使用比较广。可拆卸式 X 射线管的功率更高，达到 $12\sim60kW$，应用范围要窄一些。

X 射线管的阳极靶材有很多种，如 W、Ag、Mo、Co、Cr 和 Cu 等。这些靶材的选择原则是避免其产生的特征 X 射线激发样品的荧光辐射。不适当的靶材会提高衍射花样背底，导致图样模糊。

② 测角仪。测角仪包括索拉光栅、发散狭缝、接收狭缝、防散射狭缝、样品座及闪烁探测器等，它们组成了 X 射线衍射仪的核心。

从 X 射线源 S 发射出来的 X 射线，在水平方向被第一个狭缝（DS）限制后，照射到试样上，由此在试样上产生衍射，并聚焦，这个位置有一个接收狭缝（RS）。还有一个是防散射狭缝（SS），用于使测定不受空气等非试样散射 X 射线的干扰。

③ 记录装置。闪烁计数器（SC）是衍射仪常用的探测器，用来测量 X 衍射线强度。

④ 处理装置。数据处理方式包括平滑点的选择、背底扣除、自动寻峰、d 值计算、衍射峰强度计算等。

（3）实验参数

① 阳极靶。如前所述，阳极靶的选择需考虑试样所含元素，一般都是用 Cu 靶，当然，也可采用 Co、Fe、Mo 等耗材。

② 管电压和管电流。管电压和管电流相乘，称为 X 射线管负荷，该值应低于其最大负荷，正常使用情况下是最大负荷的 80％ 左右。一般选择靶材临界激发电压的 $3\sim5$ 倍作为管电压，而管电流的功率则应低于 X 射线管的额定功率。为了保证 X 射线管的正常使用，延长其寿命，应采用较低的管电流。

③ 发散狭缝（DS）。发散狭缝决定 X 射线水平方向的发散角，限制试样被照射面积。如 DS 较宽，X 射线强度会增加，但低角处入射 X 射线会超出试样的大小范围，照射到试样架，从而出现试样架物质的衍射峰或漫散峰，干扰物相分析。所以，DS 的选择应该依据测定目的而定，其选用角度与防散射狭缝（SS）相同。

④ 接收狭缝（RS）。接收狭缝的宽度一般是 0.15mm、0.3mm、0.6mm，其值会影响衍射线的分辨率。较小的接收狭缝可以得到更高的分辨率，衍射强度也会较低。一般而言，定性分析用 0.3mm 的接收狭缝，定量分析用 0.15mm 的接收狭缝。

⑤ 滤波片。一般情况下，可以根据如下原则来选择滤波片。

$$Z_滤 = Z_靶 - (1\sim2)$$
$$Z_靶 < 40, Z_滤 = Z_靶 - 1$$
$$Z_靶 > 40, Z_滤 = Z_靶 - 2 \quad RS \times DS \times SS$$

⑥ 扫描范围。扫描范围依据测试目的而定，如用 Cu 靶分析无机化合物的物相，扫描范围一般为 $2°\sim90°$（2θ）。而测试对象如果是有机化合物，则扫描范围为 $2°\sim60°$。但是，定量分析和点阵参数测定时，其扫描范围就只有几度了。

⑦ 扫描速度。扫描速度也与测试对象有关系，常规物相定性分析为每分钟 $2°$ 或 $4°$，而对于点阵参数测定、物相定量分析，扫描速度需要很低，即进行精细扫描，这种情况下的扫描速度一般是每分钟 $1/2°$ 或 $1/4°$。

仪器与试剂

（1）仪器　X 射线衍射仪。

（2）试剂　YAG（钇铝石榴石）粉末。

实验步骤

（1）样品制备　粉末试样必须细小而且没有择优取向（其取向是混乱排列的），所以，通常将试样用玛瑙研钵研细后使用。定性分析中粉末粒度可以粗一些，不超过 350 目（$44\mu m$）就可以了。常用的粉末样品架为玻璃试样架，填充区为 $20mm \times 18mm$。需要一点一点地充填进去，最终使粉末试样在试样架中均匀分布，并且与玻璃表面齐平。这样还是需要一定量的粉末试样的。而如果这种粉末试样少到不足以填充满玻璃凹槽，则应滴一层用乙酸戊酯稀释的火棉胶溶液，再将粉末试样撒在上面，完全干燥后就可以测试了。

（2）测量

① 准备和检查。在开机之前，首先将装有试样的玻璃支架插入衍射仪样品架，盖上顶盖并关闭防护罩。然后接通冷却水，关闭 X 射线管窗口，维持管电流、管电压在最小位置，最后接通总电源和稳压电源。

② 开机操作。启动衍射仪总电源，准备灯亮后，接通 X 射线管电源。缓慢升高管电压和管电流至需要值。打开软件，设置衍射条件和参数，使计数管在设定条件下扫描。

③ 停机操作。样品测量完毕后，先缓慢降低管电流、管电压到最小值，然后关闭 X 射线管电源，再取出试样。为了保证冷却效果，15min 后才能关闭循环水泵和水龙头，最后关闭衍射仪总电源、稳压电源及线路总电源。

物相定性分析方法

X 射线衍射仪可用于物相定性分析或者定量分析。定性分析相对粗糙一些，主要的方式有以下几种。

（1）三强线法

① 从前反射区中选取强度最大的三根线，这三根线按 d 值递减次序排列。

② 在数字索引中找到最强线的面间距 d_1 组。

③ 按次强线面间距 d_2 找接近的几列。

④ 检查这几列数据中第三个 d 值与待测样数据的对应情况，然后查看第 4～第 8 强线数据的对应情况，分析这些结果，找出物相及对应的卡片号。

⑤ 找到卡片，将 d 和 I/I_0 值与其对照检查，根据重合情况来判定确定的物相是否属实。如果一致，则检索结束，否则再次排列几个 d 值，重复②～⑤步骤，直到确定其物相。

（2）特征峰法　对于经常使用的样品，应该根据熟悉的谱图特征进行判断。

（3）参考资料　根据专业文献报道的谱图和数据分析测试结果。

（4）计算机检索法　计算机检索也可以很好地应用在测试结果的分析中，但是准确度还有提高的空间。因此对其结论还需要仔细核对，才能够下定论。

数据处理

测试结束，可保存数据以便随时查阅。原始数据的 K_{a2}（衍射峰值）要扣除，还要进行曲线平滑、寻找谱峰等数据处理步骤。也可以将衍射曲线打印出来进行分析鉴定。

注意事项

（1）冷却水要提前打开，延后关闭。

（2）样品要安装平直，不能够倾斜，否则会影响测试结果。

思考题

（1）简述特征 X 射线谱产生的原理。

（2）简述 X 射线衍射仪器的结构、工作原理和应用。

（3）在对 X 射线的谱图进行分析鉴定时，哪些方面是需要特别注意的？

7.6.2　Fe_3O_4 纳米粒子的制备及物相表征

实验目的

（1）巩固学习 X 射线衍射仪的工作原理。

（2）掌握用 X 射线衍射仪定性分析纳米材料物相的方法。

（3）学习处理 X 射线衍射获得的实验结果。

实验原理

X 射线衍射方法可以说是对晶态物质进行物相分析的最权威方法。晶体的 X 射线衍射图谱是对晶体微观结构精细的形象变换，每种晶体结构与其 X 射线衍射图之间有着一一对对应的关系，任何一种晶态物质都有自己独特的 X 射线衍射图，而且不会因为与其他物质混合在一起而发生变化，这就是 X 射线衍射法进行物相分析的依据。多晶 X 射线衍射物相鉴定方法原理简单、容易掌握，应用时不必具有专门的理论基础而且它是一种非破坏性分析，不消耗样品。多晶 X 射线衍射法是对晶态物相进行分析鉴定的"特效"手段，尤其是对同质多相、多型、固溶体的有序-无序转变等的鉴别，现在还没有可以替代它的其他方法。

X 射线衍射标准谱库中的图谱研究是粉体样品，其粒径在 μm 级。而纳米材料的粒径远小于粉体。虽然元素组成完全相同，但颗粒度相差很大，验证纳米材料的物相分析尤为重要。

采用水热法合成 Fe_3O_4 纳米粒子，准确称取 1.10g 的 $FeCl_3 \cdot 6H_2O$ 溶解于 33mL 乙二醇溶液中，磁力搅拌 30min，在搅拌过程中缓慢加入 2.94g 无水乙酸钠和 0.82g 的聚乙二醇-6000，将配制好的溶液置于 50mL 聚四氟乙烯内衬的高压反应釜中，密封处理后置于烘箱，温度控制在 (180 ± 5)℃，水热反应时间为 16h。待反应结束并冷却后，生成的 Fe_3O_4 在外磁场的作用下与母液分离，转移 Fe_3O_4 至烧杯，先用乙醇清洗三次（每次用 50mL），再用纯净水清洗三次后，在 50℃ 条件下真空干燥。对制备的 Fe_3O_4 磁性纳米粒子做 XRD 表征。

实验参数

（1）阳极靶 如前所述，阳极靶的选择需考虑试样所含元素，一般都是用 Cu 靶，当然，也可采用 Co、Fe、Mo 等耗材。

（2）管电压和管电流 管电压和管电流相乘，称为 X 射线管负荷，该值应低于其最大负荷，正常使用情况下是最大负荷的 80% 左右。

（3）发散狭缝（DS） 发散狭缝决定 X 射线水平方向的发散角，限制试样被照射面积。DS 的选择应该依据测定目的而定，其选用角度与防散射狭缝（SS）相同。

（4）接收狭缝（RS） 接收狭缝的宽度一般是 0.15mm、0.3mm、0.6mm，其值会影响衍射线的分辨率。较小的接收狭缝可以得到更高的分辨率，衍射强度也会越低。一般而言，定性分析用 0.3mm 的接收狭缝，定量分析用 0.15mm 的接收狭缝。

（5）滤波片 一般情况下，可以根据如下原则来选择滤波片。

$$Z_滤 = Z_靶 - (1 \sim 2)$$
$$Z_靶 < 40, \ Z_滤 = Z_靶 - 1$$
$$Z_靶 > 40, \ Z_滤 = Z_靶 - 2 \ RS \times DS \times SS$$

（6）扫描范围 扫描范围依据测试目的而定，如用 Cu 靶分析无机化合物的物相，扫描范围一般为 $2° \sim 90°$（2θ）。而测试对象如果是有机化合物，则扫描范围为 $2° \sim 60°$。但是，定量分析和点阵参数测定时，其扫描范围就只有几度了。

（7）扫描速度 扫描速度也与测试对象有关系，常规物相定性分析为每分钟 2° 或 4°，而对于点阵参数测定、物相定量分析，扫描速度需要很低，即进行精细扫描，这种情况下的扫描速度一般是每分钟 1/2° 或 1/4°。

仪器与试剂

（1）仪器 X 射线衍射仪。

（2）试剂 Fe_3O_4 纳米材料。

实验步骤

（1）样品制备 采用水热法合成纳米级 Fe_3O_4，经冷冻干燥确保纳米材料蓬松而不团聚，其粒径为 50nm，远远小于粉体的粒径（44μm）。直接将纳米材料充填玻璃试样架，与玻璃表面齐平后进行测试。

（2）测量

① 准备和检查。在开机之前，首先将装有试样的玻璃支架插入衍射仪样品架，盖上顶盖并关闭防护罩。然后接通冷却水，关闭 X 射线管窗口，维持管电流、管电压在最小位置，最后接通总电源和稳压电源。

② 开机操作。启动衍射仪总电源，准备灯亮后，接通 X 射线管电源。缓慢升高管电压和管电流至需要值。打开软件，设置衍射条件和参数，使计数管在设定条件下扫描。

③ 停机操作。样品测量完毕后，先缓慢降低管电流、管电压到最小值，然后关闭 X 射线管电源，再取出试样。为了保证冷却效果，15min 后才能关闭循环水泵和水龙头，最后关闭衍射仪总电源、稳压电源及线路总电源。

物相定性分析方法

采用计算机检索法，JCPDS 编有多种形式的 PDF 卡索引，可以通过多种方法进行检索，这是使用这一丰富数据库的钥匙。现在可以使用计算机进行 PDF 卡检索，自动解释样品的粉末衍射数据，并已有多种"全自动衍射仪"得到广泛应用。将测定的 Fe_3O_4 谱图与标准谱库中 Fe_3O_4 的标准 X 射线衍射谱图比对。图 7-10 为实验测定的制备纳米级 Fe_3O_4 的 X 射线衍射图。

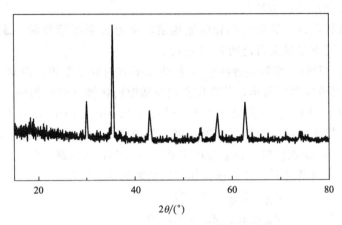

图 7-10 纳米级 Fe_3O_4 的 X 射线衍射图

从 Fe_3O_4 衍射图中可以看出，在 $2\theta = 30.28°$，$35.36°$，$43.18°$，$53.60°$，$57.18°$ 及 $62.56°$ 处的特征峰，分别对应 (220)，(311)，(400)，(422)，(511) 及 (440) 晶面，与标准衍射卡对比，这些衍射峰为面心立方结构 Fe_3O_4 晶体 (JCPDS 89-2355)，说明采用高温水解法制备的 Fe_3O_4 纳米粒子具有典型的反尖晶石结构，且晶体结构完整。

数据处理

测试结束，可保存数据以便随时查阅。原始数据的 $K_{\alpha2}$（衍射峰值）要扣除，还要进行曲线平滑、寻找谱峰等数据处理步骤。也可以将衍射曲线打印出来进行分析鉴定。

注意事项

(1) 冷却水要提前打开，延后关闭。

(2) 样品要安装平直，不能够倾斜，否则会影响测试结果。

思考题

(1) 简述 X 射线衍射谱对样品制备的要求。

(2) 基于 X 射线衍射技术简述组成相同的纳米材料与粉体材料的物相区别。

◆ **参考文献** ◆

[1] 赵藻藩.仪器分析 [M].北京：高等教育出版社，1990.

［2］　吴瑾光.近代傅里叶变换红外光谱技术及应用（上，下卷）［M］.北京：科学技术文献出版社，1994.

［3］　方惠群，史坚，倪君蒂.仪器分析原理　［M］.南京：南京大学出版社，1994.

［4］　陆家和，陈长彦.现代分析技术　［M］.北京：清华大学出版社，1995.

［5］　黄量，于德泉.紫外光谱在有机化学中的应用　［M］.北京：科学出版社，1998.

［6］　陈培榕，邓勃.现代仪器分析实验与技术　［M］.北京：清华大学出版社，1999.

［7］　张剑荣，戚苓，方惠群.仪器分析实验　［M］.北京：科学出版社，1999.

［8］　梁逸曾，俞汝勤.分析化学手册：第十分册化学计量学　［M］.北京：化学工业出版社，2000.

［9］　刘密新，罗国安，张新荣，等.仪器分析　［M］.北京：清华大学出版社，2002.

［10］　孟令芝，龚淑玲，何永炳.有机波谱分析　［M］.武汉：武汉大学出版社，2003.

［11］　邓芹英，刘岚，邓慧敏.波谱分析教程　［M］.北京：科学出版社，2003.

［12］　刘志广，张华，李亚明.仪器分析　［M］.大连：大连理工大学出版社，2004.

［13］　李克安.分析化学教程　［M］.北京：北京大学出版社，2005.

［14］　张华.现代有机波谱分析　［M］.北京：化学工业出版社，2005.

［15］　祁景玉.现代分析测试技术　［M］.上海：同济大学出版社，2006.

［16］　刘约权.现代仪器分析　［M］.北京：高等教育出版社，2006.

［17］　孙毓庆，胡育筑.分析化学　［M］.北京：科学出版社，2006.

［18］　大连理工大学分析化学教研室.分析化学　［M］.大连：大连理工大学出版社，2006.

［19］　叶宪曾，张新祥.仪器分析教程　［M］.北京：北京大学出版社，2007.

［20］　宦双燕.波谱分析　［M］.北京：中国纺织出版社，2008.

［21］　华中师范大学，东北师范大学，陕西师范大学，等.分析化学（上、下册）　［M］.北京：高等教育出版社，2011.

［22］　武汉大学.分析化学（上、下册）　［M］.北京：高等教育出版社，2011.

［23］　王鹏，冯金生.有机波谱　［M］.北京：国防工业出版社，2012.

［24］　吴国祯.拉曼谱学：峰强中的信号　［M］.北京：科学出版社，2013.

［25］　刘庆锁，孙继兵，陆翠敏.材料现代测试分析方法　［M］.北京：清华大学出版社，2014.

［26］　雷振坤，仇巍，亢一澜.微尺度拉曼光谱实验力学　［M］.北京：科学出版社，2015.

［27］　杜一平.现代仪器分析方法　［M］.上海：华东理工出版社，2015.

［28］　高新华，宋武元，邓赛文，等.使用X射线光谱分析　［M］.北京：化学工业出版社，2016.

［29］　王玉枝，张正奇，宦双燕.分析化学　［M］.北京：科学出版社，2016.

［30］　张剑荣，戚苓，方惠群.仪器分析实验　［M］.北京：科学出版社，1999.

［31］　赵文宽.仪器分析实验　［M］.北京：高等教育出版社，1999.

［32］　苏克曼，张济新.仪器分析实验　［M］.北京：高等教育出版社，2005.

［33］　孙毓庆，严拯宇，范国荣，等.分析化学实验　［M］.北京：科学出版社，2008.

［34］　胡坪.仪器分析实验　［M］.北京：高等教育出版社，2016.

［35］　唐杰，杨莉容，刘畅.材料现代分析测试方法实验　［M］.北京：化学工业出版社，2017.

［36］　任雪峰.仪器分析实训教程　［M］.北京：科学出版社，2017.

第3章

气相色谱

第二部分

色 谱 分 析

第8章

色谱法概述

8.1 色谱分离分析法的发展

色谱是现代分离分析的一个重要方法，也是一门新兴学科，近40年来，色谱学各分支学科，如气相色谱、液相色谱、毛细管电色谱、薄层色谱、凝胶渗透色谱等都得到深入的研究，并广泛地用于许多领域，如石油化工、有机合成、生理生化、医药卫生，乃至空间探索等，无不运用色谱技术来解决各种分析分离问题。各种与色谱有关的联用技术的出现，比如色谱-质谱联用和色谱-红外光谱联用等，开辟了复杂混合物分析检测的新天地。

色谱还渗入到催化机理、吸附动力学、化学反应动力学、溶液理论研究等方面，揭示了物理化学领域内的某些基本现象和规律的微小差异。色谱法已经成为人们认识客观世界必不可少的分析工具，同时也已成为生物活性物质分离纯化的最重要手段之一。色谱学在不断丰富、提高、发展的实践过程中，已经成为一门独立的学科。国内外都出版了许多有关色谱技术及原理的杂志与专著。

经典的液-固色谱是最先创立的色谱方法，但经典的液相色谱柱多是采用碳酸钙、硅胶、氧化铝填充的玻璃柱管。流动相加在柱管上端，受地球吸引力的作用顺流而下，组分的检测则依靠目视观察或将吸附剂从柱管里取出分析。自俄国植物学家茨维特（Tswett）创立液-固色谱以后50多年的时间里，液-固色谱装置并无实质性的改进，其进展比较缓慢。但到20世纪60年代，基于经典液-固色谱提出的气相色谱达到了迅速的发展，但由于分析物必须气化，导致气相色谱面临着很多挑战。随着人们在气相色谱方面知识的积累，采用高压输液泵及光学检测器，并制作出多种高效微粒填充剂，大大提高了液相色谱的分析能力，加快了液相色谱的分析速度，70年代又出现了采用自动电导检测器的新型离子交换色谱法，从而使液相色谱无论是技术上还是在仪器上，都产生了一个新的飞跃。目前，气相色谱与液相色谱并驾齐驱，相辅相成，二者各自都有其驰骋的领域。80年代末期，又产生了毛细管电泳分析技术。这几种分离分析方法已经成为化学家、生物学家分析复杂混合物不可缺少的手段。色谱作为一种分析方法，其最大特点在于能将一个复杂的混合物分离为各个有关的组成，然后一个个地检测出来，因此它是成分分析和结构测定的重要手段。

8.2　色谱分析法的分类

色谱分析法是利用在固定相和流动相之间相互作用的平衡场内物质行为的差异，从多组分混合物中使单一组分互相分离，继而进行定性检出和鉴定、定量测定和记录的分析方法。

色谱分析法的种类较多，通常根据出发点的不同进行分类。

8.2.1　按两相的状态分类

在色谱分析中有流动相和固定相两相。所谓流动相就是色谱分离过程中携带组分向前移动的物质。固定相就是色谱分离过程中不移动的具有吸附活性的固体或是涂在固体载体表面上的固定液。用液体作为流动相的称为液相色谱分析法，用气体作为流动相的称为气相色谱分析法。

又因固定相也有两种状态，按照使用流动相和固定相的不同，可将色谱分析法分为：液-固色谱分析法，即流动相为液体，固定相为具有吸附活性的固体；液-液色谱分析法，即流动相为液体，固定相为液体；气-固色谱分析法，即流动相为气体，固定相为固体。

8.2.2　按色谱分离机理分类

8.2.2.1　吸附色谱分析法

吸附色谱分析法是固定相为吸附剂，利用吸附剂对不同组分吸附性能的差别进行色谱分离和分析的方法。这种色谱分析法根据使用的流动相不同，又可分为气-固吸附色谱分析法和液-固吸附色谱分析法。

8.2.2.2　分配色谱分析法

分配色谱分析法是利用不同组分在流动相和固定相之间分配系数（或溶解度）的不同而进行分离和分析的方法，根据使用的流动相不同，又可分为液-液分配色谱分析法和气-液分配色谱分析法。

8.2.2.3　离子交换色谱分析法

离子交换色谱分析法是用一种能交换离子的材料为固定相来分离离子型化合物的色谱方法。这种色谱分析法广泛应用于无机离子、生物化学中各种核酸衍生物、氨基酸等的分离。

8.2.2.4　凝胶色谱分析法

凝胶色谱分析法是利用某些凝胶对不同组分分子的大小不同而产生不同的滞留作用，以达到分离的色谱方法。这种色谱分析法主要用于较大分子的分离，也称为筛析色谱分析法和尺寸（空间）排阻色谱分析法。

8.2.3　按固定相的性质分类

8.2.3.1　柱色谱分析法

柱色谱分析法分两大类：一类是将固定相装入色谱柱内，称为填充柱色谱分析法；另一类是将固定相涂在一根毛细管内壁而毛细管中心是空的，称为开管型毛细管柱色谱分析法。

先将固定相填满一根管子内，再将管子拉成毛细管或再将固定液涂于管内载体上，称为填充型毛细管柱色谱分析法。

8.2.3.2 纸色谱分析法

纸色谱分析法是以纸为载体，以纸纤维吸附的水分（或吸附的其他物质）为固定相，样品点在纸条的一端，用流动相展开以进行分离和分析的色谱分析法。

8.2.3.3 薄层色谱分析法

薄层色谱分析法是将吸附剂（或载体）均匀地铺在一块玻璃板或塑料板上形成薄层，在此薄层上进行色谱分离的方法。

8.3 色谱分离分析基本理论

8.3.1 基本术语

色谱柱流出物通过检测器系统时所产生的响应信号对时间或流动相流出体积的曲线图，称为色谱图（图 8-1）。

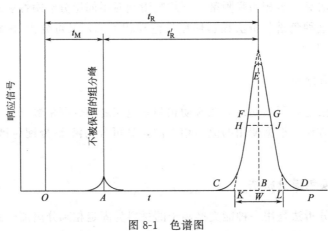

图 8-1 色谱图

（1）基线 在正常操作条件下仅有流动相通过检测器系统时的响应信号曲线（图 8-1 中 OP）。

（2）色谱峰 色谱柱流出组分通过检测器系统时所产生的响应信号的微分曲线（图 8-1 中 CHFEGJD 所成的曲线）。

（3）峰底 峰的起点与终点之间连接的直线（图 8-1 中的 CD）。

（4）峰高（h） 从峰最大值到峰底的距离（图 8-1 中 BE）。

（5）峰宽（w） 在峰两侧拐点（F，G）处所作切线与峰底相交两点间的距离（图 8-1 中 KL）。

（6）半高峰宽（$W_{h/2}$） 通过峰高的中点作平行于峰底的直线，此直线与峰两侧相交点之间的距离（图 8-1 中 HJ）。

(7) 峰面积 (A)　峰与峰底之间的面积（图 8-1 中 $CHFEGJDC$ 所围成的面积）。

(8) 标准偏差 (σ)　峰高 0.607 处色谱峰宽度的一半（图 8-1 中 $FG/2$）。

(9) 保留值　保留值是表示被测组分在柱中停留时间的数值，常用以下各值表示：

① 死时间 (t_M)　不被固定相滞留的组分，从进样到出现峰最大值所需的时间。气相色谱中，常用空气或甲烷来测 t_M。

② 保留时间 (t)　组分从进样到出现峰最大值所需的时间。

③ 调整保留时间 (t'_R)　减去死时间的保留时间。

$$t'_R = t_R - t_M \tag{8-1}$$

④ 校正保留时间 (t°_R)。

上述时间的单位均以 min 表示。也可用体积代替时间来表征保留值。

(10) 相对保留值 ($r_{i,s}$)　在相对操作条件下，组分与参比组分的调整保留值之比。

$$\gamma_{i,s} = \frac{t'_{R(i)}}{t'_{R(s)}} = \frac{V'_{R(i)}}{V'_{R(s)}} = \frac{t_{R(i)}}{t_{R(s)}} \tag{8-2}$$

式中　$t'_{R(i)}$，$t'_{R(s)}$ ——组分和参比组分的调整保留时间，s；

$\quad\quad\ $ $V'_{R(i)}$，$V'_{R(s)}$ ——组分和参比组分的调整保留体积，mL。

$\quad\quad\ $ $t_{R(i)}$，$t_{R(s)}$ ——组分和参比组分的保留时间，s。

(11) 相比率 (β)　色谱柱中气相体积 (V_G) 与液相体积 (V_L) 之比。

$$\beta = \frac{V_G}{V_L} \tag{8-3}$$

(12) 分配系数 (K)　在平衡状态时，组分在固定相与流动相中的浓度之比。

$$K = \frac{c_L}{c_G} \tag{8-4}$$

式中，c_L 为组分在固定相中的浓度；c_G 为组分在流动相中的浓度。

(13) 容量因子 (k')　又称分配比、分配容量，定义为平衡状态时组分在固定相中的质量 (p) 与组分在流动相中的质量 (q) 之比。

$$k' = \frac{p}{q} = K\frac{V_L}{V_G} = \frac{K}{\beta} = \frac{t'_R}{t_M} = \frac{V'_R}{V_M} \tag{8-5}$$

由上述各式可得到分配系数与保留时间的关系如下：

$$t_R = t_M\left(1 + K\frac{V_L}{V_G}\right)$$

$$t'_R = t_M K\frac{V_L}{V_G} \tag{8-6}$$

8.3.2　塔板理论及柱效

塔板理论把色谱柱比拟为一个蒸馏塔，每个塔板的高度为 H，称为理论塔板高度。当物质进入柱内就在两相间进行分配，并假设：

① 所有组分开始都进入零块塔板，组分的纵向扩散可以忽略，流动相按前进方向通过柱子。

② 流动相以脉冲式进入柱子，每次进入柱子的最小体积就是一个塔板的体积。

③ 在每块塔板内，组分在两相间能达到瞬间分配平衡。

④ 分配系数在每块塔板上都是常数，与组分在塔板中的浓度无关。按照这种假设，对

于一根长为 L 的色谱柱,溶质平衡的次数应为:

$$n = \frac{L}{H} \tag{8-7}$$

式中,n 称为理论塔板数;H 为溶质平衡高度。

按照塔板理论,理论塔板数与色谱参数之间的关系为:

$$n = 5.54 \left(\frac{t_R}{W_{h/2}}\right)^2 = 16 \left(\frac{t_R}{W}\right)^2 \tag{8-8}$$

当组分在柱上的 t_R、W 和 $W_{h/2}$ 测定后,即可计算出该柱的理论塔板数。由于同一柱上不同组分的 t_R、W 和 $W_{h/2}$ 不同,所计算出的 n 不同。因此,当测定柱子的理论塔板数时,应说明是以什么物质进行测定。H 的单位用 cm 或 mm 表示。$W_{h/2}$ 越窄,n 越大,H 越小,柱效率(柱效)越高。一般填充柱 $n > 10^3$,H 约为 1mm,毛细管柱的 $n > 10^4$,H 为 $0.5 \sim 0.1$mm。

用 t'_R 代替 t_R,所得塔板数和塔板高度称为有效塔板数 n_{eff} 和有效塔板高度 H_{eff}。

$$n_{eff} = 5.54 \left(\frac{t'_R}{W_{h/2}}\right)^2 = 16 \left(\frac{t'_R}{W}\right)^2$$

$$H_{eff} = \frac{L}{n_{eff}} \tag{8-9}$$

当 k' 一定时,n_{eff} 与 n 的关系为:

$$n_{eff} = n \left(\frac{k'}{k'+1}\right)^2 \tag{8-10}$$

8.3.3 理论塔板数与分离度的关系

理论塔板数或理论塔板高度可衡量柱效率,n 越大或 H 越小,则柱效率越高,因此,n 或 H 可作为评价柱效率的指标。但 n、H 只是根据单一组分的 t_R 和 W 计算出来以说明其柱效的,而对于一个多组分的混合物在柱中的分离情况,却不能加以判断。为了表征相邻两组分的分离程度,提出分离度这个概念。

分离度(R)是指两种的最难分离组分的分离程度。

$$R = 2 \left(\frac{t_{R(2)} - t_{R(1)}}{W_2 + W_1}\right) \tag{8-11}$$

实验结果证明,$R < 0.8$ 时,两组分不能完全分离;$R = 1.5$ 时,两组分可以达到完全分离。因此,R 值越大,分离效果越好。

8.3.4 速率理论及色谱峰展宽

塔板理论是从热力学角度来处理色谱过程的,而在色谱分离过程中,力学平衡是动态而瞬时的,其全过程是一个动力学过程。1956 年,范第姆特(Van Deemter)等以气相色谱为对象提出速率理论,认为色谱过程受涡流扩散、分子扩散、两相间传质阻力等影响。根据以上三种因素对塔板高度 H 的影响,导出了速率方程即范第姆特方程式:

$$H = A + B/u + Cu \tag{8-12}$$

式中,A 为涡流扩散项;B/u 为分子扩散项;Cu 为传质阻力项;u 为载气线速度。

8.3.4.1 涡流扩散相

流动相由于受到固定相的阻碍，不断改变运动的方向，发生类似"涡流"，使同一组分流出柱的时间有差异，如图 8-2 所示，从而引起峰扩展。扩展程度用下式表示：

$$A = 2\lambda d_p \tag{8-13}$$

式中，A 为峰扩展程度；λ 为固定相填充不均匀因子，填充越不均匀，λ 越大，$\lambda = 1 \sim 8$；d_p 为固定相平均颗粒直径，cm。涡流扩散与流动相无关，只与固定相颗粒大小及填充的均匀性有关，填充越不均匀，颗粒直径越大，则峰扩展严重，H 增大，柱效率降低。但 d_p 太小也会使流动相的传质阻力增大，柱效降低，因此一般用 0.18～0.25mm 或 0.25～0.32mm 的填充物较合适。

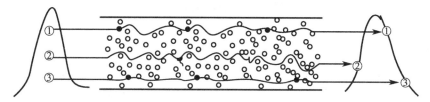

图 8-2 涡流扩散使峰展宽

①，②，③—所分析的组分

8.3.4.2 分子扩散项

分子扩散项是由组分在流动中的浓度差所引起的。样品进入柱子后不是立即充满全部柱子，而是形成浓度梯度，分子从高浓度向低浓度扩散，这种扩散沿柱的纵向进行，故也称分子纵向扩散（图 8-3），用下式表示：

$$B = 2\gamma D_g \tag{8-14}$$

式中，B 为分子扩散项系数；γ 为因颗粒大小不规则引起流动相扩散路径弯曲的因子，简称弯曲因子，对填充柱 $\gamma < 1$；D_g 为组分分子在载气中的扩散系数，cm^2/s。D_g 随组分的性质、柱温、柱压和和载气性质不同而不同。组分分子量大，扩散不易，故 D_g 小。D_g

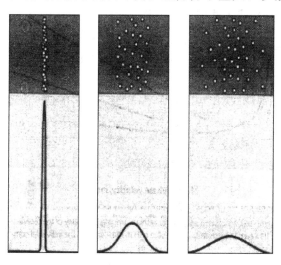

图 8-3 分子纵向扩散使峰展宽

与载气分子量的平方根成反比。对一定样品来说，采用分子量较大的氮气作载气，D_g 很小。由于液相扩散系数 D_1 仅为 D_g 的 $10^{-5} \sim 10^{-4}$ 倍，故组分在液相中的纵向扩散可忽略不计。载气线速 u 较大时，分子扩散项变得很小，所以色谱峰扩展与载气线速成反比。

8.3.4.3 传质阻力项

传质阻力能使组分在固定相和流动相中的浓度产生偏差。传质阻力项 Cu 包括液相传质阻力项和气相传质阻力项，所以 $C = C_1 + C_g$，C_1 称为液相传质阻力系数，C_g 称为气相传质阻力系数。

气相传质阻力就是组分分子从气相到两相界间进行交换时的传质阻力，这个阻力会使柱子的横断面上的浓度分配不均匀。这种传质阻力越大，所需的时间就越长，浓度分配就越不均匀，峰扩展就越严重。气相传质阻力系数表示为：

$$C_g = \frac{0.01 k'^2 d_p^2}{(1+k')^2 D_g} \tag{8-15}$$

式中，k' 为容量因子（即组分在固定相中的停留时间与不保留组分的停留时间之比）；D_g 为组分在气相中的扩散系数，cm^2/s；d_p 为固定相平均颗粒直径，cm。故在快速气相色谱中采用 C_g 大的 H_2 或 He 作载气，有利于减小气相传质阻力，使柱效率提高。但载气线速增大，可使气相传质阻力增大，使柱效降低。

液相传质阻力是组分从气液界面扩散到液相内部发生质量交换，达到平衡后又返回气液界面的传质阻力，在整个传质过程中受到阻力越大，需要的时间就越长，与未进入液相的分子间的距离就越远，色谱峰扩展就越严重。液相传质阻力系数表示为：

$$C_1 = \frac{2k'}{3(1+k')^2} \times \frac{d_r^2}{D_1} \tag{8-16}$$

式中，k' 为容量因子；d_r 为固定液液膜的厚度；D_1 为组分在固定液中的扩散系数，cm^2/s。很显然，固定液液膜厚度大，液相传质阻力也大。D_1 越大，C_1 就越小，因此选择低固定液含量，可使液相传质阻力减小，以提高柱效率。此外，C_1 还与固定液的性质、组分的性质、柱温以及载气流速有关。

将式(8-13)～式(8-16) 代入式(8-12)，得：

$$H = 2\lambda d_p + \frac{2\gamma D_g}{u} + \frac{2k'u}{3(1+k')^2} \times \frac{d_r^2}{D_1} + \frac{0.01 k'^2 d_p^2 u}{(1+k')^2 D_g} \tag{8-17}$$

这个方程为范第姆特方程，式(8-12) 是它的简式。

除了 u 以外的实验参数都视作常数时，Van Deemter 方程可简写为：

$$H = A + B/u + C_m u + C_s u = A + B/u + Cu \tag{8-18}$$

由式(8-18) 知，流动相线速度 u 一定时，仅在 A、B、C 较小时，塔板高度 H 才能较小，柱效才能较高；反之柱效较低，色谱峰将展宽。

由图 8-4 可知，H-u 曲线有一最低点，与最低点所对应的塔板高度 H 值最小（即 H_{min}），该点所对应的线速度为最佳线速 u_{opt}，此时可得到最高的柱效。

最小塔板高度和最佳线速可通过对式(8-18) 微分，并令其等于 0，求得：

$$\frac{dH}{du} = -\frac{B}{u^2} + C = 0$$

$$u_{\text{opt}} = \sqrt{\dfrac{B}{C}} \tag{8-19}$$

$$H_{\min} = A + 2\sqrt{BC} \tag{8-20}$$

Van Deemter 方程对于选择色谱最佳分离条件具有普遍指导意义，它表明了色谱柱填充的均匀程度、载体颗粒的大小、流动相的种类和线速、固定液膜厚度及柱温等对柱效的影响。

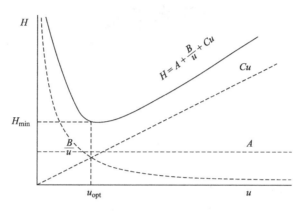

图 8-4 H-u 曲线

第9章

气相色谱法

9.1 引言

气相色谱法（gas chromatography，GC）是一种以气体为流动相，适用于分离、分析气体和可挥发性物质的柱色谱方法。它又可分为气-液色谱法和气-固色谱法。它的原理简单，操作方便，强有力的分离能力被用于分离性质极相似的物质，如同位素、同分异构体、对映体以及组成极复杂的混合物，如石油、环境污染水样及天然精油等。气相色谱法的分离能力主要是通过选择高选择性固定相和增加理论塔板数及使用高灵敏度的检测器来达到，其检测下限可达 $10^{-14} \sim 10^{-12}$ g，是痕量分析不可缺少的工具之一。例如，它可检测食品中 10^{-9} 数量级的农药残留量、大气污染中 10^{-12} 数量级的污染物等。

气相色谱分析法按色谱柱的类型不同，又可分为填充柱气相色谱分析法和毛细管柱气相色谱分析法。毛细管柱气相色谱分析法又可分为开管型毛细管柱气相色谱分析法和填充型毛细管柱气相色谱分析法。由于毛细管柱气相色谱分析法在对复杂物质的分离与分析上显示出一系列的优越性，其应用日益广泛，目前已成为色谱学科中的一个重要分支。

气相色谱分析法由于气体黏度小、传质速率高、渗透性强，有利于高效快速的分离。气相色谱分析法具有如下特点：

（1）高效能　在较短的时间内能够同时分离和测定极为复杂的混合物，如含有100多个组分的烃类混合物的分离分析。

（2）高选择性　能分离、分析性质极为相近的物质，如有机物中的顺、反异构体和手性物质等。

（3）高灵敏度　可以分析 $10^{-13} \sim 10^{-11}$ g 的物质，特别适合于微量分析和痕量分析。

（4）高速度　一般只需几分钟到几十分钟便可完成一个分析周期。

（5）应用范围广　可以分析气体、易挥发的液体和固体及包含在固体中的气体。一般情况下，只要沸点在500℃以下，且在操作条件下热稳定性良好的物质，原则上均可用气相色谱分析法进行分析。对于受热易分解和挥发性低的物质，如果通过化学衍生的方法使其转化为热稳定和高挥发性的衍生物，同样可以实现气相色谱的分离与分析。

气相色谱不适用于大部分沸点高和热不稳定的化合物以及腐蚀性能和反应性能较强的物质，有15%～20%的有机化合物能用气相色谱分析法进行分析。

9.2　气相色谱法基本原理

GC 主要是利用物质的沸点、极性及吸附性质的差异来实现混合物的分离，其过程如图 9-1 所示。待分析样品在汽化室汽化后被惰性气体（即载气，也叫流动相）带入色谱柱，柱内含有液体或固体固定相，由于样品中各组分的沸点、极性或吸附性能不同，每种组分都倾向于在流动相和固定相之间形成分配或吸附平衡。但由于载气是流动的，这种平衡实际上很难建立起来。也正是由于载气的流动，使样品组分在运动中进行反复多次的分配或吸附/解吸附，结果是在载气中浓度大的组分先流出色谱柱，而在固定相中分配浓度大的组分后流出。当组分流出色谱柱后，立即进入检测器。检测器能够将样品组分转变为电信号，而电信号的大小与被测组分的量或浓度成正比。当将这些信号放大并记录下来，即为气相色谱图。

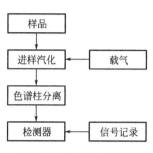

图 9-1　气相色谱仪的流程图

气相色谱法分离的原理主要是基于组分与固定相之间的吸附或溶解作用，相邻两组分之间分离的程度，既取决于组分在两相间的分配系数，又取决于组分在两相间的扩散作用和传质阻力，前者与色谱过程的热力学因素有关，后者与色谱过程的动力学因素有关。气相色谱的两大理论——塔板理论和速率理论分别从热力学和动力学的角度阐述了色谱分离效能及其影响因素。

9.2.1　气相色谱的塔板理论

塔板理论是在对色谱过程进行多项假设的前提下提出的。它的贡献在于借助于化工中塔板理论的概念推导出流出曲线方程：

$$c = \frac{W}{V_R} \frac{\sqrt{n}}{\sqrt{2\pi}} e^{-\frac{n}{2}\left(1-\frac{V}{V_R}\right)^2} \tag{9-1}$$

式中，c 是气相中组分的浓度；W 是进样量；V_R 是组分的保留体积；V 是载气体积；n 是理论塔板数。式(9-1) 即为流出曲线方程式，是塔板理论的基本方程式。它是以体积 V 作为变数，表示流出组分浓度变化的方程。当 n 值很大时，式(9-1) 为一个正态分布（高斯分布）方程，其对应的图形如图 9-2 所示。此方程与实际色谱峰图形较符合，由塔板理论计算出的反映分离效能的理论塔板数，可用于评价实际分离的效果。

由上述流出曲线方程可以推导出理论塔板数 n 的计算公式：

$$n = 5.54 \left(\frac{V_R}{y_{1/2}}\right)^2 = 5.54 \left(\frac{t_R}{y_{1/2}}\right) \tag{9-2}$$

式中，n 是理论塔板数；V_R 是组分的保留体积；t_R 是组分的保留时间；$y_{1/2}$ 是半峰宽。

从流出曲线方程［式(9-1)］可以看出，当 $V=V_R$ 时，组分浓度（c）为极大值，这时组分的最大浓度（色谱峰的峰高 h）正比于进样量（W）和理论塔板数（n），反比于保留体积（V_R），即进样量越大，色谱峰越高，保留体积越大，谱峰越低。当保留值、进样量一定时，柱效越高，色谱峰越高。而当进样量一定时，早流出的色谱峰高且窄，后流出的色谱峰

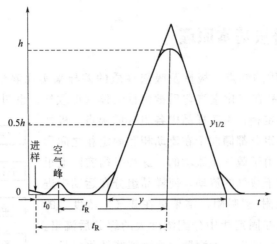

图 9-2　典型微分色谱图

低且宽。因此，在实际工作中可利用塔板理论来进行色谱条件的选择。综上所述，塔板理论在解释色谱流出曲线、最大浓度位置以及理论塔板数的计算等方面都是成功和有效的。它的不足之处在于，没有阐明影响分离效能（n）的本质，也解释不了载气流速对理论塔板数的影响这一实验事实。

9.2.2　气相色谱的速率理论

速率理论是在对色谱过程动力学因素进行研究的基础上提出的，考虑到在色谱分离过程中影响柱效的涡流扩散、分子扩散以及气相和液相传质阻力，建立了速率理论方程：

$$H = 2\lambda d_p + \frac{2\gamma D_G}{u} + 0.01\frac{k^2 d_p^2}{(1+k)^2 D_G}u + \frac{2k^2 d_f^2}{3(1+k)^2 D_L}u \tag{9-3}$$

或简化为

$$H = A + \frac{B}{u} + C_G u + C_L u \tag{9-4}$$

式中，H 是理论塔板高度（塔高）；d_p 是载体平均直径；u 是载气线速度；k 是分配比；d_f 是固定液膜厚度；D_G 是组分气相扩散系数；D_L 是组分液相（固定液）扩散系数；λ 是填充不规则因子；γ 是弯曲因子。

实际上，从式（9-3）不难看出，色谱分离效能的高低除与保留值（t_R）有关外，还与色谱峰的半宽度（$y_{1/2}$）有关，而色谱峰的宽度受载气流速、传质、扩散等动力学因素控制。

式（9-4）中的 A 表示涡流扩散项系数，与载气流速变化无关；B 为分子扩散项系数，C_G 为气相传质阻力系数，表示气-液或气-固两相进行质量交换时的阻力，C_L 为液相传质阻力系数。

从速率理论方程［式（9-3）或式（9-4）］可以看出，影响板高的因素很多，但当色谱体系选定后，唯一的变数就是载气线速度 u。当线速度较小时，$C_G u$ 和 $C_L u$ 两项对板高的贡献可以忽略，此时分子扩散项是影响板高的主要因素；当线速度较大时，B 项对板高的贡献可以忽略，这时传质阻力项起主要作用。因此，当分子扩散项及传质阻力项对板高影响最小时柱效率最高，这时对应一最佳线速度 u_{opt}，如图 9-3 所示，在实际工作中应考虑最佳线速

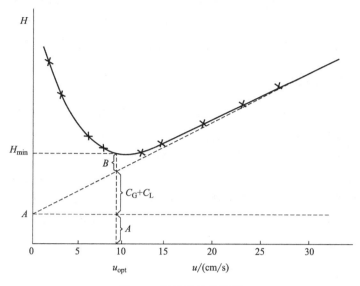

图 9-3　最佳流速曲线图

度这一重要因素。

9.3　仪器的结构及原理

　　气相色谱仪的流动相为气体，称作载气，常用的载气和辅助气有 N_2、H_2、He、Ar、空气和氧气等。气相色谱仪基本构造如图 9-4 所示，载气由高压钢瓶供给，也可由专门的设备生产供气。先把高压钢瓶供给的载气经减压阀减压，再用净化干燥管净化，通过气流调节阀（稳压阀）和转子流量计调节柱前流量和压力至适当值，进入汽化室、色谱柱和检测器。试样从进样器注入高温的汽化室后，立即汽化并被载气带入一定温度的色谱柱进行分离。分离后的组分依次进入检测器，产生的信号经放大后在记录仪上记录下来，得到色谱图。

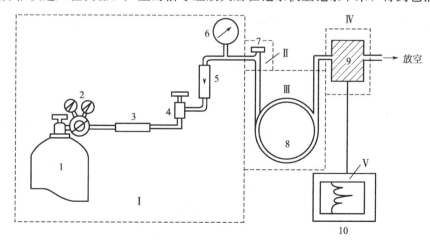

图 9-4　气相色谱仪基本构造示意图

1—高压钢瓶；2—减压阀；3—载气净化干燥管；4—稳压阀；5—流阀；6—压力表；
7—汽化室；8—色谱柱；9—检测器；10—色谱记录与处理系统

气相色谱仪主要由气路系统Ⅰ、进样系统Ⅱ、分离系统Ⅲ、检测系统Ⅳ、记录系统Ⅴ和温控系统 6 个基本单元组成。组分能否分离，色谱柱是关键，而经色谱柱分离后的组分能否产生信号则取决于检测器的性能和种类，因此，分离系统和检测系统是气相色谱仪的核心。

9.3.1　气路及进样系统

载气由高压气瓶或气体发生器供给，经压力调节器减压和稳压，以稳定流量进入汽化室、色谱柱、检测器后放空。常用载气有氢气、氮气和氦气。氢气主要用于热导检测器，氮气主要用于氢火焰离子化检测器，氦气用于质谱检测器。

进样是用注射器（或其他进样装置）将样品迅速而定量地注入汽化室汽化，再被载气带入柱内分离。要想获得良好分离，进样速度应极快，样品应在汽化室内瞬间汽化。常用注射器规格为 $0.5\sim50\mu L$，即微量注射器。毛细管柱内径细，固定液膜厚度薄，因此样品容量很小。对液体样品，一般进样量为 $10^{-3}\sim10^{-2}\mu L$，气体样品为 $10^{-7}mL$。

9.3.2　分离系统

色谱柱是气相色谱仪的核心，各组分在其中进行分离。它由柱管及装在其中的固定相组成。现代气相色谱仪均使用柱效率较高的毛细管色谱柱。常用商品毛细管柱的内径有 0.53mm、0.32mm 和 0.25mm 等几种规格，长度为 $10\sim30m$。它的固定液直接涂在或通过化学交联键合在预先经过处理的管壁上。

要使样品中各组分得到良好分离，主要依赖于固定液的选择。实际工作中遇到的样品往往比较复杂、多变，因此选择固定液无严格规律可循，一般凭经验规则，或根据文献资料选择。在充分了解样品性质的基础上，尽量使固定液与样品中组分之间有某些相似性，使两者之间作用力增大，从而有较大的分配系数的差别，以实现良好分离。

9.3.3　检测系统

检测器是一种检测柱后流出物质成分和浓度变化的装置。它利用载气和被分析组分的化学性质和物理性质，将流出物质成分和浓度的变化转变成可测量的电信号，然后输入记录器记录下来，经放大后记录为色谱图。

根据检测器的响应特性，气相色谱检测器可分为浓度型和质量型两大类。

9.3.3.1　浓度型检测器

响应信号与载气中组分的瞬间浓度呈线性关系，峰面积与载气流速成反比。常用的浓度型检测器有热导检测器和电子捕获检测器。

（1）热导检测器　热导检测器（TCD）具有结构简单、性能稳定、灵敏度适中、线性范围宽、不破坏样品、应用广泛，对无机物和有机物都能进行分析，适宜于常量分析及含量在 $10^{-5}g$ 以上的组分分析等特点，是一种通用型检测器。

TCD 的结构如图 9-5 所示，它是由池体和热敏元件等组成，池体内装两根电阻相等（$R_1=R_2$）的热敏元件（钨丝、铼钨丝或热敏电阻）构成参比池和测量池，它们与两固定电阻 R_3 和 R_4 组成惠斯顿电桥，如图 9-6 所示。在电桥平衡时，有 $R_1R_4=R_2R_3$，当两池体中只有恒定的载气通过时，从热敏元件上带走的热量相同，两池体电阻变化也相同，$\Delta R_1=$

ΔR_2，所以 $(R_1+\Delta R_1)R_4=(R_2+\Delta R_2)R_3$，电桥仍处于平衡状态，记录仪输出一条直线。

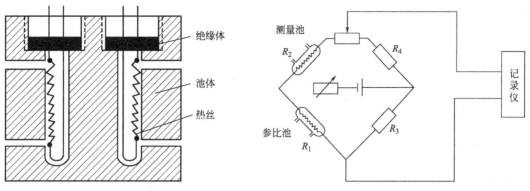

图 9-5 热导检测器示意图　　　　图 9-6 双臂热导电池电路原理

当样品经色谱柱分离后，随载气通过测量池时，由于样品各组分与载气的热导率不同，它们带走的热量与参比池中仅由载气通过时带走的热量不同，即 $\Delta R_1\neq\Delta R_2$，所以 $(R_1+\Delta R_1)R_4\neq(R_2+\Delta R_2)R_3$，电桥平衡被破坏，因而记录仪上有信号（色谱峰）产生。

（2）电子捕获检测器　电子捕获检测器（ECD）具有灵敏度高、选择性好、对电负性物质特别敏感等特点，在环境监测、农药分析等方面获得了广泛应用。它只对具有电负性的物质（如含卤素、S、P、O、N 的物质）有响应，而且电负性越强，检测器的灵敏度越高。高灵敏度表现在能检测出 10^{-14} g/mL 的电负性物质，因此可测定痕量的电负性物质（如多卤化合物、多硫化合物、甾族化合物、金属有机物等）。

ECD 的结构如图 9-7 所示。两极间施加直流或脉冲电压，当只有载气（一般为高纯 N_2）进入检测器时，由放射源放射出的射线使载气电离，产生正离子和慢速低能量的电子，在电场的作用下，向极性相反的电极运动，形成恒定的本底电流（基流）。当载气携带电负性物质进入检测器时，电负性物质捕获低能量的电子，使基流降低产生负信号而形成倒峰，检测信号的大小与待测物质的浓度呈线性关系。ECD 的线性范围较窄（$10^2\sim10^4$），故进样量不可太大。

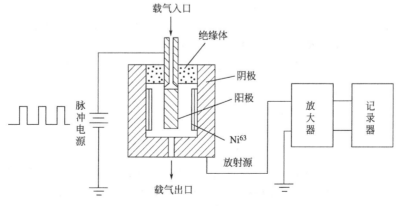

图 9-7 电子捕获检测器示意图

9.3.3.2　质量型检测器

响应信号与单位时间内进入检测器组分的质量呈线性关系，与组分在载气中的浓度无关，因此峰面积不受载气流速影响。常用的质量型检测器有氢火焰离子化检测器和火焰光度检测器

（1）氢火焰离子化检测器　氢火焰离子化检测器（FID）是利用 H_2 在 O_2 中燃烧产生火焰，组分在火焰中产生离子时，在电场作用下形成离子流而加以检测，它只对烃类化合物产生信号，对无机物和某些有机物不响应或响应很小。其特点是死体积小、灵敏度高（是TCD 的 $100 \sim 1000$ 倍）、稳定性好、响应快、线性范围宽，适合于痕量有机物的分析，但样品易被破坏，无法进行收集，不能检测永久性气体以及 H_2O、H_2S 等。

氢火焰离子化检测器的结构如图 9-8 所示。FID 的主要部件是离子室，H_2 与载气在进入喷嘴前混合，空气（助燃气）由一侧引入。在火焰上方筒状收集电极（作正极）和下方的圆环状发射电极（作负极）间施加恒定的电压，当待测有机物由载气携带从色谱柱流出，进入火焰后，在高温火焰（2000℃左右）下发生离子化反应，生成许多正离子和电子，在外电场作用下向两极定向移动，形成微电流（微电流的大小与待测有机物含量成正比），微电流经放大器放大后由记录仪记录。

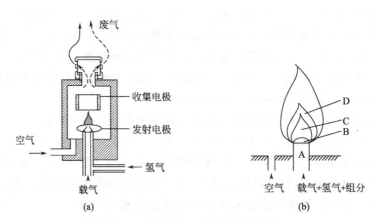

图 9-8　氢火焰离子化检测器示意图
A—预热；B—点燃；C—热裂解；D—反应

氢火焰离子化检测器选用 N_2 作载气，灵敏度高，可获得最大的响应值。选择 FID 的操作条件时应注意所用气体流量和工作电压，一般 N_2 和 H_2 流速的最佳比为 $(1:1) \sim (1.5:1)$，氢气和空气的比例为 $1:10$，极化电压一般为 $100 \sim 300V$。

（2）火焰光度检测器　火焰光度检测器（FPD）是一种对含硫、磷化合物具有高选择性、高灵敏度的检测器，也可检测某些金属（如 Mo、W、Ti、As、Zr、Cr 等）的螯合物及一般的有机物。

FPD 的结构原理如图 9-9 所示。它实际上是一个简单的火焰发射光谱仪，含硫、磷化合物在富氢焰中燃烧被打成有机碎片，从而发出不同波长的特征光（含硫化合物发出 394nm 特征光，含磷化合物发出 526nmm 特征光），通过滤光片获得较纯的单色光，经光电倍增管把光信号转换成电信号，经放大后由记录仪记录下来。

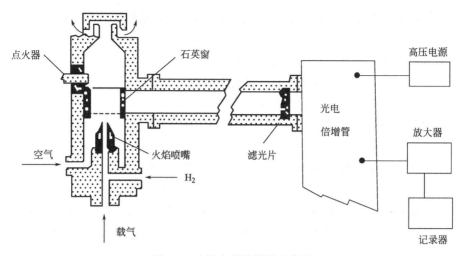

图 9-9　火焰光度检测器示意图

9.3.4　记录和温控系统

记录系统包括采集、处理检测系统和输出信号系统。温控系统包括色谱柱恒温箱、汽化室和检测器。因各部分要求的温度不同，故需要 3 套不同的温控装置。一般情况下汽化室温度比色谱柱恒温箱温度高 30～70℃，以保证试样能瞬间汽化；检测器温度与色谱柱恒温箱温度相同或稍高于后者，以防止试样组分在检测室内冷凝。

9.4　实验技术

9.4.1　气相色谱柱的材料、类型

9.4.1.1　气相色谱柱的类型

要选择色谱柱，需要确定要使用的是填充柱还是毛细管柱。填充柱比毛细管柱具有更大的样品容量，但随着检测器灵敏度的改进减少了对样品量的需要，尤其是随着弹性石英交联毛细管柱技术的日益成熟和性能的不断完善，这种技术成为分离复杂多组分混合物及多项目分析的主要手段，在各领域应用中大有取代填充柱的趋势。现在新型气相色谱仪、气相色谱-质谱联用仪基本上都是采用毛细管色谱柱进行分离分析。

毛细管柱只能安装在配有专用毛细管柱连接装置的气相色谱仪上。现在购买仪器时最常规的配置是配毛细管分流/不分流进样口。

毛细管色谱柱的类型有很多种，但目前最常用和商品化的，是开口熔融石英交联毛细管色谱柱。现在市售的商品毛细管色谱柱基本上均采用交联技术，将固定相与石英表面结合起来，在毛细管柱表面形成一层不溶的类似橡胶的非常稳固的涂层。被交联的固定相与涂渍的固定相相比，流失少，抗污染，热稳定性好，使用寿命长。

9.4.1.2　毛细管色谱柱的选择

当面对一种未知样品时，首先尝试目前在 GC 上的色谱柱。如果不能获得满意的结果，

请考虑所了解的样品信息。基本原理是分析物与具有相似化学性质的固定相间更容易相互作用。这意味着了解的样品信息越多，越容易找到最佳分离固定相。

① 最重要的步骤是确定分析物的极性特征。

② 非极性分子通常只包含碳氢原子，没有偶极距。

③ 直链烃类化合物（n-烷烃）是非极性化合物。

④ 极性分子主要包含碳、氢，也包含氮、氧、磷、硫或卤原子。例如醇、胺、硫醇、酮、腈、有机卤化物等。

⑤ 可极化的分子主要包含碳、氢，也包含不饱和键。例如烯烃、炔烃和芳香族化合物。

⑥ 针对特定分离需要提供正确的固定相：如果样品中含有相同类型的非极性物质的混合物（大多数石油馏分中的碳氢化合物），可以尝试 HP-1 非极性色谱柱，它将混合物按（近似）沸点顺序分离。如果怀疑有一些芳香族化合物，可以尝试 HP-5 或 HP-35 等适用苯基化合物的色谱柱。

⑦ 极性或可极化化合物通常在含有苯基的更强极性或可极化基团的固定相上进行分离，其分离效果会更好一些，例如 HP-210 或 HP-225 色谱柱。如果需要更强的极性固定相，则可以选择聚乙二醇（PEG）固定相，通常称为 WAX 固定相。

⑧ 毛细管色谱柱的膜厚也是色谱柱性能中一个很重要的参数。一般而言，色谱柱的膜厚为 0.25 到 $0.5\mu m$。对于流出达 300℃ 的大多数样品（包括蜡、甘油三酯、甾族化合物等）能够很好地分析。对于更高的洗脱温度，可以用 $0.1\mu m$ 的液膜。而厚液膜对于低沸点化合物有利，对于流出温度在 $100\sim200$℃ 之间的物质，用 $1\sim1.5\mu m$ 的液膜效果较好。超厚膜（$3\sim5\mu m$）用于分析气体、溶剂和可吹扫出来的物质，以增加样品组分与固定相的相互作用。

⑨ 毛细管色谱柱的柱长并不是色谱柱性能中一个很重要的参数。一般而言，15m 色谱柱用于快速分离简单混合物或大分子量化合物。对于大多数分析，30m 长的色谱柱是最常用的一种。很长的色谱柱（50m、60m 和 105m）用于分离非常复杂的样品。

9.4.2　载气种类和流速

9.4.2.1　载气种类

气相色谱使用重载气（氮气、氩气）还是轻载气（氢气、氦气），要根据具体情况做具体的分析，如主要是降低纵向扩散对柱效的影响，即降低载气的扩散系数，应使用重载气。但用重载气就要延长分析时间。用轻载气虽然会影响纵向扩散而降低柱效，但是也可以降低气相的传质阻力，有利于提高柱效，而且可以缩短分析时间。对 TCD 来说更应该使用轻载气。近年使用 FID 进行检测时多用轻载气。质谱检测器应该使用氦气。

9.4.2.2　载气流速对柱效的影响

从范第姆特方程式可知道，每一根色谱柱都有一个最佳流速，在此流速下柱效最高。最佳流速 $u_{opt}=\sqrt{BC^{-1}}$，B 和 C 是纵向扩散项和传质阻力项。因此当固定液含量高时传质阻力项 C 增加，无论用什么载气 u_{opt} 都很小，如要用高载气流速，柱效就要降低。而当固定液含量低时，轻载气和重载气得到的柱效相近，但是轻载气可缩短分析时间。

9.4.3　汽化室温度的选择

汽化室温度选择不当，会使柱效下降，当汽化室温度低于样品的沸点时，样品汽化的时间变长，使样品在柱内分布加宽，因而柱效会下降。而当汽化室温度升至足够高时，样品可以瞬间汽化，其柱效恒定。在进行峰高定量时，汽化室温度对分析结果有很大的影响，如汽化室温度低于样品的沸点时，峰高就要降低，所以在用峰高定量时，汽化室温度要尽可能高于样品各组分的沸点，当然如果汽化室温度太高会导致样品的分解。

9.4.4　程序升温

作为商品化的交联固定相毛细管色谱柱，使用时应注意不要超过说明书或标识牌上规定的最高温度。如超过规定的最高温度，特别是恒定持续的超高温操作，会造成毛细管色谱柱不可逆的损伤，轻则使柱效下降、使用寿命减少，重则使毛细管柱损坏。柱温是影响化合物保留时间的重要因素，柱温选择注意事项有：

① 色谱柱固定液的寿命　若柱温高于固定液的最高使用温度，则会造成固定液随载气流失，不但影响柱的寿命，而且固定液随载气进入检测器，将污染检测器，影响分析结果。

② 分离效能和分析时间　若柱温过高了，会使各组分的分配系数 K 值变小，分离度减小；但柱温过低，传质速率显著降低，柱效下降，而且会延长分析时间。

③ 化合物保留时间　柱温越高，出峰越快，保留时间变小。柱温变化会造成保留时间的重现性较差，从而影响样品组分的定性分析结果。一般柱温变化 1℃，组分的保留时间变化 5%；如果柱温度变化 5%，则组分的保留时间变化 20%。

④ 色谱峰峰形　柱温升高，正常情况下会导致半峰宽变窄，峰高变高，峰面积不变，但是组分峰高变高，以峰高进行定量时分析结果可能产生变化；反之柱温降低，则相反。

9.4.5　检测器的选择

热导检测器温度一般要比柱箱温度高一些，以防被分析样品在检测器中冷凝，对 TCD 来说更重要的是检测室要很好地控温，最好控制在 0.05℃ 以内。热导检测器温度升高时其灵敏度要下降。

氢火焰离子化检测器（FID）的温度一般要在 100℃ 以上，以防水蒸气冷凝，FID 对温度要求不严格，不像 TCD 对温度那么敏感。电子捕获检测器（ECD）检测室温度对基流和峰高有很大的影响，而且样品不同在 ECD 上的电子捕获机理也不一样，受检测室温度的影响也不同，所以要具体情况具体分析。

9.5　实验内容

9.5.1　酒精饮料中醇醛类成分的测定

实验目的

（1）了解程序升温在复杂样品分析中的应用。

（2）掌握程序升温色谱的操作方法。

（3）掌握内标法定量的原理。

实验原理

程序升温是指在一个分析周期里，色谱柱的温度按照适宜的程序连续地随时间呈线性或非线性变化的色谱操作方式。在程序升温中，采用足够低的初始温度，使低沸点组分得到良好的分离，然后随着温度不断升高，沸点较高的组分就逐一被升高的柱温"推出"色谱柱，高沸点组分也能较快地流出，并和低沸点组分一样得到良好的峰形尖锐的色谱峰。

在程序升温操作时，宜采用双柱、双气路，即使用两根完全相同的色谱柱和两个相同检测器并保持色谱条件完全一致，这样可以补偿由于固定液的流失和载气流量不稳定等因素引起的检测器噪声和基线漂移，以保持基线平直。若使用单柱，应先不进样运行，把空白色谱信号（即基线信号）储存起来，然后进样，记录样品信号与空白色谱信号之差。这样虽然也能补偿基线漂移，但效果不如双柱、双气路系统理想。

酒精饮料所含微量成分复杂，其极性和沸点变化范围很大，所以采用恒温色谱方法不能很好地一次同时进行分析。使用以 PEG-20M 毛细管色谱柱，采用程序升温操作方式，以内标法定量，就能较好地对各组分进行测定。

仪器与试剂

（1）仪器　气相色谱仪（配 FID 检测器）；PEG-20M 毛细管色谱柱；全自动氢气发生器；空气压缩机；微量注射器（10μL、1μL）；容量瓶（25mL）。

（2）试剂　乙醇作为溶剂；乙酸正戊酯（作为内标物）；正丙醇；正丁醇；异戊醇；乙醛（分析纯）；糠醛（分析纯）；丙烯醛（分析纯）。

实验步骤

（1）色谱柱的准备　长度：15m；内径：0.53mm；膜厚：0.6mm 的 PEG-20M 毛细管色谱柱；容量瓶。

（2）色谱操作条件　柱温：200℃；升温速率：4℃/min；汽化室温度：220℃；检测器：氢火焰离子化检测器（FID）；氢气流速：40mL/min；空气流速：450mL/min；载气流速：40mL/min。

（3）标准混合溶液的配制　以 60% 乙醇为溶剂，首先在 25.0mL 的容量瓶中预先放入 3/4 溶剂，其次分别加入 25.0μL 正丙醇、正丁醇、异戊醇、乙醛、糠醛、丙烯醛，然后用溶剂稀释至刻度，充分摇匀。

（4）样品制备　预先用待测酒精饮料清洗 25.0mL 容量瓶，然后移取 25.0μL 乙酸正戊酯至容量瓶中，再用待测饮料稀释至刻度，摇匀。

（5）色谱测定

① 打开仪器，启动程序升温系统，设置色谱升温程序，待仪器基线稳定。

② 确定被分析化合物的保留时间。分别移取 25μL 的正丙醇、正丁醇、异戊醇、乙醛、糠醛、丙烯醛和乙酸正戊酯置于 25mL 的容量瓶，用 60% 乙醇定容，分别依次注入 1.0μL 标准溶液，确定每一种化合物的保留时间（t_R）。再注入混合标准溶液 1.0μL，确定 7 种化合物的出峰顺序。

③ 实际样品的测定。依次注入 1.0μL 标准混合溶液及待测样品溶液。

数据处理

以保留时间对照定性，确定各物质的色谱峰；以乙酸正戊酯为内标物，根据标准溶液的色谱图分别求出各物质的校正因子；采用内标法计算待测酒精饮料中各组分的含量。

思考题

(1) 在哪些情况下，需采取程序升温色谱操作对样品进行分离？

(2) 与恒温色谱相比，程序升温色谱操作具有哪些优缺点？

9.5.2 甲基化衍生化气相色谱法测定硝基苯酚

实验目的

(1) 了解气相色谱仪的基本结构及掌握分离分析的基本原理。

(2) 了解衍生化技术在气相色谱分析中的应用。

实验原理

由于气相色谱分析对象主要是沸点低、易挥发性化合物，而对于不易挥发或高沸点的化合物难以直接进行分析。因此，通过衍生化的方法，可以改变某些化合物性质，使之能采用气相色谱进行分离分析。由于酚类化合物具有强极性和一定酸性，在分离系统中对活性位点存在较强的亲和力，会造成被测组分的损失，限定了气相色谱的应用。因此，可以通过衍生化方法来改善酚类化合物的性质，采用非极性取代基封闭极性官能团，提高分析物的挥发性，改善色谱仪的分离效果，提高检测灵敏度并缩短分析时间。本实验以碘甲烷作衍生化试剂，在氯化三乙基苄基铵水溶液和氢氧化钠水溶液中进行衍生化反应，对硝基苯酚三种异构体进行了衍生化研究。然后进行测定，既避免了由于高温操作时对硝基苯酚的分解，又提高了定量的准确性和分析速度。

仪器与试剂

(1) 仪器 气相色谱仪（配置有 FID 检测器）；色谱柱 HP-25 毛细管色谱柱或相当的色谱柱。

(2) 试剂 邻、间、对硝基苯酚（分析纯）；碘甲烷（分析纯）；氯化三乙基苄基铵（分析纯）；氢氧化钠（分析纯）；二氯甲烷（分析纯）；邻苯二甲酸二甲酯（色谱纯）；二甲亚砜。

(3) 色谱条件 汽化室温度：200℃；柱温：程序升温，起始80℃，保持1min，然后以10℃/min的速度升至180℃，保持1min；检测器：采用FID；温度：200℃。

(4) 标准溶液的配制 准确称取一定量的邻、间、对硝基苯酚，配制成 10mg/L、100mg/L、200mg/L、400mg/L、600mg/L、800mg/L、1000mg/L 标准溶液。

实验步骤

(1) 试样的甲基化衍生物制备 分别准确移取一定量的邻、间、对硝基苯酚于衍生瓶中，加入 1mL 二甲亚砜试样，然后依次加入 0.2mL 碘甲烷、0.15mL1mol/L 氯化三乙基苄基铵水溶液、0.1mL 0.1mol/L 氢氧化钠水溶液，将衍生瓶置于水浴中超声振荡反应 6min，在衍生反应后的反应液中加入 2mL 蒸馏水稀释试样，再加入 1mL 二氯甲烷充分振摇进行萃取，静置分层后，弃去上层水相，下层有机相每次用 1mL 水洗涤，先后洗涤三次，最后得到二氯甲烷有机相含有硝基酚类化合物的产物。

(2) 水样的分析 将一定量的工业废水经适当处理后，取水样 1.00mL，加入 0.2mL 碘甲烷、0.15mL 氯化三乙基苄基铵水溶液、0.1mL 氢氧化钠水溶液，衍生瓶置于水浴中超声振荡反应 6min。在衍生反应后的反应液中加入 1mL 二氯甲烷充分振摇进行萃取，静置分层后，弃去上层水相，下层有机相每次用 1mL 水洗涤，先后洗涤三次，最后得到二氯甲烷有机相含有硝基酚类化合物的甲基化产物，待分析。

数据处理

(1) 记录标准曲线各点溶液对应的峰面积，并绘制浓度-峰面积曲线。

(2) 计算水样中硝基酚含量。

思考题

(1) 采用气相色谱法分析非挥发性化合物时，如何选择衍生化试剂？对衍生后的产物有何要求？

(2) 气相色谱分析中，对哪些类型样品的分析需要采用程序升温？

9.5.3 毛细管气相色谱分析测定白酒中酯类

实验目的

(1) 掌握毛细管气相色谱法测定白酒中的酯类。

(2) 掌握多组分定量分析方法建立的基本步骤。

实验原理

白酒酿造在我国具有悠久的历史，白酒中乙酸乙酯、乳酸乙酯和己酸乙酯的含量及比例决定其香型和品质，而甲醇、异丁醇和异戊醇含量作为卫生指标需要严格控制。因此，白酒中醇类、酯类的分析，对于控制或调整白酒生产工艺、勾兑、质量评价具有重要意义。现行白酒分析国家标准方法推荐使用 DNP（邻苯二甲酸二壬酯，中极性）、GDX102（聚苯乙烯类，弱极性）填充柱，但均为单成分分析。在我们的实验中，采用 SPB-1701 中等极性毛细管色谱柱对白酒中乙酸乙酯、丁酸乙酯、乳酸乙酯和己酸乙酯 4 种酯类化合物进行定量分析。毛细管柱为实验室常备色谱柱，因耐氧化、耐高温、易再生，被广泛应用于食品品质检验中。

仪器与试剂

(1) 仪器 GC 2010 气相色谱仪（配 FID 检测器）（日本岛津公司）；SPB-1701 毛细管柱（14%氰丙基苯基-86%甲基聚硅氧烷；中极性，30m×0.25mm，0.25μm，美国 Supelco 公司）；氢火焰离子化检测器；微量注射器（10μL）；容量瓶。

(2) 试剂 环己烷（色谱纯）（作为溶剂）；乙酸正戊酯（作为内标物）；乙酸乙酯（分析纯）；丁酸乙酯（分析纯）；乳酸乙酯（分析纯）；己酸乙酯（分析纯）。

实验步骤

(1) 色谱条件 柱温：初始 45℃，保持 2min，以 4℃/min 升至 65℃，再以 10℃/min 升温至 220℃；进样口温度：200℃；检测器温度：240℃；载气（N_2）：0.085MPa（1.08mL/min）；尾吹气：50.0mL/min；氢气：30mL/min；空气：300mL/min；分流比：20∶1。

(2) 标准混合溶液的配制 以环己烷为溶剂，首先在 25.0mL 的容量瓶中预先放入 3/4 溶剂，然后分别加入 25.0μL 乙酸乙酯、丁酸乙酯、乳酸乙酯、己酸乙酯，用溶剂稀释至刻度，充分摇匀。

(3) 样品制备 预先用待测白酒清洗 25.0mL 容量瓶，然后移取 25.0μL 乙酸正戊酯至容量瓶中，再用待测白酒稀释至刻度，摇匀。

(4) 色谱测定

① 打开仪器，启动程序升温系统，设置色谱升温程序，待仪器基线稳定。

② 确定被分析化合物的保留时间 分别移取 25μL 的乙酸乙酯、丁酸乙酯、乳酸乙酯、

己酸乙酯和乙酸正戊酯置于 25mL 的容量瓶，用环己烷定容，分别依次注入 $1.0\mu L$ 标准溶液，确定每一种化合物的保留时间（t_R）。再注入混合标准溶液 $1.0\mu L$，确定 4 酯类化合物的出峰顺序。

③ 实际样品的测定　依次注入 $1.0\mu L$ 标准混合溶液及待测样品溶液。

数据处理

（1）以保留时间对照定性，确定各物质的色谱峰；以乙酸正戊酯为内标物，根据标准溶液的色谱图分别求出各物质的校正因子；采用内标法计算待测酒精饮料中各组分的含量。

（2）记录标准曲线各点溶液对应的峰面积，并绘制浓度-峰面积曲线。

（3）计算白酒中 4 种酯类化合物的含量。

思考题

（1）内标法定量的特点是什么？

（2）简述内标法定量中内标物选择的要求。

第10章

高效液相色谱法

10.1 引言

高效液相色谱法是一种以液体为流动相的现代柱色谱分离分析方法，回顾经典的液-固色谱法其最大问题是柱效低，未能发挥出应有的潜力。而在经典的液相色谱基础上引入了气相色谱的理论和技术，尤其在20世纪60年代初气相色谱得到了高速的发展，但由于它对高分子量、热稳定性差和极性强的物质不适用，这时人们才又把注意力转向液相色谱的研究。

但是液相色谱所遇到的问题远远多于气相色谱所遇到的问题。从分离机理来看，在气相色谱中，流动相是惰性的气体，分离主要取决于组分分子与固定相之间的作用力，而在高效液相色谱中，流动相与组分之间有一定的亲和力，分离过程的实现是组分、流动相和固定相三者间相互作用的结果，分离不但取决于组分和固定相的性质，还与流动相的性质密切相关，高效液相色谱一般可在室温下进行。但是液相色谱涉及的固定相的制备、小体积检测器的制备、高压泵的制造等一系列技术难题。不过由于气相色谱解决不了的问题一定要依靠高效液相色谱来解决，在生产和科研需求的推动下，从20世纪60年代中末期液相色谱得到了缓慢而扎实的发展，到目前为止国际上的高效液相色谱仪已经和高效气相色谱仪达到相同的水平，而它的用途远大于气相色谱仪，而且从研究角度来看还在不断发展。到20世纪70年代中期以后，电子和计算机技术用于液相色谱仪，大大提高了仪器的自动化水平和分析精度，加速了液相色谱的发展。近年来，生物工程和生命科学的迅速发展，为高效液相色谱技术提出了更多、更新的分离、分析、纯化、制备的要求，大大促进了这一技术的迅速发展。特别是微柱液相色谱、多维液相色谱和电喷雾质谱与液相色谱的联用，为生物大分子的分离和鉴定提供了强有力的工具，例如多维液相色谱和质谱的联用是蛋白质组学研究的重要手段之一，同时各种手性液相色谱固定相的出现为手性药物的分析、分离和纯化提供了物质基础。

10.2 高效液相色谱法基本原理

高效液相色谱分析法是将经典液相色谱分析法与气相色谱分析法的基本原理和实验方法

相结合而产生的。在色谱分析法概论与气相色谱分析法中介绍过的基本概念、保留值与分配系数的关系、塔板理论及速率理论，都可应用于高效液相色谱分析法。高效液相色谱分析法与气相色谱分析法的主要差别是流动相的性质不同。因此，某些公式的表现形式或参数的含义有些差别。

10.2.1　高效液相色谱的速率理论

在高效液相色谱中，液体流动相的分子量比气相色谱中的气体流动相的分子量大得多，由于被测组分在流动相中的扩散系数 D_m 与流动相的分子量成反比，因此速率方程（范第姆特方程）中的分子扩散项 B/u 较小（$B=2rD_m$），可以忽略不计，于是范第姆特方程式在 HPLC 中为：

$$H = A + Cu \tag{10-1}$$

上式说明，在 HPLC 中，可以近似地认为流动相的流速与塔板高度成直线关系，A 为截距，C 为斜率。流速增大，塔板高度增加，色谱柱柱效降低。为了兼顾柱效与分析速度，一般尽可能地采用较低流速。柱内径为 4.6mm，流速多采用 1mL/min。

高效液相色谱与气相色谱两者的 $H\text{-}u$ 曲线的形状不同，如图 10-1 所示。

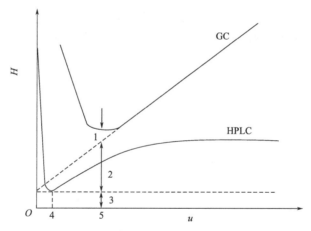

图 10-1　流动相的流速对 GC 与 HPLC 柱效影响对比
1—B/u；2—Cu；3—A；4—HPLC 的 $u_{最佳}$；5—GC 的 $u_{最佳}$

谱带展宽是指由柱内外各种因素引起的色谱峰变宽或变形，使柱效降低的现象。在高效液相色谱中，主要由以下因素引起。

10.2.1.1　涡流扩散

涡流扩散是由于柱中存在曲折的多通道，流动相流动不均匀，$A=2\lambda d_p$。为了使 A 减小，提高色谱柱柱效，可从两方面采取措施：①降低 d_p，采用小粒度固定相，粒径 d_p 越小，A 越小。以前多采用 $10\mu m$ 固定相，目前商品柱多采用 $3\sim5\mu m$ 粒径的固定相。②降低 λ，采用球形、窄粒度分布（RSD<5%）的固定相及匀浆装柱。球形固定相除了能降低 λ 外，还能增加柱渗透性，降低柱压。但固定相的粒度越小，越难装均匀，因此需采用高压、匀浆装柱法。$3\sim5\mu m$ 球形固定相，柱效一般为 $(8\sim5)\times10^4 m^{-1}$，最高可达 $1\times10^5 m^{-1}$。

10.2.1.2 传质阻力

传质阻力是指在同一流路中各部位的流速不同所造成的分子纵向扩散而引起的谱带扩张。因为当流动相在柱中流过时，靠近颗粒表面的流速比流路中间的流速要慢，甚至不流动，结果在一定的时间里，靠近颗粒表面的分子所扩散的距离比中间的要短，因而引起了分子在柱内的扩散分布。流动相传质引起的谱带扩张使柱效降低。传质阻力项为 C，在 HPLC 中传质阻力系数由 3 个系数组成：

$$C = C_m + C_{sm} + C_s$$

式中，C_m、C_{sm}、C_s 分别表示组分在流动相、静态流动相和固定相中的传质阻力系数。在填充气相色谱柱中，固定液的传质阻力起决定作用，因此 $C = C_s$ 或 $C = C_1$。

而在 HPLC 中，只有在使用厚涂层并具有深孔的离子交换树脂的离子交换色谱分析法时，C_s 才起作用。由于通常都采用化学键合相，它的"固定液"是键合在载体表面固定液官能团的单分子层，因此固定液的传质阻力可以忽略，于是：

$$C = C_m + C_{sm} \tag{10-2}$$

因此，范第姆特方程式用于 HPLC 最常见的表现形式为：

$$H = A + C_m u + C_{sm} u \tag{10-3}$$

式(10-3) 说明，HPLC 色谱柱的理论塔板高度主要由涡流扩散项、流动相传质阻力项和静态流动相传质阻力项 3 项所构成。涡流扩散与各种传质阻力项对液相色谱峰扩张的影响如图 10-2 所示。

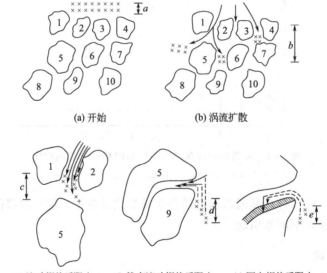

(a) 开始　　　　　　　(b) 涡流扩散

(c) 流动相传质阻力　　(d) 静态流动相传质阻力　　(e) 固定相传质阻力

图 10-2　涡流扩散与各种传质阻力项对液相色谱峰扩张的影响

x—被分离的样品分子（下称分子）；a—样品带原宽度；b，c，d，e—经各种
扩张因素扩张后，色峰的谱带展宽（峰宽）

涡流扩散项所引起的峰扩张是由于相同迁移速率的分子走了不同距离的途径（图 10-2 中 b）。流动相传质阻力项引起的峰扩张，是因为在一个流路中处于流路中心的分子和处于流路边缘的分子与固定相的作用力不同，迁移速率不同。处于流路边缘的分子与固定相的作

用力大于处于流路中心的分子与固定相的作用力，处于流路边缘的分子迁移速率相对慢于处于流路中心的分子，因而使谱带扩张（图10-2中 c）。静态传质阻力是分子进入处于固定相深孔中的静态流动相中，相对慢些回到流动相，而引起的峰扩张（图10-2中 d）。固定相的传质阻力引起的峰扩张（图10-2中 e）是由于分子进入厚涂层固定液，相对慢些回到流动相。

根据应用于 HPLC 的范第姆特方程，HPLC 分离操作条件主要包括如下几方面：①采用小粒径、窄粒度分布的球形固定相，首选化学键合相，用匀浆法装柱；②采用低黏度流动相，采用低流速（1mL/min）；③柱温一般以 25～30℃为宜，柱温太低，则使流动相的黏度增加，柱温太高易产生气泡。

10.2.2　高效液相色谱分析法的类型

高效液相色谱分析法的类型按组分在两相间分离机理的不同主要分为：液-固吸附色谱分析法、液-液分配色谱分析法、化学键合相色谱分析法、离子交换色谱分析法和凝胶色谱分析法等。

10.2.2.1　吸附色谱

吸附色谱（adsorption chromatography）也称液-固色谱，其固定相是固体吸附剂，常用的有硅胶、氧化铝、活性炭等无机吸附剂。以硅胶固定相为例，在吸附色谱中，样品主要靠氢键结合力吸附到硅羟基上，和流动相分子竞争吸附点，在反复地吸附-解析过程中，随着流动相的流动而在柱中向前移动。因为不同的待测分子在固定相表面的吸附能力不同，因而吸附-解吸的速度不同，各组分被洗出的时间（保留时间）也就不同，使得各组分彼此分离。目前，吸附色谱已经被更高效的化学键合相分配色谱代替。由于硅羟基活性点在硅胶表面常按一定几何规律排列，因此吸附色谱用于结构异构体分离和族分离（石油中烷、烯、芳烃）仍是最有效的方法。如农药异构体分离，石油中烷、烯、芳烃的分离。

10.2.2.2　分配色谱

分配色谱（partion chromatography）是基于样品分子在包覆于惰性载体（基质）上的固定相液体和流动相液体之间的分配平衡的色谱方法，因此也称液-液色谱。由于作固定相的液体往往容易溶解到流动相中，重现性很差，所以很难被推广。基于化学键合的方法，将固定相结合到惰性载体上，固定相就不会溶解到流动相中。这种固定相就是当今 HPLC 固定相最普遍使用的化学键合型固定相。如 ODS（octa decyltrichloro silane，十八烷基三氯硅烷，C_{18}）柱就是典型的代表，它是将十八烷基三氯硅烷通过化学反应与硅胶表面的硅羟基结合，在硅胶表面形成化学键合态的十八碳烷基，其极性很小，而常用的流动相，如甲醇、乙腈以及它们与水的混合溶液，极性比固定相大，被称作反相 HPLC。像前面讲到的吸附色谱，其流动相的极性比固定相小，被称作正相 HPLC。

10.2.2.3　凝胶色谱

凝胶色谱和其他几种液相色谱不同，不是由于样品分子与固定相之间的相互作用力（吸附、分配和离子交换等）的差异而被分离，而是根据样品分子的尺寸不同而达到分离，因而凝胶色谱又常被称作体积排阻或空间排阻色谱。

凝胶色谱是以多孔性填料作固定相。样品分子的分离受填料孔径的影响，比填料孔径大的样品分子不能进入填料的孔内，最先流出色谱柱；填料颗粒上有很多不同尺寸的孔，在那些可以进入填料孔内的样品分子中，体积较大的样品分子可以利用的孔少，所以样品分子按体积从大到小的顺序依次流出色谱柱。

10.3 仪器结构与原理

高效液相色谱仪一般可分为 4 个主要部分：高压输液系统、进样系统、分离系统和检测系统。此外，高效液相色谱仪还配有辅助装置，如梯度淋洗、自动进样及数据处理装置等，其基本结构示意图见图 10-3。高效液相色谱仪工作过程如下：首先是高压泵将储液器中的流动相溶剂经过进样器带入色谱柱，然后从控制器的出口流出。当注入欲分离的样品时，流入进样器的流动相再将样品同时带入色谱柱进行分离，然后依先后顺序进入检测器，记录仪将检测器送出的信号记录下来，由此得到液相色谱图。

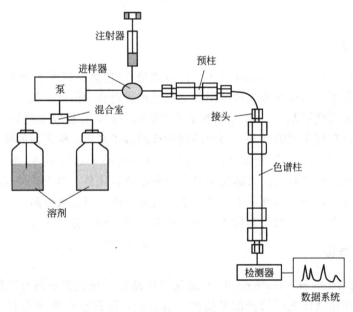

图 10-3 高效液相色谱仪结构图

10.3.1 高压输液系统

高压输液系统是高效液相色谱仪的关键部件之一。由于高效液相色谱分析法所用的固定相颗粒仅为 $1.7 \sim 4.6 \mu m$，因此对流动相阻力很大，为使流动相流动较快，必须配备有高压输液系统。高压泵的作用是将流动相以稳定的流速（或压力）输送到色谱系统。其稳定性直接关系到分析结果的重现性、精度和准确性，因此其流量变化通常要求小于 0.5%。流动相流过色谱柱时会产生很大的压力，高压泵通常要求能耐 $40 \sim 60 MPa$ 的高压。高压输液系统一般由储液罐、高压输液泵、过滤器、压力脉动阻力器等组成，其中高压输液泵是核心部件。对于一个好的高压输液泵，应符合密封性好、输出流量恒定、压力平稳、可调范围宽、便于迅速更换溶剂及耐腐蚀等要求。

10.3.2 进样系统

高效液相色谱柱比气相色谱柱短得多（5～30cm），所以柱外展宽（又称柱外效应）较突出。柱外展宽是指色谱柱外的因素所引起的峰展宽，主要包括进样系统、连接管道及检测器中存在的死体积。柱外展宽可分柱前展宽和柱后展宽，进样系统是引起柱前展宽的主要因素，因此高效液相色谱分析法中对进样技术要求较严。常用的进样装置有注射进样器和高压进样阀两种。

10.3.3 分离系统

色谱柱是高效液相色谱仪的心脏部分，它由柱管、固定相、压紧螺钉、密封衬套、柱子堵头和滤片（也称筛板）等部件组成。柱管材料主要有不锈钢、铝、铜及内衬为光滑聚合材料的其他金属。一般色谱柱长 10～50cm，柱内径为 2～5mm；凝胶色谱柱内径为 3～12mm，制备柱内径较大，可达 25mm 以上。一般在分离柱前备有一个前置柱，前置柱内填充物和分离柱完全一样，这样可使淋洗溶剂由于经过前置柱被其中的固定相饱和，而在流过分离柱时不再洗脱其中的固定相，保证分离柱的性能不受影响。

10.3.4 检测系统

高效液相色谱仪中的检测器是检测色谱柱后流出组分和浓度变化的装置，因此要求灵敏度高、线性范围宽、适应性广、响应快、噪声小、死体积小及受外界的影响小等，还应该对温度和流速的变化不敏感。

检测器可分为两大类：通用型检测器和选择性检测器。通用型检测器是对试样和洗脱液总的物理性质和化学性质有响应。选择性检测器仅对待分离组分的物理化学特性有响应。通用型检测器能检测的范围广，但是由于它对流动相也有响应，因此易受环境温度、流量变化等因素的影响，造成较大的噪声和漂移，限制了检测灵敏度，不适于做痕量分析，并且通常不能用于梯度洗脱操作。选择性检测器灵敏度高，受外界影响小，并且可用于梯度洗脱操作，但由于其选择性只对某些化合物有响应，限制了它的应用范围。通常一台性能完备的高效液相色谱仪应当具备一种通用型检测器和几种选择性检测器。常用的检测器有紫外检测器、荧光检测器、二极管阵列检测器和电化学检测器等，相关检测器的基本特性见表 10-1。

表 10-1 几种主要检测器的基本特性

检测器	检测下限	线性范围	选择性	梯度淋洗
紫外-可见光	10^{-10}	$10^3 \sim 10^4$	有	可
示差折光	10^{-7}	10^4	无	不可
荧光	$10^{-12} \sim 10^{-11}$	10^3	有	可
化学发光	$10^{-13} \sim 10^{-12}$	10^3	有	困难
电导	10^{-8}	$10^3 \sim 10^4$	有	不可
电化学	10^{-10}	10^4	有	困难
火焰离子化	$10^{-13} \sim 10^{-12}$	10^4	有	可

10.4　实验技术

10.4.1　溶剂处理技术

10.4.1.1　流动相脱气

流动相溶液往往因溶解有氧气或混入了空气而形成气泡。气泡进入检测器后会引起检测信号的突然变化，在色谱图上出现尖锐的噪声峰。小气泡慢慢聚集后会变成大气泡，大气泡进入流路或色谱柱中会使流动相的流速变慢或出现流速不稳定，致使基线起伏。气泡一旦进入色谱柱，排出这些气泡很费时间。溶解氧常和一些溶剂结合生成有紫外吸收的化合物。在荧光检测中，溶解氧还会使荧光淬灭。溶解气体还可能引起某些样品的氧化降解或使溶液 pH 值变化。

10.4.1.2　过滤

过滤是为了防止不溶物堵塞流路和色谱柱入口处的微孔垫片。严格地讲，流动相都应用 $0.45\mu m$ 以下微孔滤膜过滤。滤膜分有机溶剂专用和水溶液专用两种。

10.4.2　分离方式的选择

分离方式是按固定相的分离机理分类的，选定了固定相（色谱柱）基本上就确定了分离方式。当然，即使同一根色谱柱，如果所用流动相和其他色谱条件不同，也可能构成不同的分离方式。选择分离方式大体上可以参照图 10-4。

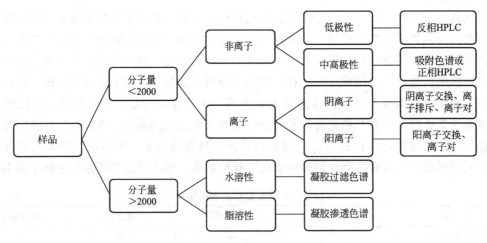

图 10-4　分离方式的选择原则

10.4.2.1　流动相的选择

不同的分离方式，选择流动相的标准也不同，这里主要讨论吸附色谱和反相分配色谱中常用的流动相。

（1）吸附色谱流动相　吸附色谱中用得最多的流动相是非极性烃类，如己烷、庚烷等。有时为了调整流动相的极性，也加入一些极性的溶剂，如二氯甲烷、甲醇等。极性越大的组分保留时间越长。选择流动相的依据是溶剂强度或极性参数。

在吸附色谱中广泛使用混合溶剂作流动相，不同强度的溶剂按不同比例混合即可得到所需溶剂强度。流动相溶剂组成的某些改变会显著影响分离，即使使用和某单一溶剂相同强度的混合溶剂，也有可能得到差异很大的保留值。

吸附色谱所用固定相（硅胶或氧化铝）具有非常不均一的表面能，即使有极微量的水或其他极性分子吸附在表面上，也会使吸附剂活性大大降低，从而使容量因子明显降低，使分离效果变差。同时，含水量的微小变化也会导致容量因子的变化，从而难以获得较好的重现性。失活或不可逆污染后的吸附柱可以按下列溶剂顺序各冲洗 10~15min：

二氯甲烷→甲醇→水→甲醇→干燥二氯甲烷→干燥己烷

如果流动相是含大量水的极性溶剂，则硅胶会因吸附水而呈现一种动态离子交换的功能，可用来分离某些极性化合物，不过，此时的分离机理已不是吸附作用。

（2）反相分配色谱流动相　反相分配色谱的流动相为极性溶剂，如水和与水互溶的有机溶剂。一般要求溶剂沸点适中，黏度小，性质稳定，紫外吸收背景小，样品溶解范围宽。

在反相分配色谱中，多以水和极性有机溶剂的混合物作流动相。在大多数情况下，这类混合物的黏度并非体系组成的线性函数，混合物的黏度高于纯溶剂的黏度，在某个浓度下有一个最高值。黏度增加使柱压升高，而且由于溶质在其中的扩散阻力增加，导致柱效下降。这种因流动相组成的变化而导致的压力升高现象，在梯度淋洗时必须注意。

在反相色谱中，流动相溶剂的表面张力和介电常数对分离也会产生显著影响。根据疏溶剂理论，在常用的溶剂中水的表面张力最大，是一种最弱的淋洗剂，增加水中有机溶剂的比例，表面张力减小，溶剂强度增加；反之，若在水中加入无机盐，则表面张力增加，淋洗能力减弱，溶质的保留值就会增加。

通常的分离要求流动相的溶剂强度大于水而小于纯溶剂。将有机溶剂和水按适当比例配制成混合溶剂就可以适应不同类型的样品分析。有时为了获得最佳分离，还可以采用三元甚至四元混合溶剂作流动相。考虑到流动相的背景紫外吸收和黏度等多种因素，在反相色谱中最具代表性的流动相是甲醇/水、乙腈/水、四氢呋喃/水。

10.4.2.2　梯度淋洗

有的样品中所含组分的极性或其他性质相差较大，如果采用等度淋洗，就很难保证所有组分都得到较好的分离，而使后面的组分出峰太晚。如果先用强度较弱的淋洗剂使保留弱的组分能充分分离，然后，中途提高淋洗剂的强度，使保留强的组分也能在保证分离的前提下，迅速流出色谱柱。梯度淋洗通常是靠改变混合淋洗剂的组成比例来调整淋洗强度的。

10.5　实验内容

10.5.1　果汁中有机酸的分离及定性、定量分析

实验目的

（1）掌握反相色谱法分离果汁中有机酸的技术。

（2）了解样品处理、测定及数据处理的全过程，锻炼综合知识的运用能力。

实验原理

有机酸是果汁酸味的主要成分，其种类和含量高低与果汁的品质和风味有极密切的关系。原果汁营养丰富，但由于生产成本较高，果汁的掺假行为经常发生，对天然果汁的真伪鉴定是当今国内外检验的一个热点。不同种类的天然果汁中，有机酸的种类和含量差别很大。在一定条件下，可以通过测定各种有机酸的含量来鉴别苹果汁饮料掺假与否。因此，苹果汁中多种有机酸的分析测定具有重要的意义。

有机酸可以用反相 HPLC、离子交换色谱、离子排斥色谱等多种液相色谱方法分析，除液相色谱外，还可以用气相色谱和毛细管电泳等其他方法分析。本实验按反相 HPLC 设计。在酸性流动相条件下 (pH＝2.5)，上述有机酸的离解得到抑制，利用分子状态的有机酸的疏水性，使其在 ODS 固定相中保留。不同有机酸的疏水性不同，疏水性大的有机酸在固定相中保留强。

仪器与试剂

(1) 仪器　高效液相色谱仪 [配有紫外检测器，ODS 色谱柱 (4.6mm×25cm)]；微量注射器 (10μL、1μL 各 1 支)；容量瓶；洗瓶；超声波清洗机；抽滤装置；小烧杯。

(2) 试剂　色谱纯标准品：草酸、酒石酸、奎宁酸、苹果酸、莽草酸、抗坏血酸、乳酸、乙酸、柠檬酸、富马酸、琥珀酸；分析纯试剂：甲醇、乙醇、磷酸、磷酸氢二钾；新鲜水果：苹果、梨、脐橙。

实验步骤

(1) 样品制备：称取 5～10g 样品 (准确至 0.0001g) 榨汁，放入小烧杯中，微热搅拌除去二氧化碳，用稀氨水 (1：1) 调 pH 值约为 7，加水定容至 25mL，用 0.45μm 滤膜过滤后，取 10μL 直接进样。

(2) 将实验使用的流动相用 0.45μm 水相滤膜进行减压过滤和超声脱气处理。

(3) 有机酸标准溶液的配制：准确称取酒石酸、苹果酸、乳酸、乙酸、抗坏血酸、奎宁酸和莽草酸各 125mg，富马酸 25mg，草酸 50mg，琥珀酸 375mg，柠檬酸 250mg，用流动相溶解并定容至 50mL 容量瓶中。上述溶液配制成不同浓度的混标，用 0.45μm 的滤膜过滤后，上机绘制各种有机酸的标准曲线。

(4) 按操作规程开机，并使仪器处于工作状态。

设置条件：流动相，3%甲醇 K_2HPO_4 (pH＝2.6) (体积分数)；等梯度洗脱；流速为 0.5mL/min；柱温为 30℃；进样量为 10μL，紫外检测波长为 210nm。

(5) 标准溶液的测定：基线走稳后，分别进样上述混标溶液各 10μL，以确定各个峰的保留时间。

(6) 设置定量分析程序：用有机酸混合标准溶液分析结果建立定量分析表或计算校正因子。

(7) 样品分析：取样品 10μL 进样，与各种有机酸的标准溶液色谱图比较即可确认果汁中各种有机酸峰的位置。如果分离不完全，可适当调整流动相浓度或流速。记录保留时间及峰面积。

(8) 按上述操作进样两次，如果两次定量结果相差较大 (如 5%以上)，则再进样一次，取三次的平均值。

(9) 实验完毕，清洗色谱柱，关机。

数据处理

项目	混标中 $m_{标准}$	混标中 c	流动相	苹果中有机酸	梨中有机酸	脐橙中有机酸
草酸						
酒石酸						
奎宁酸						
苹果酸						
莽草酸						
抗坏血酸						
乳酸						
乙酸						
柠檬酸						
富马酸						
琥珀酸						

思考题

(1) 水果汁样品的前处理方法有哪些？不同的方法对样品的测定有无影响？

(2) 解释试样中各组分的洗脱顺序。

10.5.2　高效液相色谱法检测食品中苏丹红染料（GB/T 19681—2005）

实验目的

(1) 掌握反相色谱法的分离和测定食品中苏丹红的技术。

(2) 了解样品处理、测定及数据处理的全过程，锻炼综合知识的运用能力。

实验原理

苏丹红是偶氮苯类人工色素，目前工业上生产的苏丹红，除苏丹红Ⅰ外，还有苏丹红Ⅱ、苏丹红Ⅲ和苏丹红Ⅳ三种同系物（图10-5），主要用于机油、蜡和鞋油等产品的染色。科学实验发现，苏丹红Ⅰ会导致鼠类患癌，在人类肝细胞研究中也显现出可能致癌的特性。鉴于此，世界各国都禁止将苏丹红作为食品添加剂用于食品生产，我国《食品安全国家标准　食品添加剂使用标准》（GB 2760—2014）也不允许在食品中使用苏丹红。

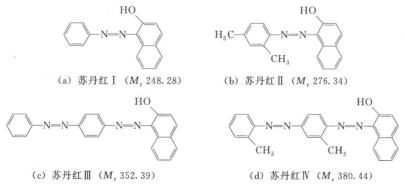

(a) 苏丹红Ⅰ（M_r 248.28)　　　(b) 苏丹红Ⅱ（M_r 276.34)

(c) 苏丹红Ⅲ（M_r 352.39)　　　(d) 苏丹红Ⅳ（M_r 380.44)

图 10-5　苏丹红系列色素的结构式

近年来，一些食品厂商为使食品美观，盲目追求经济效益，在食品中加入苏丹红，严重影响了人们的健康。因此食品中的苏丹红的检测对保证人们的身体健康有着非常重要的意义。

目前，苏丹红的检测以 HPLC、HPLC-MS/MS 和 GC-MS/MS 为主。质谱法是以分子离子峰或分子的碎片峰对样品进行定性和定量，优点是提高了定性的准确性和定量的灵敏度，缺点是仪器的价格昂贵，且对技术人员要求较高，难以普及。HPLC 仪器价格便宜，操作简单，基层比较普及，苏丹红Ⅰ、苏丹红Ⅱ、苏丹红Ⅲ和苏丹红Ⅳ号在可见光区有一定的吸收，故可以采用 HPLC 对苏丹红进行检测。本实验采用国标方法对食品中的苏丹红进行检验，让学生认识和了解国标，学习国标的检测方法。

仪器与试剂

(1) 仪器　高效液相色谱仪［配有紫外检测器，ODS 色谱柱（4.6mm×25cm）］；微量注射器（10μL、1μL 各 1 支）；容量瓶；洗瓶；超声波清洗机；离心机；旋转蒸发仪；均质机；0.45μm 有机滤膜；锥形瓶；烧杯。

色谱柱管：1cm（内径）×5cm（高）的注射器管。

色谱分离用氧化铝（中性，100～200 目）：105℃干燥 2h，于干燥器中冷至室温，每 100g 中加入 2mL 水降活，混匀后密封，放置 12h 后使用。

注：不同厂家和不同批号氧化铝的活度有差异，需根据具体购置的氧化铝产品略做调整，活度的调整采用标准溶液，过柱，将 1mL 1μg/mL 的苏丹红的混合标准溶液加到柱中，用 60mL 5%丙酮正己烷溶液完全洗脱，4 种苏丹红在色谱柱上的流出顺序为苏丹红Ⅱ、苏丹红Ⅳ、苏丹红Ⅰ、苏丹红Ⅲ，可根据每种苏丹红的回收率做出判断。苏丹红Ⅱ、苏丹红Ⅳ的回收率较低表明氧化铝活性偏低，苏丹红Ⅲ的回收率偏低时表明活性偏高。

氧化铝色谱柱：在色谱柱管底部塞入一薄层脱脂棉，干法装入处理过的氧化铝至 3cm 高，轻敲实后加一薄层脱脂棉，用 10mL 正己烷预淋洗，洗净柱中杂质后，备用。

方法要点：样品经溶剂提取、固相萃取净化后，用反相高效液相色谱-紫外可见光检测器进行色谱分析，采用外标法定量。

(2) 试剂

① 乙腈为色谱纯，丙酮、甲酸、乙醚、正己烷、无水硫酸钠均为分析纯。

② 5%丙酮的正己烷液：吸取 50mL 丙酮用正己烷定容至 1L。

③ 标准物质：苏丹红Ⅰ、苏丹红Ⅱ、苏丹红Ⅲ、苏丹红Ⅳ，纯度≥95%。

④ 标准储备液：分别称取苏丹红Ⅰ、苏丹红Ⅱ、苏丹红Ⅲ及苏丹红Ⅳ各 10.0mg（按实际含量折算），用乙醚溶解后用正己烷定容至 250mL。

⑤ 样品制备：将液体、浆状样品混合均匀，固体样品需磨细。

实验步骤

(1) 样品制备

① 红辣椒粉等粉状样品处理：称取 1～5g（准确至 0.001g）样品于锥形瓶中，加入 10～30mL 正己烷，超声 5min，过滤，用 10mL 正己烷洗涤残渣数次，至洗出液无色，合并正己烷液，用旋转蒸发仪浓缩至 5mL 以下，慢慢加入氧化铝色谱柱中，为保证色谱分离效果，在柱中保持正己烷液面为 2mm 左右时上样，在全程的色谱分离过程中不应使柱干涸，用正己烷少量多次淋洗浓缩瓶，一并注入色谱柱。控制氧化铝表层吸附的色素带宽宜小于 0.5cm，待样液完全流出后，视样品中含油类杂质的多少用 10～30mL 正己烷洗柱，直至流出液无色，弃去全部正己烷淋洗液，用 60mL 含 5%丙酮的正己烷液洗脱，收集、浓缩后，用丙酮转移并定容至 5mL，经 0.45μm 有机滤膜过滤后待测。

② 红辣椒油、火锅料、奶油等油状样品的制备：称取 0.5～2g（准确至 0.001g）样品于小烧杯中，加入适量正己烷溶解（1～10mL），难溶解的样品可于正己烷中加温溶解。按上述①中"慢慢加入到氧化铝色谱柱，…过滤后待测"步骤操作。

③ 辣椒酱、番茄沙司等含水量较大的样品的制备：称取 10～20g（准确至 0.01g）样品于离心管中，加 10～20mL 水将其分散成糊状，含增稠剂的样品多加水，加入 30mL 正己烷-丙酮（3∶1），匀浆 5min，3000r/min 离心 10min，吸出正己烷层，于下层再加 2 次正己烷（每次 20mL）匀浆，离心，合并 3 次正己烷，加入 5g 无水硫酸钠脱水，过滤后于旋转蒸发仪上蒸干并保持 5min，用 5mL 正己烷溶解残渣后，按（1）中"慢慢加入到氧化铝色谱柱，…过滤后待测"步骤操作。

④ 香肠等肉制品的制备：称取粉碎样品 10～20g（准确至 0.01g）于锥形瓶中，加入 60mL 正己烷充分匀浆 5min，滤出清液，再加 2 次正己烷（每次 20mL）匀浆，过滤。合并 3 次滤液，加入 5g 无水硫酸钠脱水，过滤后于旋转蒸发仪上蒸至 5mL 以下，按①中"慢慢加入到氧化铝色谱柱，…过滤后待测"步骤操作。

（2）色谱条件色谱柱：Zorbax SB-C$_{18}$，3.5μm，4.6mm×150mm（或相当型号色谱柱）；流动相：溶剂 A [0.1%甲酸的水溶液-乙腈（85∶15）]、溶剂 B [0.1%甲酸的乙腈溶液-丙酮（80∶20）]；梯度洗脱；流速：1mL/min；柱温：30℃；检测波长：苏丹红Ⅰ 478nm，苏丹红Ⅱ、苏丹红Ⅲ及苏丹红Ⅳ 520nm；于苏丹红Ⅰ出峰后切换。进样量为 10μL。梯度条件见表 10-2。

表 10-2　梯度洗脱条件

时间/min	流动相		曲线
	A/%	B/%	
0	25	75	线性
10.0	25	75	线性
25.0	0	100	线性
32.0	0	100	线性
35.0	25	75	线性
40.0	25	75	线性

（3）标准曲线的绘制：吸取标准储备液 0、0.1mL、0.2mL、0.4mL、0.8mL、1.6mL，用正己烷定容至 25mL，此标准系列浓度为 0、0.16μg/mL、0.32μg/mL、0.64μg/mL、1.28μg/mL、2.56μg/mL，绘制标准曲线。

（4）标准溶液的测定：基线走稳后，分别进样上述标准溶液各 10μL，以确定各个峰的保留时间。

（5）定量分析程序：用苏丹红标准溶液分析结果建立定量分析表或计算校正因子。

（6）样品分析：取样品 10μL 进样，与各种苏丹红的标准溶液色谱图比较即可确认样品中各种苏丹红峰的位置。如果分离不完全，可适当调整流动相浓度或流速。记录保留时间及峰面积。

（7）精密度的测定：按上述操作进样两次，如果两次定量结果相差较大（如 5% 以上），则再进样一次，取三次的平均值。

（8）实验完毕，清洗色谱柱，关机。

数据处理

项目	苏丹红 I	苏丹红 II	苏丹红 III	苏丹红 IV
标准中的 $m_{标准}$/(mg/L)				
红辣椒粉				
红辣椒油				
辣椒酱				
香肠				

按下述公式计算苏丹红含量：

$$W = cV/M \tag{10-4}$$

式中，W 为样品中苏丹红含量，mg/kg；c 为由标准曲线得出的样液中苏丹红的浓度，μg/mL；V 为样液定容体积，mL；M 为样品质量，g。

思考题

(1) 苏丹红样品的前处理方法有哪些？不同的方法对样品的测定有无影响？

(2) 根据苏丹红的结构初步判断试样中各组分的洗脱顺序，并与实验结果进行比较，对其原因进行解释。

10.5.3　饮料中添加剂苯甲酸钠、山梨酸钾、糖精钠的测定

实验目的

(1) 学习实际样品的简单处理方法。

(2) 掌握用高效液相色谱仪分离测定样品的操作方法。

实验原理

为了改善食品的品质及色、香、味，各类食品添加剂被广泛用于食品加工中。食品添加剂虽然在食品中的使用量很少（0.01%～0.1%），但其对食品工业的发展和食品的加工、储存都具有非常重要的作用。食品生产中的添加剂多为化学合成品，由于有些添加剂对人体有一定的毒性，使用不当或过量使用，将会对消费者造成不利甚至是严重的影响。因此，世界各国对一些食品添加剂的使用量和残留量都做了严格的规定。

苯甲酸钠、山梨酸甲为常见食品防腐剂，糖精钠为常见食品甜味剂。可采用 HPLC 法测定它们的含量。

以 C_{18} 键合反相柱为固定相，以甲醇-0.02mol/L 乙酸铵溶液为流动相，分离苯甲酸钠、山梨酸钾、糖精钠，可以得到较好的分离效果，并在 230nm 的波长下有较好紫外吸收峰。可根据保留时间和峰面积进行定性、定量分析。

仪器与试剂

(1) 仪器　高效液相色谱仪；紫外检测器；容量瓶。

(2) 试剂

① 甲醇：色谱纯，经 0.45μm 滤膜过滤。

② 氨水（1∶1）：氨水加等体积水混合。

③ 乙酸铵溶液（0.02mol/L）：称取 1.54g 优级纯乙酸铵，加水至 100mL 溶解，经 0.45μm 滤膜过滤。

④ 苯甲酸标准储备液：准确称取 0.1000g 优级纯苯甲酸（C_6H_5COOH），加碳酸氢钠溶液（20g/L）5mL，加热溶解，移入 100mL 容量瓶中，加水定容，苯甲酸的含量为 1mg/mL。

⑤ 山梨酸标准储备液：准确称取 0.1000g 优级纯山梨酸（$CH_5CH=CHCHCOOH$），加碳酸氢钠溶液（20g/L）5mL，加热溶解，移入 100mL 容量瓶中，加水定容，山梨酸的含量为 1mg/mL。

⑥ 糖精钠标准储备液：准确称取 0.085g 经 120℃烘干 4h 后的糖精钠（$C_6H_4CONNaSO_2 \cdot 2H_2O$），加水溶解移入 100mL 容量瓶中，定容，糖精钠的含量为 1mg/mL。

⑦ 苯甲酸钠、山梨酸钾、糖精钠的标准使用液：取以上储备液各 10.0mL，移入 100mL 容量瓶中，定容至刻度。此溶液含苯甲酸钠、山梨酸钾、糖精钠各 0.1mg/mL。

⑧ 流动相：甲醇：乙酸铵（0.02mol/L）＝5：95，抽滤，脱气。

实验步骤

（1）样品处理　汽水饮料：用电子天平称取 5.00～10.0g 样品放入小烧杯中，微温搅拌除去 CO_2，用氨水（1：1）调 pH 值约为 7，加水定容至 10～20mL，经 0.45μm 滤膜过滤至 1mL 的样品管中。

（2）色谱条件　色谱柱：Φ4.6mm×25cm，YWG-C_{18} 不锈钢柱；流动相：甲醇：乙酸铵（0.02mg/mL）＝5：95；流速：1mL/min；检测器：紫外检测器，波长 230nm。

（3）开机　按照开机规程进行。

（4）样品测定

① 定性分析：进样 10μL，注入高效液相色谱仪进行分离，以其标准溶液峰的保留时间为依据进行定性。

② 定量分析（外标峰面积法）：分别取苯甲酸、山梨酸、糖精钠的标准储备液 0，0.5mL，1.0mL，1.5mL，2.0mL，2.5mL，3.0mL；混合放入 10mL 容量瓶中定容至刻度，使其浓度为 0，0.05mg/mL，0.10mg/mL，0.15mg/mL，0.20mg/mL，0.25mg/mL，0.30mg/mL。分别取 25μL 样品进样，以浓度为横坐标，峰面积为纵坐标绘制工作曲线。

③ 样品分析：取处理好的样品溶液 25μL 注入色谱仪，根据苯甲酸钠、山梨酸钾、糖精钠的峰面积，从工作曲线上查出各自的含量 m_i，再计算出实际的含量（g/kg）。

数据处理

化合物	保留时间 t_R/min	线性方程	回归因子	实际测定/(mg/kg)
苯甲酸				
山梨酸				
糖精钠				

思考题

（1）流动相为什么要进行脱气？

（2）本实验中，为什么能用紫外检测器进行检测？230nm 是不是苯甲酸钠、山梨酸钾、糖精钠的最佳紫外吸收波长？

≡ 第11章 ≡

离子色谱法

11.1　引言

无机离子与大多数有机离子不同，只有在远紫外区才有吸收，光度检测器不适用于检测无机离子，而电导检测器却是可检测电解质溶液的通用型检测器，这种检测器简单易于操作，但是长时间以来没有一种可以和电导检测器相配合的分离模式。直至 20 世纪 70 年代中期，在液相色谱高效化的带动下，由 Small 等发明了现代离子色谱（或称高效离子色谱），即采用低交换容量的离子交换柱，以强电解质作流动相分离无机离子，然后用抑制柱作流动相将被测离子的反离子除去，使流动相电导降低，从而获得高的检测灵敏度。这就是所谓的双柱离子色谱（或称抑制型离子色谱）。在 1979 年，Gjerde 等用弱电解质作流动相，因流动相自身的电导较低，不必用抑制柱，因此称作单柱离子色谱（或称非抑制性离子色谱）。

自离子色谱（ion chromatography，IC）问世到现在，已经发生了巨大的变化。IC 法早期发展的主要推动力是阴离子的分析，如一次进样，8min 内可连续测定低 $\mu g/L$ 至数百 mg/L 数量级的 F^-、Cl^-、NO_2^-、Br^-、NO_3^-、HPO_4^{2-} 和 SO_4^{2-} 等多种阴离子，因此 IC 问世之后很快就成为分析阴离子的首选方法。IC 法分析无机阳离子的方法发展较慢，其主要原因是已广泛使用的原子吸收法具有快速、灵敏和选择性好等突出优点。然而近几年来，无机阳离子的 IC 分析法已在分析化学中广泛应用。例如新型的弱酸型阳离子交换分离柱，一次进样 10min 内就可完成碱金属（一价）、碱土金属（二价）及铵的分离与检测。对过渡金属的分析在很多领域中已成为常规分析方法，特别是对元素不同价态和形态的分析以及 IC 的在线浓缩富集和基体消除技术已充分显示出 IC 的优势。虽然离子交换仍是 IC 的主要分离方式，离子排斥色谱和离子对色谱在离子型分子和高极化分子的分析中也起着重要的补充作用。就其主要应用而言，电导检测器是最通用的检测器，紫外-可见（UV-Vis）光谱检测器、安培检测器、荧光检测器以及原子吸收光谱检测器等元素特征检测器也得到了广泛应用。

采用 IC 分离方式可分析的物质包括无机阴离子（包括含阳离子的配阴离子）、无机阳离子（包括稀土元素）、有机阴离子（有机酸、有机磺酸盐和有机磷酸盐）和有机阳离子（胺、吡啶等），以及生物物质（糖、醇、酚、氨基酸和核酸等）。离子色谱因灵敏度较高、分析速度快，能实现多种离子的同时分离，而且还能将一些非离子性物质转变成离子性物质后测定，所以在环境化学、食品化学、化工、电子、生物医药、新材料研究等许多科学领域得到广泛的应用。

11.2 离子色谱法原理

离子色谱是基于离子性物质为分析对象，利用被测物质的离子性进行分离和检测的一种高效液相色谱（high poerformance liquid chromatography，HPLC）分析方法，与普通高效液相色谱的不同之处是它通常使用离子交换剂固定相和电导检测器。根据分离机理，离子色谱可分为离子交换色谱（HPIC）、离子排斥色谱（HPIEC）和离子对色谱（MPIC）。

11.2.1 离子交换色谱

IC 的分离机理主要是离子交换，即离子交换色谱使用的是低交换容量的离子交换剂，这种交换剂的表面有交换基团。带负电荷的交换基团（如磺酸基和羧酸基）可以用于阳离子的分离，带正电荷的交换基团（如季铵盐）可以用于阴离子的分离。图 11-1 是阴离子交换过程的示意图。由于静电场相互作用，样品阴离子以及淋洗剂阴离子（也称淋洗离子）都与固定相中带正电荷的交换基团作用，样品离子不断地进入固定相，又不断地被淋洗离子交换而进入流动相，在两相中达到动态平衡，不同样品的阴离子与交换基团的作用力大小不同，电荷密度大的离子与交换基团的作用力大，在树脂中的保留时间就长，于是不同的离子被相互分离开。

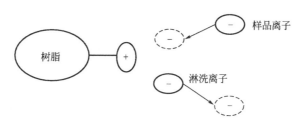

图 11-1 阴离子交换过程示意图

离子色谱有两种类型，一种是带有抑制柱的离子色谱（双柱离子色谱），另一种是单柱离子色谱。离子交换色谱的流动相是电解质溶液，样品以电解质溶液为背景，而被测物的浓度又大大小于流动相电解质的浓度，这样难以测量由于样品离子的存在而产生的微小电导的变化。而在抑制柱离子色谱中，利用抑制柱可以除去流动相中的高浓度电解质，把背景电导加以抑制，从而解决了在离子色谱中使用电导检测器的问题。现以硫酸钠和硝酸钠的分离为例说明双柱离子色谱的分离原理：以阴离子交换树脂作固定相，以碳酸钠溶液为流动相，可以有效地把两种阴离子分开。如图 11-2 所示，在色谱柱中，比较容易被碳酸根离子取代的硝酸根离子，先于硫酸根离子流出色谱柱，而洗

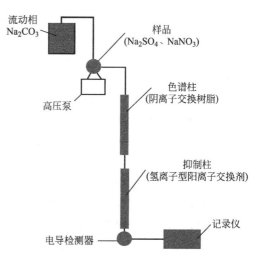

图 11-2 双柱离子色谱仪示意图

脱液在进入检测器之前，经过抑制柱，在抑制柱（填充有氢离子型阳离子交换剂）中把洗脱液中的高电导碳酸钠交换为难离解的碳酸溶液；与此同时硝酸根离子和硫酸根离子在抑制柱中也转化为相应的酸。硝酸和硫酸与碳酸不同，比其盐类有更高的导电性，所以它们可以被电导检测器检测到。

单柱离子色谱，省去了抑制柱，它的分离柱也和双柱离子色谱一样，用低容量离子交换剂。为了提高信噪比，洗脱液必须要用低电导物质，而且它的浓度要低，固定相的离子交换容量也降低，这样可使被测离子的保留时间在合理的范围之内。在单柱离子色谱中要考虑的另一个问题是洗脱剂的性质，在离子色谱中是用洗脱剂的离子置换结合到离子交换树脂上的被测离子，当以电导检测器指示洗脱过程时，检测灵敏度取决于被测离子和置换离子摩尔电导率之差。一般样品离子具有中等的摩尔电导率，为了提高灵敏度，洗脱剂中的置换离子应具有很高或很低的摩尔电导率。在阴离子交换模式中，大分子量的有机酸及其盐具有低的摩尔电导率，而无机碱（OH^-）具有高的摩尔电导率。在阳离子交换模式中，大分子量的季铵盐、乙二胺具有低的摩尔电导率，而无机酸（H^+）具有高的摩尔电导率。但是大分子量的季铵盐在离子交换树脂上有强烈的吸附性，限制了它的应用。表 11-1 中列出单柱离子色谱中使用的洗脱剂。

表 11-1　单柱离子色谱中使用的洗脱剂

离子交换类型	洗脱剂
阴离子交换柱离子色谱	苯甲酸、苯甲酸盐、烟酸、甲基磺酸盐、氯甲基磺酸盐、葡萄糖酸盐、邻苯二甲酸盐、对羟基苯甲酸盐、水杨酸、酒石酸盐、柠檬酸盐、均苯三酸盐、氢氧化钠
阳离子交换柱离子色谱	硝酸、高氯酸、乙二胺硝酸盐、乙二胺草酸盐、乙二胺盐+α-羟基异丁酸

11.2.2　离子排斥色谱

离子排斥色谱（ion chromatography exclusion，IEC），可以快速地确定样品混合物的复杂性，而且可以同时给出各个组分的大概分子量及分布。分离阴离子用强酸性高交换容量的阳离子交换树脂，分离阳离子用强碱性高交换容量的阴离子交换树脂。下面以阴离子分离为例（图 11-3）说明离子排斥色谱的基本原理。强电解质 H^+Cl^-，因受排斥作用不能穿过半透膜进入树脂的微孔，迅速通过色谱柱而无保留；弱电解质 CH_3COOH 可以穿过半透膜进入树脂微孔。电解质的离解度越小，受排斥作用越小，因而在树脂中的保留也就越大。

因此，体积排阻色谱的分离机理是分子的体积排阻，样品组分和固定相之间原则上不存

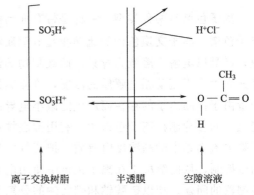

图 11-3　离子排斥色谱的基本原理示意图

在相互作用，色谱柱的固定相是具有不同孔径的多孔凝胶，只让临界直径小于凝胶孔开度的分子进入（保留），其孔径对溶剂分子来说是很大的，所以溶剂分子可以自由地出入。高聚物分子在溶液中呈无规的线团，线团的体积和分子量有一定的线性关系，对不同大小的溶质

分子可以渗透到不同大小的凝胶孔内不同的深度，小的溶质分子，大孔小孔都可以进去，甚至渗透到很深的孔中。所以大的溶质分子保留时间短，洗脱体积小；而小的溶质分子保留时间长，洗脱体积大。

11.2.3　离子对色谱

离子交换色谱法是用离子交换剂作固定相分离离子型混合物的方法，而离子对色谱法是用正相或反相色谱柱分离离子和中性化合物的方法。离子对色谱的出现源于离子对萃取。离子对萃取是一种液液分配分离离子性化合物的技术，这种萃取方法是选择合适的反电荷离子加入到水相中，与被分离的化合物形成离子对，离子对表现为非离子性的中性物质，被萃取到有机相中。20 世纪 60 年代初期，Schill 等系统地研究了离子对（两个相反电荷的离子相互作用形成一个中性化合物）的分离现象，并把它引入到液相色谱中。现代离子对色谱是从 20 世纪 70 年代初期发展起来的，它主要分为两类：正相离子对色谱和反相离子对色谱。在正相离子对色谱中，把含有离子对试剂的水溶液涂渍到硅胶表面和孔隙中，流动相是水和有机溶剂。早期的反相离子对色谱的固定相是用非键合的涂渍固定液于载体上的填料，流动相为含有离子试剂的强极性含水有机溶剂。20 世纪 70 年代中期各种液相色谱法都采用化学键合固定相，离子对色谱也不再用涂渍型填料。现在最常用的是反相离子对色谱，它使用反相色谱中常用的固定相，如 ODS。反相离子对色谱兼有反相色谱和离子色谱的特点，它保持了反相色谱的操作简便、柱效高的优点，而且能同时分离离子型化合物和中性化合物。

11.2.3.1　反相离子对色谱的分离过程

反相离子对色谱常以非极性疏水固定相如 ODS（或 C_2，C_8）作填料，流动相是含有对离子（如 B^-）的极性溶液，当样品（含有被分离的离子 A^+）进入色谱柱之后，A^+ 和 B^- 相互作用生成中性化合物 AB，AB 就会被疏水性固定相分配或吸附，按照它和固定相及流动相之间的作用力大小被流动相洗脱，其分离过程见图 11-4。

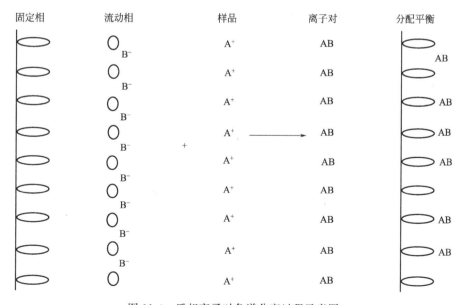

图 11-4　反相离子对色谱分离过程示意图

11.2.3.2 反相离子对色谱的流动相

反相离子对色谱常用的流动相是甲醇-水和乙腈-水,增加甲醇或乙腈,k 值减小。在流动相中增加有机溶剂的比例,应考虑离子对试剂的溶解度。流动相的酸度对保留值有影响,一般 pH=2~7.4 比较合适,表 11-2 为分离不同样品时酸度的选择。

表 11-2 反相离子对色谱流动相酸度的选择

样品类型	pH 范围	说明
弱酸型(pK_a<2),如磺酸类化合物	2~7.4	在整个 pH 值范围样品都可以离子化
弱酸型(pK_a<2),如氨基酸	6~7.4	样品可离子化,其保留时间只取决于离子对性质
弱酸型(pK_a<2)	2~5	样品离子化被抑制,不生成离子对
弱碱型(pK_a<2),如季铵盐	2~8	在整个 pH 值范围样品都可以离子化
弱碱型(pK_a<2),如儿茶酚胺	6~7.4	样品离子化被抑制,不生成离子对
弱碱型(pK_a<2)	2~5	样品可离子化,其保留时间只取决于离子对性质

11.2.3.3 反相离子对色谱的离子对试剂

离子对试剂的种类、大小及浓度都对分离有很大的影响,选择离子对试剂的种类决定于被分离样品的性质。

11.3 仪器结构与原理

图 11-5 是带抑制型电导检测器的离子色谱仪的构造示意图。离子色谱仪的基本构成及工作原理与液相色谱相同,而检测器为电导检测器。IC 往往用强酸性或强碱性物质作流动相,因此仪器的流路系统耐酸耐碱的要求更高一些。这里将重点介绍离子色谱柱的填料(离子交换剂)和电导检测器。

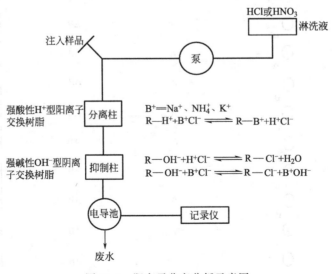

图 11-5 阳离子分离分析示意图

离子色谱的分离原理仍然是离子交换，即利用被测离子与柱中离子交换树脂固定相上的可交换基团之间作用力的不同，经过与可交换离子反复多次的交换平衡而达到分离。离子色谱由三部分组成，即离子交换分离、淋洗液的抑制和电导检测（图 11-5 和图 11-6）。图 11-5 是阳离子分离分析的示意图。经过抑制柱后，待测离子 B^+ 从盐的形式转变成相应的碱，此转换对强电解质也是等量的，而淋洗液 HCl 被转变成 H_2O，电导很低，而待测离子 B^+ 的电导通过抑制柱反应没有改变。

淋洗液通过抑制柱时，淋洗液中大量的阴离子被树脂保留，置换下的 OH^- 与淋洗液中的质子中和生成水，使淋洗液的电导大大降低，试样中的阳离子不与抑制柱作用流出柱子，进入电导检测器而被检测。

图 11-6 是阴离子分离分析示意图。经过抑制柱后，待测离子 A^- 从盐的形式转变成酸，此转换对强电解质也是等量的，待测离子 A^- 的电导通过抑制柱反应没有改变，而淋洗液 $NaHCO_3$ 或 NaOH 经过抑制柱后转变成 H_2CO_3 或 H_2O，H_2CO_3 或 H_2O 的电导都很低。

由此可见，通过抑制柱的反应扣除了淋洗液的高背景电导，突出了待测离子的电导，这是离子色谱的关键。

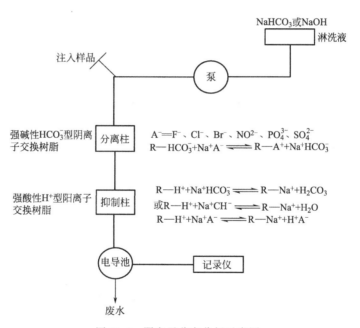

图 11-6　阴离子分离分析示意图

IC 往往用强酸性或强碱性物质作流动相，因此仪器的流路系统耐酸耐碱的要求更高一些。这里将重点介绍离子色谱柱的填料（离子交换剂）和电导检测器。

11.3.1　离子交换剂

11.3.1.1　离子色谱柱填料的类型

常用离子色谱柱固定相的性能列于表 11-3 中，离子色谱柱的填料主要有以下 3 类。

表 11-3　常用离子色谱柱固定相的性能

	色谱柱型号	基质	粒径/μm	物理结构	交换基团	交换容量/(mmol/g)
阴离子交换柱	Ionpac AS4	聚苯乙烯	15	表面多孔	$-N^+R_3$	0.02
	Ionpac AS5	聚苯乙烯	15	表面多孔	$-N^+R_3$	0.01
	Ionpac AS7	聚苯乙烯	10	表面多孔	$-N^+R_3$	0.02
	Ionpac AS9	聚苯乙烯	15	表面多孔	$-N^+R_3$	0.03
	Ionpac Fast Anion	聚丙烯酸酯	15	表面多孔	$-N^+R_3$	0.005
	Shim-pack IC-A1	聚丙烯酸酯	10	全多孔	$-N^+R_3$	0.05
	Shim-pack IC-A2	聚丙烯酸酯	10	表层	$-N^+R_3$	0.015
	TSKgel IC Anion-SW	硅胶	5	全多孔	$-N^+R_3$	0.3
	TSKgel IC Anion-PW	聚甲基丙烯酸酯	10	全多孔	$-N^+R_3$	0.1
	Shodex IC-1-524A	聚丙烯酸酯	10	全多孔	$-N^+R_3$	0.04
	HPIC-AS3	聚苯乙烯	25	表层	$-N^+R_3$	0.03
	YSA-4(国产)		20		$-N^+R_3$	0.015
	YINOPAK-LOIA(国产)	聚苯乙烯	20	表面多孔	$-N^+R_3$	0.02
阳离子交换柱	Ionpac CS3	聚苯乙烯	10	表层	$-SO_3H$	0.01
	Ionpac CS5	聚苯乙烯	13	表层	$-SO_3H,-N^+R_3$	0.02
	Ionpac Fast Cation Ⅰ	聚苯乙烯	13	表层	$-SO_3H$	0.005
	Ionpac Fast Cation Ⅱ	聚苯乙烯	7	表层	$-SO_3H$	0.005
	Shim-pack IC-C1	聚苯乙烯	10	表层	$-SO_3H$	0.025
	TSKgel IC Cation	聚苯乙烯	10	表层	$-SO_3H$	0.01
	TSKgel IC Cation-SW	硅胶	5	全多孔	$-SO_3H$	0.3
	Shodex IC-Y-421D	硅胶	5	表层	$-COOH$	0.03
	Shodex IC-T-521	聚苯乙烯	10	全多孔	$-SO_3H$	0.015
	Shodex IC-R-621	聚苯乙烯	5	全多孔	$-SO_3H$	2~3
	HPICCS2	聚苯乙烯	13	表层	$-SO_3H$	0.02
	YSC-1(国产)	聚苯乙烯	20	表层	$-SO_3H$	0.02
	YSC-2(国产)	聚苯乙烯	10	表层	$-SO_3H$	0.02
离子排斥柱	Ionpac ICE-AS1	聚苯乙烯	7.5	表面多孔	$-SO_3H$	
	Ionpac ICE-AS5	聚苯乙烯	7	表面多孔	$-SO_3H$	
	Shim-pack SCR-101H	聚苯乙烯	10	表面多孔	$-SO_3H$	
	Shim-pack SCR-102H	聚苯乙烯	7	表面多孔	$-SO_3H$	
	TSKgel SCX	聚苯乙烯	5	表面多孔	$-SO_3H$	4.2
	HPICE-AS			全多孔	$-SO_3H$	4~5
	YSICE-1(国产)			全多孔	$-SO_3H$	5

11.3.1.2　离子交换树脂

离子交换树脂是指有机聚合物离子交换剂，是应用最广的填料。离子交换树脂可以粗略地分为多孔性和表层性两类。多孔性树脂的整个树脂上布满了网孔，树脂中除了有微孔外，还有数十纳米大孔的树脂（大孔树脂）。表层性树脂有一刚性较好的固体惰性核，如低交联度的聚苯乙烯核，此核无功能基团，有一定疏水性。表层性树脂表面的离子交换体少，交换容量低，只适合作分析型填料。使用最广泛的树脂是聚苯乙烯。

聚苯乙烯是苯乙烯和二乙烯苯聚合所得的共聚物，聚合后的共聚物是具有三维网络的疏水性化学惰性的球形颗粒。交联度是聚苯乙烯树脂的一个重要参数，通常使用的是交联度在4%～12%的树脂。衡量离子交换树脂性能的另一个参数是交换容量，它是指1g干树脂所能交换的离子的物质的量（mmol）。强酸性和强碱性树脂的交换容量受溶液 pH 的影响较小，但弱酸性和弱碱性离子交换树脂的交换容量受溶液 pH 的影响很大。弱碱性的阴离子交换树脂在碱性溶液中离解受抑制，随着碱性的增加，交换容量急剧下降，同样，弱酸性阳离子交换树脂只有在碱性条件下才能保证其交换容量。

11.3.1.3　硅胶键合型离子交换剂

有机聚合物基质的离子交换树脂的缺陷是溶胀性较大，不耐高压，基质表面和内部的微孔会影响基质的传递速率。为了解决这些问题，以硅胶为基质的键合型离子交换剂发展得很迅速。最常见的是在表层薄壳型或微孔型硅胶微粒表面键合上各种离子交换基团。硅胶基质固定相除了能耐高压外，还有良好的化学稳定性和热稳定性，但只能使用中性和酸性流动相。

11.3.2　电导检测器

11.3.2.1　非抑制型电导检测器

在离子色谱中，分析对象和所使用的流动相都是离子性物质，不同的离子其溶液的导电性是不同的。可以用极限摩尔电导率来衡量离子的导电能力（表 11-4）。流动相中主要是淋洗离子和与之平衡的反离子，其电导值称为背景电导。进样前，流动相中淋洗离子占领固定相中的离子交换位置。

表 11-4　常见离子在水溶液中的极限摩尔电导率 λ（25℃）

阴离子	$\lambda/(S \cdot m^2/mol)$	阳离子	$\lambda/(S \cdot m^2/mol)$	阴离子	$\lambda/(S \cdot m^2/mol)$	阳离子	$\lambda/(S \cdot m^2/mol)$
OH^-	198	H^+	350	$ArCOO^-$	32	Hg^{2+}	53
F^-	54	Li^+	39	SCN^-	66	Cu^{2+}	55
Cl^-	76	Na^+	50	SO_4^{2-}	80	Pb^{2+}	71
Br^-	78	K^+	74	CO_3^{2-}	72	Co^{2+}	53
I^-	77	NH_4^+	73	$C_2O_4^{2-}$	74	Fe^{3+}	68
NO_3^-	71	Mg^{2+}	53	CrO_4^{2-}	85	La^{3+}	70
HCO_3^-	45	Ca^{2+}	60	PO_4^{3-}	69	Ce^{3+}	70
$HCOO^-$	55	Sr^{2+}	59	$Fe(CN)_6^{3-}$	101	$CH_3NH_3^+$	58
CH_3COO^-	41	Ba^{2+}	64	$Fe(CN)_6^{4-}$	111	$N(Et)_4^+$	33
$C_2H_5COO^-$	36	Zn^{2+}	53				

非抑制型离子色谱使用的是低电导的流动相，如几毫摩尔浓度的有机酸或有机酸盐溶液，从色谱柱流出的溶液直接进入电导检测器。当样品加入后，样品带随流动相到达色谱

柱，被测物质在交换基团上与淋洗离子竞争，达到最初的离子交换平衡，被交换下来的淋洗离子和被测离子的反离子迅速通过色谱柱到达检测器。

11.3.2.2 抑制型电导检测器

抑制型电导检测器使用的是强电解质流动相，如分析阴离子用碳酸钠、氢氧化钠，分析阳离子用稀硝酸、稀硫酸等。这类流动相的背景电导高，而且被测离子以盐的形式存在于溶液中，检测灵敏度很低，为了提高检测灵敏度，就需将背景电导降低和增加被测离子的电导。分析阴离子时通常用稀硫酸（$10 \sim 20 mmol/L$）作抑制剂溶液，分析阳离子时通常用稀氢氧化钠作抑制剂溶液。图 11-7 绘示了阴离子分析用膜抑制器的工作原理。抑制剂是稀硫酸溶液，交换膜相当于含阳离子交换基团的离子交换树脂。抑制剂通过膜的外侧，抑制剂溶液中的 H^+ 可以透过膜进入到膜内侧，从色谱柱流出的流动相（如碳酸钠）带着样品离子（如 NaCl）流经膜的内侧，在这里，CO_3^{2-} 与来自抑制剂的 H^+ 结合成为弱离解的 H_2CO_3 使背景电导大大降低。阴离子 Cl^- 因道南（Donnan）排斥作用不能穿过交换膜，也在流动相中与 H^+ 结合成为弱离解的 H_2CO_3，因为 H^+ 的当量电导比 Na^+ 大得多，所以 HCl 的电导比 NaCl 也大得多，从而使 Cl^- 的检测灵敏度大大提高。阴离子的反离子 Na^+ 可以穿过膜进入膜外侧的抑制剂溶液中，使抑制剂转化成 Na_2SO_4，因为抑制剂溶液和流动相一样，始终以一定的流速在流动，后来的 H_2SO_4 又顶替了 Na_2SO_4，使抑制剂能持续工作。抑制型电导检测器通常比非抑制型电导检测器的灵敏度高几倍到几十倍。

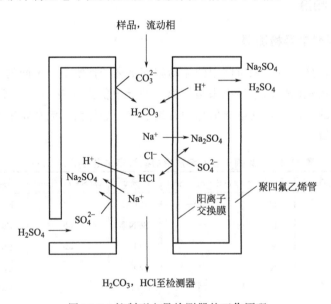

图 11-7 抑制型电导检测器的工作原理

11.4 实验技术

11.4.1 溶液的配制

配制标准溶液时一定要防止离子污染。样品溶液和流动相配制好后要用 $0.45 \mu m$ 以下的滤膜过滤，为防止微生物的繁殖，最好现配现用。

11.4.2 流动相的选择

流动相也称淋洗液，是用去离子水溶解淋洗剂配制而成。淋洗剂通常都是电解质，在溶液中离解成阴离子和阳离子。对分离起实际作用的离子称淋洗离子，如用碳酸钠水溶液作流动相分离无机阴离子时，碳酸钠是淋洗剂，碳酸根离子才是淋洗离子。选择流动相的基本原则是淋洗离子能从交换位置置换出被测离子。从理论上讲，淋洗离子与树脂的亲和力应接近或稍高于被测离子，但在实际应用中，当样品中强保留离子和弱保留离子共存时，如果选择和保留最强的离子的亲和力接近的淋洗离子，往往有些弱保留离子很快就流出色谱柱，不能达到分离，因此，合适的流动相应根据样品的组成，通过实验进行选择。离子抑制色谱除了控制流动相 pH 外，对流动相的要求和通常的反相色谱一样。

11.4.3 定性分析方法

当色谱柱、流动相及其他色谱条件确定后，我们便可根据分离机理和经验知道哪些离子在这个条件下有可能保留，而且还能根据离子的性质大致判断其保留顺序。在此基础上，就可以用标准物质进行对照。在确定的色谱条件下保留时间也是确定的，与标准物质保留时间一致就认为是与标准物质相同的离子，这种方法称作保留时间定性。

11.4.4 定量分析方法

在一定的被测物浓度范围内，色谱峰的高度和面积与被测离子浓度成线性关系，但一般情况下面积工作曲线的线性范围要宽一些，所以通常以峰面积的大小进行定量。

11.5 实验内容

11.5.1 天然矿泉水中 F^-、Cl^-、NO_3^- 和 SO_4^{2-} 的测定

实验目的

（1）了解离子色谱仪的特点和用途。

（2）掌握用离子色谱仪测定无机阴离子的方法。

实验原理

水样注入仪器后，在淋洗液（碳酸盐-碳酸氢盐）的携带下流经阴离子分析柱。由于水样中各阴离子对分离柱中阴离子交换树脂的亲和力不同，移动速度亦不同，从而使彼此得以分离。随后流经阴离子抑制柱，碳酸盐、碳酸氢盐被转换成碳酸，使背景电导降低。最后通过电导检测器，依次输出 F^-、Cl^-、NO_3^- 和 SO_4^{2-} 的电导信号值（峰高或峰面积）。

仪器与试剂

（1）仪器 带有阴离子分析柱、阴离子保护柱、阴离子抑制柱、电导检测器的离子色谱仪；容量瓶。

（2）试剂

① 淋洗储备液 $[c_{NaHCO_3} = 0.03mol/L，c_{Na_2CO_3} = 0.025mol/L]$：称取 2.52g 碳酸氢钠

和 2.65g 无水碳酸钠，共溶于少量水中，在 1000mL 容量瓶中定容，储存于聚乙烯瓶中，冰箱内保存。

② 淋洗使用液 $[c_{NaHCO_3}=0.003mol/L, c_{Na_2CO_3}=0.0025mol/L]$：量取 200mL 淋洗储备液用水稀释至 2000mL。

③ 氟离子标准储备液（1.000mg/mL）：称取 2.210g 于 105℃ 干燥过的氟化钠，溶于少量淋洗使用液，移入 1000mL 容量瓶，用淋洗使用液定容，储存于聚乙烯瓶中，冰箱内保存。

④ 氯离子标准储备液（1.000mg/mL）：称取 1.648g 于 500～600℃ 灼烧至恒重的氯化钠，溶于少量淋洗使用液，移入 1000mL 容量瓶，用淋洗使用液定容，储存于聚乙烯瓶中，冰箱内保存。

⑤ 硝酸根标准储备液（1.000mg/mL）：称取 1.631g 于 120～130℃ 干燥至恒重的硝酸钾，溶于少量淋洗使用液，移入 1000mL 容量瓶，用淋洗使用液定容，储存于聚乙烯瓶中，冰箱内保存。

⑥ 硫酸根标准储备液（1.000mg/mL）：称取 1.814g 于 105℃ 干燥过 2h 至恒重的硫酸钾，溶于少量淋洗使用液，移入 1000mL 容量瓶，用淋洗使用液定容，储存于聚乙烯瓶中，冰箱内保存。

⑦ 混合标准使用液：分别吸取已放置至室温的氟离子、氯离子、硝酸根和硫酸根标准储备液 2.00mL，24.0mL，20.0mL，24.0mL 于 1000mL 容量瓶中，用淋洗使用液定容。此溶液氟离子、氯离子、硝酸根离子和硫酸根离子的质量浓度分别为 2.00mg/mL，24.0mg/mL，20.0mg/mL 和 24.0mg/mL。

实验步骤

（1）水样的预处理　吸取 9.00mL 水样于 10mL 具塞比色管中，加淋洗储备液 1.00mL，摇匀，待测。

（2）色谱条件　柱温：室温；淋洗液流量：1.0mL/min；进样量：25mL。

（3）样品分析

① 定性分析：用注射器分别注入 25mL F^-、Cl^-、NO_3^- 于和 SO_4^{2-} 标准储备液中记录色谱图及各自的保留时间。再用注射器注入 25mL 待测试样，根据色谱图中保留时间确定离子的种类和出峰顺序。

② 定量分析：测定各离子对应峰高或峰面积，用外标法定量。

标准曲线的绘制：分别吸取 0、2.50mL、5.00mL、10.0mL、25.0mL、50.0mL 混合标准使用液于 6 个 100mL 容量瓶中，用淋洗使用液定容，摇匀。所配制标准系列各离子质量浓度见表 11-5。

表 11-5　标准系列各离子质量浓度

离子 X^{z-}	$\rho(X^{z-})/(mg/mL)$					
F^-	0.0	0.05	0.10	0.20	0.50	1.00
Cl^-	0.0	0.60	1.20	2.40	6.00	12.0
NO_3^-	0.0	0.50	1.00	2.00	5.00	10.0
SO_4^{2-}	0.0	0.60	1.20	2.40	6.00	12.0

数据处理

以质量浓度为横坐标，峰高或峰面积为纵坐标分别绘制 F^-、Cl^-、NO_3^- 和 SO_4^{2-} 的校准线。

计算：

$$m(X^{z-}) = \frac{m_1}{0.9}$$

式中，$m(X^{z-})$ 为水样中 F^-、Cl^-、NO_3^- 和 SO_4^- 的质量浓度，mg/L；m_1 为从校准曲线上查得的试样中 F^-、Cl^-、NO_3^- 和 SO_4^{2-} 的质量浓度；0.9 为稀释水样的校正系数。

思考题

(1) 简述用离子色谱方法分析样品的优点？

(2) 试比较液相色谱柱与离子色谱柱的异同？

11.5.2 啤酒中一价阳离子的定量分析

实验目的

(1) 进一步熟悉离子色谱仪的操作。

(2) 学习用阳离子交换色谱分析一价阳离子的方法。

实验原理

食品中通常含 Na^+，NH_4^+ 和 K^+ 等一价阳离子和 Ca^{2+}，Mg^{2+} 等二价阳离子。这些离子可用阳离子交换柱分离。淋洗剂通常是能提供 H^+ 作淋洗离子的物质（如硝酸、有机酸等）。因为静电相互作用，样品阳离子被交换到填料交换基团上又被淋洗离子交换进入流动相，这种过程反复进行。与阳离子交换基团作用力小的阳离子在色谱柱中的保留时间短，先流出色谱柱，于是，不同性质的阳离子得到分离。目前已有多种阳离子交换柱能同时分离一价阳离子和二价阳离子，但本实验条件下只适合一价阳离子（Na^+，NH_4^+ 和 K^+）的分析。本实验用峰面积标准曲线法定量。

仪器与试剂

(1) 仪器 带有阳离子分析柱、阳离子保护柱、阳离子抑制柱、电导检测器的离子色谱仪；容量瓶。

(2) 试剂

① 阳离子标准溶液：用优纯硝酸盐分别配制浓度为 1000mg/L 的 Na^+，NH_4^+ 和 K^+ 的储备溶液，用重蒸去离子水稀释成 20mg/L 的工作溶液，同时配制 3 种阳离子的混合溶液（各含 20mg/L）

② 啤酒样品：市售啤酒用 $0.45\mu m$ 水相滤膜过滤，必要时稀释 5 倍后进样。

③ 硝酸（5mmol/L）：先配制 100mmol/L 的浓溶液，然后稀释到 5mmol/L。

实验步骤

(1) 水样的预处理 吸取 9.00mL 水样于 10mL 具塞比色管中，加淋洗使用液 1.00mL，摇匀，待测。

(2) 色谱条件

① 阳离子交换柱 Shim-pack IC-C1 (4.6mmi.d. ×150mm)；

② 流动相为 5mmol/L 硝酸；

③ 流速为 1.5mL/min；

④ 色谱柱温为 40℃；

⑤ 使用电导检测器（如采用抑制型电导检测，可用 10mmol/L NaOH 作抑制剂）；

⑥ 进样量为 20μL。

（3）样品分析

① 定性分析：分别进样 25mL 的 Na^+，NH_4^+ 和 K^+ 的标准溶液。通过比较保留时间即可确定离子的种类和出峰顺序，以确认混合标准中 3 种一价阳离子的峰位置。

② 定量分析：测定各离子对应峰高或峰面积，用外标法定量。

标准曲线的绘制：分别吸取 0、2.50mL、5.00mL、10.0mL、25.0mL、50.0mL 混合溶液于 6 个 100mL 容量瓶中，用淋洗使用液定容，摇匀。所配制标准系列各离子质量浓度见表 11-6。

表 11-6　标准系列各离子质量浓度

离子 M⁺	$\rho(M^+)/(mg/L)$					
K^+	0.0	25	50	100	250	500
Na^+	0.0	25	50	100	250	500
NH_4^+	0.0	25	50	100	250	500

③ 样品测定：连续进样啤酒样品两次，如果两次定量结果相差较大（如大于 5％），则需再进样一次酒样品，取三次的平均值。

数据处理

（1）从 4 种阳离子混合溶液的分析数据，计算各离子单位浓度的峰高和峰面积，并按峰高排列出 3 种阳离子的检测灵敏度顺序。

（2）填写表格并整理啤酒中阳离子的分析结果。

阴离子	保留时间	各次测定值/(mg/L)	平均值/(mg/L)
Na^+			
NH_4^+			
K^+			

注意事项

（1）注意电导检测器的输出极性应置于"－"，使得到的色谱峰为正方向的峰。

（2）本分析体系没有系统峰，样品出完后即可进样下一个样品。

思考题

（1）离子色谱分析阳离子有何优点？

（2）如果用本实验中的阳离子交换柱分离二价阳离子（钙和镁），怎样选择流动相？

11.5.3　离子排斥色谱分离/抑制型电导检测分析葡萄酒中有机酸

实验目的

了解离子排斥色谱的分离机理和抑制型电导检测的特征。

实验原理

有机酸是弱酸，在离子排斥柱上，基于 Donnan 平衡，有机酸被保留和得到分离。离解越强的有机酸，受到的排斥越强，在树脂中的保留越小。整体上而言，有机酸在离子排斥柱上的流出顺序与在离子交换柱上相反。流动相用硫酸，抑制型电导检测用硫酸钠作抑制剂。在抑制器中，流动相中的 H^+ 与抑制剂中的 Na^+ 交换，由于 Na^+ 的当量电导较 H^+ 要小得多，流动相从 H_2SO_4 变成 Na_2SO_4，使背景电导降低。本实验也可采用非抑制型电导检测和紫外分光检测。

仪器与试剂

(1) 仪器 离子色谱仪；带抑制器的电导检测单元；容量瓶。

(2) 试剂

① 有机酸标准溶液：用分析纯或优级纯有机酸分别配制浓度为 1000mg/L 的酒石酸、苹果酸、丁二酸、甲酸和乙酸，用重蒸去离子水稀释成 50mg/L 的工作溶液，同时配制 5 种有机酸的混合溶液（各含 50mg/L）。

② 葡萄酒样品：市售白葡萄酒用 $0.45\mu m$ 水相滤膜减压过滤，稀释 10～20 倍。

③ 硫酸（1mmol/L）：0.102g 浓硫酸配制成 1000mL 水溶液。

④ 硫酸钠（25mmol/L）：3.55g Na_2SO_4 配制成 1000mL 水溶液。

实验步骤

(1) 葡萄酒样品的预处理 吸取 10.00mL 市售过滤后的白葡萄酒样品于 10mL 具塞比色管中，加淋洗储备液 1.00mL，摇匀，待测。

(2) 色谱条件

① 离子排斥柱使用 PCS5-052 和 SCS5-252；

② 流动相为 1mmol/L 硫酸，流速为 1.0mL/min；

③ 抑制剂为 25mol/L 硫酸钠，流速为 1.0mL/min；

④ 色谱柱温为 40℃；检测器为带抑制器的电导检测器；进样量为 20～50μL。

(3) 样品测定

① 定性分析：分别进样 25mL 的酒石酸、苹果酸、丁二酸、甲酸和乙酸 5 种有机酸的标准溶液。通过比较保留时间即可确定 5 种有机酸的种类和出峰顺序，以确认混合溶液中 5 种有机酸的峰位置。

② 定量分析：测定各有机酸对应峰高或峰面积，用外标法定量。

③ 标准曲线的绘制：分别吸取 0、2.50mL、5.00mL、10.0mL、25.0mL、50.0mL 混合溶液于 6 个 100mL 容量瓶中，用淋洗使用液定容，摇匀。所配制标准系列各离子质量浓度见表 11-7。

表 11-7 标准系列有机酸质量浓度

有机酸 HA	ρ(HA)/(mg/L)					
酒石酸	0.0	25	50	100	250	500
苹果酸	0.0	25	50	100	250	500
丁二酸	0.0	25	50	100	250	500
甲酸	0.0	25	50	100	250	500
乙酸	0.0	25	50	100	250	500

用峰面积标准曲线法定量。按操作规程设置定量分析程序。

葡萄酒样品的测定，进样两次，如果两次定量结果相差较大（如大于 5％），则再进样一次葡萄酒样品，取 3 次的平均值。

数据处理

填写表格并整理葡萄酒中有机酸的分析结果。

有机酸	保留时间/min	各次测定值/(mg/L)	平均值/(mg/L)
酒石酸			
苹果酸			
丁二酸			
甲酸			
乙酸			

注意事项

（1）本实验也可用离子排斥型有机酸分析专用柱。

（2）葡萄酒样品未经前处理，可能含有在色谱柱上有强烈吸附的有机物，实验完毕后应用含有机溶剂（如 5％～10％乙醇）的流动相清洗色谱柱。

思考题

（1）离子交换色谱、离子排斥色谱和反相 HPLC 分析有机酸各有何优缺点？

（2）离子排斥色谱所用固定相与离子交换色谱有何不同？为什么要有这种差别？

（3）有机酸在离子排斥柱上的保留与它们的酸离解常数之间是否有什么关系？

第12章

毛细管电泳分离分析法

12.1 引言

  毛细管电泳法（capillary electrophoresis，CE）又称高效毛细管电泳法（HPCE），是离子或荷电粒子以电场为驱动力，在毛细管中按其淌度或分配系数不同进行高效、快速分离的一种电泳新技术，也是经典电泳技术和现代微柱分离相结合的产物。在现代色谱分离技术中，CE 和高效液相色谱法（HPLC）可用相同的理论来描述，色谱法中所用的一些名词概念和基本理论均可用于毛细管电泳法，两者的仪器流程基本相同，均包括进样装置、分离柱、检测器和数据处理等部分，仪器操作易于实现自动化。二者之间差异在于：两者分离原理不同，电泳是指带电粒子在一定的介质中因电场作用而发生定向运动，依据粒子所带的电荷数、形状、离解度等不同所产生不同的迁移速度而分离，高效液相色谱是不同组分在两相（固定相和流动相）中的分配系数的不同而分离；CE 用迁移时间取代 HPLC 中的保留时间，CE 的分析时间通常不超过 30min，比 HPLC 所需的时间短；从分离效率看，CE 的柱效远高于 HPLC，而且 CE 所需样品量仅为 nL（10^{-9}L）量级，远低于 HPLC 所需样品量的 μL 量级。CE 和普通电泳相比有以下特点：由于采用高电场，因此分离速度要快得多；可供 CE 选择的检测器也很多，如紫外-可见吸收检测器、二极管阵列检测器、激光诱导荧光检测器、电化学检测器、质谱检测器等；CE 操作的自动化程度也比普通电泳要高得多。总之，CE 的优点可概括为三高二少：高灵敏度，常用的紫外检测器的检测限可达 $10^{-15} \sim 10^{-13}$ mol，激光诱导荧光检测器则达 $10^{-21} \sim 10^{-19}$ mol；高分辨率，每米理论塔板数一般可达几万，高者可达几百万乃至千万，而 HPLC 一般为几千到几万；高速度，最快可在 60s 内完成，已有报道可在 250s 内分离 10 种蛋白质；样品用量少，进样量为 nL 量级；成本低，只需少量（每天几毫升）流动相和价格低廉的毛细管。由于以上优点以及分离生物大分子的能力，使 CE 成为近年来发展最迅速的分离分析方法之一。当然 CE 还是一种正在发展中的技术，有些理论研究和实际应用正在进行与开发中。随着人们对毛细管电泳技术认识的加深，毛细管电泳技术飞速发展，已在生命科学、食品科学、环境科学、药物化学等领域广泛应用。

12.2 毛细管电泳分离的基本原理

12.2.1 电泳

一些物质在一定 pH 值的缓冲溶液中带有有效的正电荷或负电荷，这些带电荷的离子性化合物在施加电压的电色谱系统中会向相应的阴极或阳极运动，离子性化合物的电泳迁移速度（u_{ep}）由下式表示：

$$u_{ep} = \mu_{ep}E = \mu_{ep} \tag{12-1}$$

式中，μ_{ep} 是电泳淌度。μ_{ep} 与离子物质的 Zeta 电势（ξ）和缓冲溶液的浓度及性质相关：

$$\mu_{ep} = \frac{2}{3}\left(\varepsilon_0 \varepsilon_r \frac{\xi}{\eta}\right) \tag{12-2}$$

其中离子物质的 Zeta 电势取决于它的电荷数（$q_\pm$）和体积（r_s）以及缓冲液的介电常数：

$$\xi = \frac{q_\pm}{r_s \varepsilon} \tag{12-3}$$

将式(12-1)～式(12-3)组合起来，经处理后可得电泳迁移速率的表达式为：

$$u_{ep} = \frac{q_\pm}{6\pi r_s \eta}E \tag{12-4}$$

式(12-4)表明电泳现象所产生的迁移只对离子性化合物有效，电泳迁移速度取决于离子的净电荷和体积、电场强度、缓冲液的性质和柱温。离子性化合物溶剂化的差别（离子体积越小，溶剂化越强）会影响它的有效离子半径，进而影响它的电泳迁移速度。对于处于解离平衡的物质，则必须考虑到解离平衡过程对离子浓度的影响。

12.2.2 电渗流

在电泳色谱中，当电压施加于色谱柱的两端时产生电场梯度（$E = V/L$）时，在双电层中的过量离子［或至少是不紧密吸附在斯特恩（Stern）层中的离子］会带着任何液体向着电极运动。由于液体黏度（η）的阻力，这一液体的流型是塞状流型，只有在双电层的扩散部分是抛物线流型；同时由于色谱柱内径远远大于双电层的厚度，因此总体而言，流动相在柱内的运动可以被认为是塞状流型。这一过程被称为电渗过程，由此产生的液体流动被称为电渗流，由于电渗流是电色谱分离的驱动力，因此它也是电泳色谱中的最基本过程之一。

在水溶液中多数固体表面带有过剩的负电荷。就石英毛细管而言，表面的硅羟基在 pH 值大于 3 以后就发生明显的解离，使表面带有负电荷。为了达到电荷平衡，溶液中的正离子就会聚集在表面附近，从而形成所谓双电层。双电层与管壁之间就会产生一个 Zeta 电势。在毛细管中，当毛细管两端施加一个电压时，处于扩散层中的阳离子，在负电荷表面形成一个圆筒形的阳离子鞘，在外加电场作用下，以剪切面为分界面，朝向阴极与 Stern 层做相对运动。由于这些阳离子是溶剂化的，当它们沿剪切面做相对运动时，携带着溶剂一齐向阴极迁移，便形成了电渗流（electroosmotic flow，EOF）（图 12-1）。显然，电解质溶液中待测组分在毛细管内的迁移速度等于其电泳速度和电解质溶液电渗流速度的矢量和，当待测样品位于两端加上高压电场的毛细管的正极端时，正离子的电泳方向和电渗流方向一致，故其迁移速度为二者之和，最先达到毛细管的负极端；中性粒子的电泳速度为"零"，故其迁移速度相当于电渗流速度；而负离子的电泳方向则与电渗流方向相反，但因电渗流速度一般都大于电泳速度，故负离子将在中性粒子之后达到毛细管的负极端，因各种粒子在毛细管内迁移速度的不同而使它们得以分离。

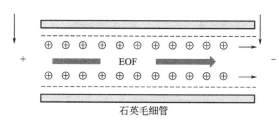

图 12-1　电渗流形成的示意图

电渗流的方向主要由本底中介质的性质所决定，在以磷酸钠作为电介质时，电渗流向阴极流动，这一电渗流的方向对阴离子的分析很有利。但阴离子会与电渗流反方向迁移，导致很低的总淌度和很长的分析时间。在这种情况下改变电渗流运动方向是必需的。当长碳链的季铵盐加入到缓冲液中时，它可以吸附在硅胶表面上，导致产生过量的反电荷离子，同时使电渗流反向运动，因此主体溶液会向阳极移动。测定电渗流的常用方法有以下几种：

① 直接测定目标容器中溶液体积的变化；

② 测定被转移的缓冲液质量的变化；

③ 测定由不同导电性的缓冲液加入毛细管柱时电流的变化；

④ 通过泳动电势的测量测定管壁的 Zeta 电位势；

⑤ 测定中性标记物的迁移时间。

在以上几种方法中，最后一种方法是最常用的，这是因为这一方法同时还可用于分析过程中 EOF 的控制。当紫外光（UV）作为检测器时，具有 UV 吸收的中性化合物，如二甲基甲酰胺、亚异丙基丙酮可以作为中性标记物；甚至是没有 UV 吸收的化合物，如甲醇、乙醇等可以通过基线的波动作为测电渗流的中性标记物。

12.2.3　电渗流的速度和流型

EOF 的大小可用速度和淌度来表示，EOF 速度（v_{eo}）与 ξ_e 电势有关，常用电渗流系数和电渗淌度（μ_{eo}）表示 EOF 大小：

$$\mu_{eo} = \frac{v_{eo}}{E} \tag{12-5}$$

在 CE 分离中，EOF 引起电解质溶液从毛细管一端向另一端流动，在通常情况下，熔硅毛细管中的 EOF 流向阴极，EOF 速度可用实验方法按下式计算。

$$v_{eo} = \frac{L}{t_{eo}} \tag{12-6}$$

以电场力驱动产生的 EOF，与高效液相色谱（HPLC）中靠外部泵压产生的液流不同。图 12-2 中的电渗流是 CE 中推动流动相前进的驱动力，它使整个流体像一个塞子一样以均匀速度向前运动，毛细管内流动相的流型呈近似扁平形的"塞式流"，塞式流型使溶质区带在毛细管内原则上不会扩张。但在 HPLC 中，采用的压力驱动方式使柱中流动相的流型呈抛物线形，通道中心处的流速往往是平均速度的 2 倍，导致溶质区带由于流动相径向流速的不同而扩张，引起柱效下降，这是 HPLC 分离效率不如 CE 的主要原因。

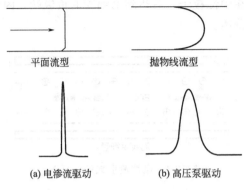

图 12-2　CE 和 HPLC 的流型

12.2.4　影响电渗流的因素

理论分析表明，增加组分的迁移速度是减少谱带展宽、提高分离效率的重要途径，增加电场强度可以达到提高速度的目的。但高场强导致通过毛细管的电流增加，从而增大焦耳热（自热）。如果不能有效地散热，自热将使流体在径向产生抛物线形的温度分布。因溶液黏度随温度升高呈指数下降，温度梯度使流动相黏度在径向产生梯度，从而影响流动相迁移速度，使毛细管轴中心的溶质分子要比近管壁的分子迁移速度快，造成溶质谱带展宽，柱效下降。实验证明，影响 EOF 速度的主要因素有电场强度、管壁的 Zeta 电势和溶液特性，而 Zeta 电势受管壁材料及其表面特性和溶液特性的影响。因此归纳影响 EOF 的影响因素：

① 电场强度；

② 毛细管材料；

③ 溶液的 pH 值，在石英毛细管中，当 pH＝4～6，对 EOF 影响最显著。

12.3　毛细管电泳法的分离模式

CE 现有 6 种分离模式，每种分离模式的分离原理、分离对象都有所不同，各有特点，现分述如下。

12.3.1　毛细管区带电泳

毛细管区带电泳（capillary zone electrophoresis，CZE）又称毛细管自由电泳，是毛细管电泳中最基本、应用最普遍的一种模式，利用待测组分电泳淌度的差异将其分离，根据组分的迁移时间进行定性分析，根据电泳峰的峰面积或峰高进行定量分析。在 CZE 模式中，溶质的迁移时间 t 可用下式表达：

$$t = \frac{L_d L_t}{(\mu_{ep} + \mu_{eo})V} \tag{12-7}$$

式中，μ_{ep} 为溶质的电泳淌度；μ_{eo} 为电渗流淌度；V 为外加电压；L_t 为毛细管总长度；L_d 为进样端到检测器之间的毛细管长度。当 $L_t \approx L_d$ 时，理论塔板数 N 为：

$$N = \frac{(\mu_{ep} + \mu_{eo})V}{2D} \qquad (12-8)$$

式中，D 为扩散系数。溶质 1 和 2 的分离度 R 为：

$$R = 0.177(\mu_1 - \mu_2)\left[\frac{V}{D\bar{\mu}_{ep} + \mu_{eo}}\right]^{1/2} \qquad (12-9)$$

式中，μ_1 和 μ_2 分别为溶质 1 和 2 的淌度；$\bar{\mu}_{ep}$ 为两溶质的平均淌度。

由于带电粒子的迁移速度等于电泳和电渗流速度的矢量和，在只填充缓冲溶液的毛细管中，不同质荷比大小的组分在电场作用下因淌度不同而进行分离。在毛细管中，由于电渗流的存在，所有溶质都随电渗流一起向负极迁移。在毛细管区带电泳中可以实现正负离子（或粒子）的同时分离，中性粒子随电渗流一起流出毛细管，不能分离。组分的检出顺序为：阳离子（正粒子）＞中性粒子＞阴离子（负粒子）。毛细管区带电泳是 CE 中最基本、应用最普遍的一种模式。

毛细管区带电泳操作简单、快速、分离效率高；应用广泛，适用于具有不同淌度的带电粒子的分离，分子量范围从十几的小分子到几十万的生物大分子；不能分离中性分子。

12.3.2 毛细管胶束电动色谱

毛细管胶束电动色谱（micellarelectrokinetic capillary chromatography，MECC）是把一些离子型表面活性剂（如十二烷基硫酸钠，SDS）加到缓冲液中，当其浓度超过表面活性剂的临界胶束浓度后，就会形成有疏水内核、外部带负电的胶束。在含有胶束的流动相中，溶质在"水相"和"胶束相"（准固定相）之间进行分配，即使是中性溶质，因其本身疏水性不同，在二者之间的分配也会有差异。疏水性强的溶质在"胶束相"中停留时间长，迁移速度就慢；反之，亲水性强的溶质迁移速度就快，最终中性溶质将依其疏水性不同而得以分离。胶束电动毛细管色谱可用于中性物质的分离，拓宽了毛细管电泳的应用范围。

中性溶质在 MECC 模式中的迁移时间 t_R 可表达为：

$$t_R = \frac{1+k'}{1+(t_0/t_{mc})k'}t_0 \qquad (12-10)$$

式中，k' 为容量因子；t_0 为水相的迁移时间；t_{mc} 为胶束相的迁移时间。其分离度 R_s 为：

$$R_S = \frac{\sqrt{N}}{4}\left(\frac{a-1}{a}\right)\left(\frac{k_2'}{1+k_2'}\right)\left[\frac{1-t_0/t_{mc}}{1+(t_0/t_{mc})k_1'}\right] \qquad (12-11)$$

式中，N 为理论塔板数；a 为分离因子，$a=k_1'/k_2'$；k_1' 和 k_2' 分别为溶质 1 和 2 的容量因子。

$$k' = K\frac{V_{mc}}{V_{aq}} \qquad (12-12)$$

式中，K 为溶质在"胶束相"和"水相"之间的分配系数；V_{mc} 和 V_{aq} 分别为"胶束相"和"水相"的体积。

胶束电动毛细管色谱能同时分离不带电的中性分子和荷电粒子，并可用于强疏水性溶质的分离。其优点是分离效率高，其柱效高达 50000～500000 理论塔板数/m；广泛应用于中药分析、天然产物分析和农药分析中。其缺点稳定性不好，不易于重复。

12.3.3 毛细管凝胶电泳

毛细管凝胶电泳（capillary gel electrophoresis，CGE）是将板上的凝胶移到毛细管中作支持物进行的电泳。凝胶具有多孔性，起类似分子筛的作用，能根据待测组分的质荷比和分子体积的不同而进行分离，凝胶黏度大，能减少溶质的扩散，所得的电泳峰峰形尖锐，能达到 CE 中最高柱效。常用聚丙烯酰胺在毛细管内交联制成凝胶柱，可分离、测定蛋白质和 DNA 的分子量或碱基数，但制备麻烦，使用寿命短。CGE 和无胶筛分正在发展成第二代 DNA 序列测定仪，并将在人类基因组织计划中起重要作用。

12.3.4 毛细管等电聚焦

毛细管等电聚焦（capillary isoelectric focusing，CIEF）是一种根据等电点差别分离生物大分子的高分辨率电泳技术。将普通等电聚焦电泳转移到毛细管内进行。通过管壁涂层使电渗流减到最小，并防止蛋白质吸附及破坏稳定的聚焦区带，以两性电解质配制的缓冲溶液作为流动相，在毛细管两端的储瓶中装有 pH 值不同的缓冲溶液，一般相差 1～3pH 单位。毛细管等电聚焦具有高分辨率、快速、样品用量少、易于自动化等特点，与毛细管区带电泳相比具有峰容量大、对两性溶质的选择性好等特点。

12.3.5 毛细管等速电泳

毛细管等速电泳（capillary isotachor-phoresis，CITP）是一种较早采用的模式。选用淌度比样品中任何待测组分的淌度都高的电解质作为先导电解质，用淌度比样品中任何待测组分的淌度都低的电解质作为尾随电解质，夹在前导电解质和尾随电解质之间的样品组分根据各自的有效淌度不同而分离，达到平衡时，各组分区带上电场强度的自调节作用使各组分区带具有相同的迁移速率，故而得名。毛细管等速电泳各区带界面明显，可以起富集、浓缩作用，常用于分离离子型物质，目前应用并不是很多。

12.3.6 毛细管电色谱

毛细管电色谱（capillary electrochromatography，CEC）是将 HPLC 中种类众多的固定相微粒填充到毛细管中，以电渗流为流动相驱动力，根据样品中各组分在固定相和流动相之间的分配不同而进行分离的色谱过程。与 CGE 相比，CEC 柱效有所下降，但增加了固定相的选择性。这是一种很有发展前景的分离模式。

12.4 仪器的结构

毛细管电泳仪主要包括高压电源、缓冲液、进样系统、毛细管柱、检测器及数据处理系统五部分，图 12-3 为毛细管电泳仪示意图。

毛细管电泳仪在结构上比高效液相色谱仪要简单，而且易于实现自动化。一般的商品仪器都设有十几个，甚至高达几十个进、出口位置，可以根据预先安排好的程序对毛细管进行清洗、平衡，并连续对样品进行自动分析。

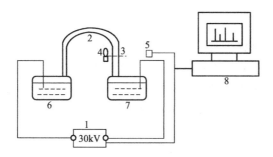

图 12-3　毛细管电泳仪示意图

1—高压电源；2—毛细管；3—检测窗口；4—光源；5—光电倍增管；6—进口
缓冲液/样品；7—出口缓冲溶液；8—用于仪器控制和数据收集与处理的计算机

12.4.1　高压电源

高压电源包括电源、电极和电极槽等。在毛细管电泳中常用的高压电源一般为电压30kV，电流 $200\sim300\mu A$。为保持迁移时间具有足够好的重现性，要求电压的稳定性在±0.1%以内。一般要求高压电源能以恒压、恒流或恒功率等模式供电，当然，最常用的是恒压电源。恒电流或恒功率模式对等速电泳或毛细管温度难以控制的实验是有用的。

12.4.2　毛细管及其温度控制

毛细管电泳的分离和检测过程均在毛细管内完成，所以说毛细管是 CE 的核心部件之一，采用细柱可减小电流及自热，而且能加快散热，以保持高效分离，但会造成进样、检测及清洗上的困难，也不利于对吸附的抑制，故一般采用 $25\sim100\mu m$ 内径的毛细管。增加柱的长度，会使电流减小，分析时间增加，而短柱则易造成热过载，一般常用 $20\sim70cm$ 的长度。最常用的是石英毛细管，这是因为其具有良好的光学性质（能透过紫外光），石英表面有硅醇基团，能产生吸附和形成电渗流（EOF），EOF 在 CE 分离中起重要作用，需要根据不同的分离要求而加以控制，毛细管的恒温控制分空气浴和液体浴两种，液体恒温的效果更好一些。

12.4.3　进样系统

毛细管电泳采用无死体积的进样方法，即让毛细管直接与样品接触，通过重力、电场力或其他动力驱动样品进入管中。进样量可以通过控制驱动力的大小或时间长短来控制。目前主要有以下几种进样方式：

12.4.3.1　流动动力学进样

流动动力学进样又称虹吸进样或者压力进样。它要求毛细管中的填充介质具有流动性。当将毛细管进样端插入试样溶液容器，通过进样端加压，或检测端出口减压，或调节进样端试样溶液液面大于出口端缓冲液液面高度，利用虹吸现象使进样口端与出口端形成正压差，并维持一定时间，试样在压差作用下进入毛细管进样端。流动动力学进样没有组分偏向问题，进样量几乎与试样基质无关，但选择性较差。

12.4.3.2　电动进样

电动进样又称电迁移进样。将毛细管的进样端插入试样溶液并施加电场，试样溶液在电泳和电渗流作用下进入毛细管。电动进样对毛细管内的填充介质没有特别要求，可以实现自动化操作，但电动进样对离子组分存在进样偏向，降低了准确性和可靠性。另外，基质变化也会引起导电性和进样量的变化，影响进样的重现性。

12.4.3.3　扩散进样

利用浓度差扩散原理可以将试样分子引入毛细管。扩散进样对管内介质没有任何限制。扩散具有双向性，在溶质分子进入毛细管的同时，区带中的背景物质也向管外扩散，故可抑制背景干扰，提高分离效率。同时，扩散与电迁移速度和方向无关，可抑制进样偏向，提高定性、定量分析的可靠性。

12.4.4　检测器

检测器是毛细管电泳仪的一个关键构件，特别是光学类检测器，由于采用柱上检测技术导致光程极短，而且圆柱形毛细管作为光学表面也不够理想，因此对检测器灵敏度要求相当高。当然，在 CE 中也有有利于检测的因素，如在 HPLC 中，因稀释的缘故，溶质到达检测器的浓度一般是其进样端原始浓度的 1%，但在 CE 中，经优化实验条件后，可使溶质区带到达检测器时的浓度和在进样端开始分离前的浓度相同。而且 CE 中还可采用电堆积等技术使样品达到柱上浓缩效果，使初始进样体积浓缩为原体积的 $1\% \sim 10\%$，这对检测十分有利。因此从检测灵敏度的角度来说，HPLC 具有良好的浓度灵敏度，而 CE 则具有较高的质量灵敏度。迄今为止，除了原子吸收光谱、电感耦合等离子体发射光谱及红外光谱未用于 CE 外，其他检测手段均已用于 CE。现将其归纳成紫外、荧光、电化学、质谱、激光类和其他类型检测器逐一加以介绍。

12.4.4.1　紫外检测器

和 HPLC 类似，CE 中应用最广泛的是紫外-可见检测器。按检测方式可将紫外-可见检测器分为固定波长检测器和二极管阵列扫描检测器两类。

由于 CE 检测池的光路长度即为毛细管的内径，一般不超过 $100\mu m$，因此，内径较小的毛细管限制了紫外检测器的灵敏度。

12.4.4.2　荧光检测器

荧光检测器是 CE 所用的第二大类已商品化的检测器，和紫外（UV）检测器相比，检测限可降低 $3 \sim 4$ 个数量级，是一类高灵敏度和高选择性的检测器，已用于痕量分析和脱氧核糖核酸（DNA）序列分析，大大拓宽了 CE 的应用范围，具有广泛的应用前景。

（1）普通荧光检测器　采用氘灯（低波长 UV 区）、氙弧灯（UV 到可见光区）和钨灯（可见光区）作为激发光源，即为普通荧光检测器。普通荧光检测器对荧光黄检测限可达 2ng/mL，这个检测限仅为用氘灯为光源，在 240nm 下测定荧光黄的吸光度的检测限的 1/100 左右。

（2）激光诱导荧光检测器（LIF）　激光的高光流量、聚光性、单色性等特点使其成为理想的激光源、常用氦-镉激光器（325nm）和氩离子激光器（488nm）。激光诱导荧光检测器对荧光黄最低检测限为 10^{-11} mol/L，约为 60000 个分子或更低。

12.4.4.3　质谱检测器

将现今最有力的分离手段 CE 和能提供组分结构信息的质谱（MS）联用，是分析工作者追求的目标。由于 CE 流动相体积小，因此，较之 HPLC 更易实现与 MS 的连接。目前已有商品 CE/MS 系统，提供了一种分离和鉴定相结合的强有力的技术。

CE/MS 在肽链序列及蛋白结构、分子量测定等方面有卓越的表现，许多方面的研究正在开展，可以预见这是最有发展前途的技术之一。

12.4.4.4　电化学检测器

电化学检测器（EC）可避免 CE 中光学类检测器遇到的光程太短的问题。EC 和 LIF 同为 CE 中灵敏度最高的检测器，其缺点在于商品化较难，至今尚没有商品电化学检测器供应。

12.5　实验技术

12.5.1　毛细管电泳的基本操作

毛细管电泳的基本操作包括毛细管的清洗、平衡、进样及操作条件的优化。由于在毛细管电泳分析中，电渗流是流动相的驱动力，而电渗流的产生则是基于石英毛细管内壁上硅醇基的离解，为保证分析的重现性，就必须首先保证每次分析时毛细管内壁状态的一致性。所以，在每次分析之前先要清洗毛细管内壁，清洗毛细管一般使用 0.1mol/L NaOH 溶液、0.1mol/L HCl 溶液或是去离子水。在清洗之后，往往还需要用缓冲溶液平衡毛细管 1～5min，才能进样，以保证分析的重现性。

毛细管电泳分析中需要优化的操作参数为电压和缓冲液的组成、浓度及 pH 值。柱长一定时，随着操作电压增加，迁移时间缩短。在一定的范围内，柱效随电压增大而增高，但过了一个极点之后，柱效反而下降。缓冲液的组成应根据待测物的性质而定，其浓度和 pH 值对分离度和选择性的影响很大，必须优化。采用电动进样时，进样电压和进样时间对柱效均有影响，定量分析时还需注意样品的制备、迁移时间的重复性、定量校正因子等因素。

石英毛细管内壁上由于有硅醇基的存在会引起溶质的吸附，在分离生物大分子，如蛋白质时情况尤为严重。通常吸附是不可逆的，从而造成基线不稳，重复性变差，定性、定量分析困难等一系列问题。因此，如何控制电渗流及消除吸附成为毛细管电泳研究的重要内容。

12.5.2　毛细管内壁涂层

毛细管内壁涂层方法有很多种。如毛细管内壁对蛋白质等的吸附，主要来源于其表面硅醇基的离解而形成带负电荷的吸附点与蛋白质分子中带正电荷的基团间的静电引力。因此改变 EOF 和抑制吸附可采用：①改变缓冲液 pH 和离子强度，以抑制硅醇基的离解；②在缓冲液中加入添加剂，在内壁形成一动态吸附层（物理吸附）；③采用化学衍生或化学键合方法在内壁形成一涂渍层。

12.6　实验内容

12.6.1　有机化合物的毛细管区带电泳分析

实验目的

(1) 熟悉毛细管电泳仪的基本原理和操作。

(2) 了解在毛细管区带电泳中分离电压对迁移时间的影响。

实验原理

实验是采用毛细管区带电泳对3种有机化合物进行分离分析。在一定的电场强度下，各组分的迁移速度与场强及其淌度和电渗流淌度的关系如下：

$$v = (\mu_{ep} + \mu_{eo})E \tag{12-13}$$

式中，v 是待测组分的迁移速度，m/s；E 是外加电场强度，V/m，等于分离电压除以毛细管总长度；μ_{ep} 是待测组分淌度，$m^2/(s \cdot V)$；μ_{eo} 是电渗流淌度，$m^2/(s \cdot V)$。

在一定的实验条件下，待测组分的有效淌度不同，在给定电场强度下的迁移速度也不同，从而达到将待测组分分离的目的。

仪器与试剂

(1) 仪器　Beackman P/ACE 2200 毛细管电泳仪；毛细管：75μm（i.d.）×40/47cm 石英毛细管［分离电压：20kV，正极进样，负极检测；分离时间：20min；进样时间：5s（压力进样）；检测器：紫外254nm；温度：30℃］。

(2) 试剂　缓冲溶液：用去离子水配制 20mmol/L 磷酸二氢钠缓冲溶液，用 0.1mol/L NaOH 调节缓冲溶液的 pH 值为 5.8。样品溶液：吡啶、苯酚、苯甲酸钠储备溶液的浓度均为 1%，实验前用去离子水稀释 5 倍进样。

实验步骤

(1) 打开 Beackman P/ACE 2200 毛细管电泳仪和控制计算机的电源，进入 Gold 软件，根据"仪器与试剂"中所给的条件设置仪器参数。

(2) 在每次分离之前，分别用 0.1mol/L NaOH 溶液和去离子水清洗毛细管 1min，用分离缓冲溶液平衡毛细管 3min。

(3) 分别对单组分样品进样分析，确定各组分的迁移时间。

(4) 配制 3 种组分含量均为 2g/L 的混合样品，并在与"仪器与试剂"中相同的条件下进行分离。

(5) 依次改变分离电压为 15kV，25kV，30kV，考察分离电压的改变对各组分迁移时间的影响，及对混合样品分离的影响。

数据处理

记录各个组分在不同分离电压下的迁移时间，填入表格中，根据"实验原理"中迁移速度关系式讨论分离电压对组分迁移速度的影响。注意：在"仪器与试剂"中指定的实验条件下，电渗流淌度和正离子的淌度为正值，而负离子的淌度为负值。

电压/kV	水杨酸	苯酚	苯甲酸钠
15			
25			
30			

注意事项

(1) 在实验过程中,应注意随时补充清洗毛细管用的水、酸、碱和缓冲溶液。

(2) 在分离过程中,单位长度毛细管的功率应低于 0.05W/cm,以免损坏毛细管。

(3) 在实验结束后,请用去离子水清洗毛细管,以免残留的缓冲溶液堵塞毛细管。

思考题

(1) 根据 3 种物质的酸碱离解常数,确定各自在分离条件下的形态及其极性,试解释 3 种组分的出峰次序。

(2) 讨论电压对组分迁移时间的影响。

12.6.2 药物有效成分的毛细管胶束电动色谱分离和定量

实验目的

(1) 掌握毛细管胶束电动色谱(MECC)分析方法。

(2) 用外标法测定药物有效成分的含量。

实验原理

MECC 是基于中性物质在胶束相和水相的分配系数不同而进行分离的,最常用的胶束为十二烷基磺酸钠(SDS)阴离子表面活性剂。当溶质在水相时,以电渗流速度迁移,当溶质在胶束相时,则随胶束移动,对 SDS 胶束而言,电泳方向与电渗流方向相反,溶质在水相和胶束相的移动速度分别为

$$v_水 = \mu_{eo}E$$
$$v_{胶束} = (\mu_{eo} - \mu_{胶束})E \tag{12-14}$$

式中,v 是迁移速度,m/s;E 是电场强度,V/m,即分离电压除以毛细管总长度;$\mu_{胶束}$ 是胶束相的电泳淌度,$m^2/(s \cdot V)$;μ_{eo} 是电渗流淌度,$m^2/(s \cdot V)$。溶质的迁移速度 $v_{溶质}$ 为:

$$v_{溶质} = x_w v_水 + (1 - x_w)v_{胶束} \tag{12-15}$$

式中,x_w 为溶质在水相的摩尔分数。由于各种溶质在水相中的摩尔分数不同,它们的迁移速度也不同,因而在通过毛细管时得以分离。

仪器与试剂

(1) 仪器 容量瓶;Beackman P/ACE2200 型电泳仪;毛细管:$50\mu m$(i.d.)$\times 40/47cm$ 石英毛细管[分离电压:15kV,正极进样,负极检测;分离时间:30min;进样时间:15s(压力进样);检测器:紫外 254nm;温度:30℃]。

(2) 试剂

① 缓冲溶液:80mmol/L SDS-40mmol/L 磷酸二氢钾-10mmol/L 硼砂(pH=6.8)。

② 混合标准溶液的配制:咖啡因、苯巴比妥、氨基比林、非那西汀的标准储备溶液的浓度均为 1.000g/L,分别移取 4 种标准液 0.1mL,定容至 10mL 容量瓶,其混合标准溶液的浓度为 10mg/L。

③ 样品溶液：去痛片一片，在分析天平上称重，研细后用去离子水溶解，转入100mL容量瓶，稀释到刻度备用。

实验步骤

（1）打开Beackman P/ACE2200毛细管电泳仪和控制计算机的电源，进入Gold操作系统。

（2）在每次分离之前，分别用0.1mol/LNaOH溶液和去离子水清洗毛细管1min，用缓冲溶液平衡毛细管3min。

（3）在选定的条件下，分别对单组分进行分析，确定各组分的迁移时间。

（4）进标准样品测定校正因子，每个样品至少重复进样3次后取平均值。

（5）去痛片实样分析，至少重复进样3次，计算平均值。

数据处理

单点外标法的计算公式：

$$F = c_{标} / A_{标}, \quad c_{样} = FA_{样} \tag{12-16}$$

二点外标法的计算公式：

$$c_{样} = aA_{样} + b$$
$$a = (c_{标1} - c_{标2}) / (A_{标1} - A_{标2})$$
$$b = (c_{标2}A_{标1} - c_{标1}A_{标2}) / (A_{标1} - A_{标2}) \tag{12-17}$$
$$含量 = (c_{样} \times 样品溶液体积 \div 样品质量) \times 100\%$$

式中，F为校正因子；c为浓度，g/L；A为峰面积。根据实验数据及上述计算公式，可得出去痛片中4种有效成分的质量分数。

注意事项

（1）在实验过程中，应注意随时补充清洗毛细管用的水、酸、碱和缓冲溶液。

（2）在分离过程中，单位长度毛细管的功率应低于0.05W/cm，以免损坏毛细管

（3）在实验结束后，用去离子水清洗毛细管，以免残留的缓冲溶液堵塞毛细管。

思考题

（1）说明表面活性剂在实验中所起的作用。

（2）表面活性剂的使用浓度与其临界胶束浓度的关系。

12.6.3　芳香族化合物的毛细管电色谱分离分析

实验目的

（1）熟悉毛细管电色谱的基本原理和操作。

（2）掌握毛细管电色谱分离芳香族化合物的条件。

实验原理

毛细管电色谱是指在毛细管中填充或在毛细管壁上涂布、键合色谱固定相，用电渗流驱动流动相的微柱液相色谱技术。分离是通过溶质在固定相和流动相之间的分配和自身电泳淌度的差异而实现的。它克服了毛细管电泳分离中性物质选择性差的缺点，同时又大大地提高了分离效率。

仪器与试剂

（1）仪器　Beackman P/ACE2200型电泳仪；毛细管：75μm（i.d.）×30/37cm（分离

电压：30kV，正极进样，负极检测；分离时间：20min；进样条件：电动进样，在 5kV 电压下进样时间为 3s；检测器：紫外 214nm）。

（2）试剂

① 流动相：乙腈∶4mmol/LMES ［2-(N-吗啉)-乙烷磺酸］缓冲液＝70∶30（体积比）（pH＝6.5），经 0.22μm 微孔滤膜过滤后，超声脱气 5min 备用。

② 样品溶液：硫脲、苯酚、苯乙酮、甲苯均配成 10mmol/L 的储备液备用。使用时以缓冲溶液稀释到浓度为 1mmol/L，经 0.22μm 微孔滤膜过滤后，超声脱气 5min 备用。

实验步骤

（1）打开 Beackman F/ACE2200 毛细管电泳仪和控制计算机的电源，进入 Gold 软件，根据仪器操作的规程设置仪器参数。

（2）在每次进样之前以流动相平衡柱子 5min，使基线走平。

（3）在选定的条件下，分别对单组分进行分析，确定各组分的迁移时间。

（4）对 4 种组分的混合样进行分离。

（5）根据实验结果，处理数据，评价柱效。

数据处理

衡量色谱柱好坏的最直接标准是色谱柱的柱效。在实验中，以理论塔板数/m 和折合塔板高度为标准，以硫脲为中性标记物，其保留时间作为死时间（t_0）。理论塔板数（N）和折合塔板高度（H_p）的计算公式如下：

$$N = 5.54(t_r/W_{1/2})^2$$
$$H_p = H/d_p$$
$$H = 1/N$$
$$t_r = t - t_0$$

(12-18)

式中，t_r 和 $W_{1/2}$ 分别为保留时间和半峰宽宽；H 和 d_p 分别为塔板高度和填料的粒径。将算得的结果填入下表：

溶质	保留时间/min	理论塔板数	折合塔板高度
硫脲			
苯酚			
苯乙酮			
甲苯			

注意事项

（1）在实验过程中，应注意随时补充分离用的缓冲溶液。

（2）所有溶液均需经过超声脱气，以免由于在柱中产生气泡而导致分离失败。

（3）在实验结束后，请用缓冲溶液充满毛细管，以便下次使用。

思考题

（1）毛细管区带电泳与毛细管电色谱及微柱液相色谱 3 种分析方法之间有哪些异同？

（2）对比微柱液相色谱、毛细管胶束电动色谱和毛细管电色谱之间的区别与联系。

第13章

质谱分析法

13.1 引言

质谱分析法（mass spectroscopy，MS）是将样品分子置于高真空中（$<10^{-3}$Pa），并受到高能电子流撞击或强电场作用，失去电子而生成的分子离子，或化学键断裂生成的碎片离子导入质量分离器中，按质荷比（m/z）的大小顺序收集，并以质谱图记录下来，根据质谱峰位置进行定性分析和结构解析，或根据强度进行定量分析。早期的质谱仪主要用来进行同位素测定和元素分析。20 世纪 40 年代以后质谱分析法开始用于有机物分析。70 年代以后，随着计算机的引入，质谱与气相色谱联用（GC-MS）或质谱与高效液相色谱联用（LC-MS），使质谱的解析工作大大加速，能迅速、准确地推算出谱图中每个峰的元素组成，已经成为复杂有机物分离与分析的强有力工具。在进行有机物分析的质谱仪中气相色谱-质谱仪（GC-MS）主要分析分子量小（<500Da）、易挥发的有机物；而 LC-MS 主要分析难挥发、强极性的大分子有机化合物。当然，二者并无严格界限。GC-MS 仪器比较成熟，质谱的谱库比较完善，使用非常普遍，尤其数量很多。因此，本章将重点介绍质谱技术中 GC-MS 联用的相关技术。

13.2 质谱分析法原理

气体分子或固体、液体的蒸气分子，受到高能电子流的轰击，首先失去一个（或多个）外层价电子生成带正电荷的阳离子，同时，正离子的化学键也有可能断裂，产生带有电荷和不同质量的碎片离子。碎片离子的种类及其含量与原来化合物的结构有关。如果测定了这些离子的种类及其相对质量，就有可能确定未知物的化学组成及结构。

图 13-1 是单聚焦质谱仪结构示意图。有机化合物分子于离子化室中被一束电子流（能量般为 70eV）轰击时，便失去一个外层价电子，生成带正电荷的阳离子。这种离子的寿命在 $10^{-6} \sim 10^{-5}$s，经加速器加速后，正离子便获得动能，其动能与正离子的势能相等。

$$\frac{1}{2}mv^2 = zE \tag{13-1}$$

式中，m 为正离子质量；v 为速度；z 为正离子电荷；E 为外加电场电压。被加速的离

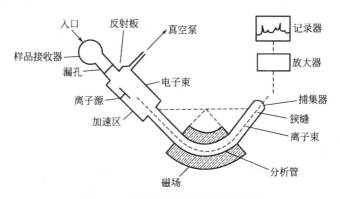

图 13-1　单聚焦质谱仪结构示意图

子进入质谱分析器的磁场中。此磁场方向与离子流前进的方向相垂直，强度为 0.05～1T。在磁场离子所受的向心力应等于离心力：

$$Hzv = \frac{mv^2}{R} \tag{13-2}$$

式中，H 为磁场强度；R 为离子圆形轨道半径。由式(13-1)和式(13-2)得：

$$\frac{m}{z} = \frac{H^2R^2}{2E}$$

$$R = \sqrt{\frac{2E}{H^2} \times \frac{m}{z}} \tag{13-3}$$

由式(13-3)可知，离子圆形轨道半径要受外加电场电压 E、磁场强度 H 和离子的质荷比三种因素的影响。当 R 保持不变时，改变磁场强度或加速电压，可只允许一种质荷比的离子通过出口狭缝，被离子捕集器收集，经电子放大器放大，由记录器记录，得到以 m/z 为横坐标、以各峰强度为纵坐标的质谱图（图 13-2）。图中 $m/z = 46$ 为化合物的分子离子，$m/z = 31$，45，29，43 是该化合物的碎片离子。峰的强度以相对丰度表示，它是以谱图中的最强峰的峰高为 100%，分别计算出其他各峰的强度。

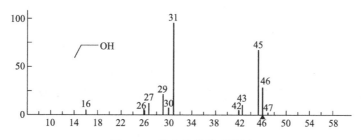

图 13-2　某有机物的质谱图

例如，对一个未知物进行定性分析，可以将该未知化合物以一定的进样方式（直接进样或通过色谱仪进样）进入质谱仪，在质谱仪中离子源为电子轰击电离（Electron impact ion source，EI），化合物被电子轰击，电离成分子离子和碎片离子，这些离子在质量分析器中，按质荷比大小顺序分开，经电子倍增器检测，即可得到化合物的质谱图，图 13-2 是某有机物的质谱图。

样品的质谱图包含着样品定性分析和定量分析的信息。对样品的质谱图进行处理，可以得到样品定性和定量的分析结果。一定样品，在一定的电离条件下得到的质谱图是相同的。这是质谱图进行有机物定性分析的基础。早期的质谱法定性主要依靠有机物的断裂规律，分析不同碎片和分子离子的关系，推测该质谱所对应的结构。目前，进行有机分析的质谱仪的数据系统都存有十几万到几十万个化合物的标准质谱图，得到一个未知物的质谱图后，可以通过计算机进行库检索，查到该质谱图所对应的化合物。这种方法方便、快捷、省力。但是，如果质谱库中没有这种化合物或得到的质谱图有其他组分干扰，检索常常会给出错误结果，因此还必须辅助其他定性方式才能确定。在质谱中，轰击有机物分子的电子束电压一般为 70eV，而使分子失去一个价电子仅需 15～20eV 的能量。剩余的能量足以断裂正离子中较不稳定的键，生成质量较小的碎片离子。正离子和碎片离子在各 m/z 处均能出峰。但中性碎片不出峰，阴离子因向相反的方向高速运动而不易检测出来，故质谱一般是指正离子的质谱。

对于不易汽化的化合物，不能用电子轰击电离，而是用诸如快原子轰击或电喷雾等其他电离方式。这些电离方式得不到可供检索的标准质谱图，因而也就不能进行库检索定性，只能提供分子量信息。如果采用串联质谱仪，还可以得到一些碎片信息，用来推断化合物结构。

对于高分辨质谱仪，可以精确测定分子离子或碎片离子的质量，依靠计算机可以计算出化合物的组成式，对化合物的定性很有帮助。

用质谱法进行有机化合物定量分析通常是在气相色谱-质谱联用或液相色谱-质谱联用仪上进行。质谱仪可以看作是一种检测器，利用峰面积与含量成正比的基本关系进行定量。具体方法有点像气相色谱和液相色谱的定量分析。只是用质谱法定量选择性比单纯色谱法要高得多，定量可靠性要好。在很多情况下用色谱法无法定性（例如干扰化合物太多），用色谱-质谱联用仪则很方便，通过选择离子检测（SID）技术和多反应检测（MRM）技术，可以很方便地消除干扰，准确地进行定量分析。

13.3　质谱仪的结构与工作原理

质谱分析法是通过对样品离子的质荷比的分析而实现样品的定性分析和定量分析的一种方法。因此，质谱仪都必须有电离装置把样品电离为离子，还必须有分析装置把不同质荷比的离子分开，经检测器检测之后得到样品的质谱图。由质谱图得到关于样品定性分析和定量分析的信息。由于有机样品、无机样品和同位素样品等具有不同的形态和性质，以及不同的分析要求，所以，对于不同的样品需要不同类型的质谱仪。这样质谱仪就分成了有机质谱仪、无机质谱仪和同位素质谱仪等。但是，不管是哪种类型的质谱仪，其基本组成是相同的，都包括离子源、质量分析器、检测器和真空系统。只是，不同类型的质谱仪，其离子源、质量分析器和检测器有所不同。即便是同样用途的质谱仪，其离子源、质量分析器和检测器也可能完全不同。图 13-3 为质谱仪的流程图。

13.3.1　高真空系统

在质谱分析中，为减少离子与离子间或离子与其余分子间的碰撞，仪器必须保持高真空状态。同时为了保证离子源中灯丝的正常工作，保证离子在离子源和分析器中正常运行，过去质谱仪均使用机械真空泵和扩散泵，其优点是性能可靠、耐用，缺点是仪器启动慢，从停机状态到能够正常工作需要较长的时间。近年来多使用分子涡轮泵，分子涡轮泵启动快，但

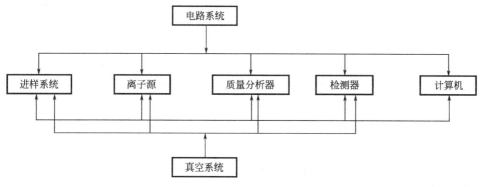

图 13-3 质谱仪的流程图

使用寿命不如扩散泵长。

一般离子化室真空度在 $10^{-5} \sim 10^{-3} \mathrm{Pa}$，质量分析器要求达到 $10^{-6} \mathrm{Pa}$，并且要求稳定。

13.3.2 进样系统

对气体样和易挥发液体样，可通过样品接收器后面的漏孔扩散进入仪器。对难挥发样品，可在真空泵抽气减压下加热，使其迅速汽化进样。对于一些热不稳定性化合物，可将它们转化为较稳定的化合物，如酯类、硅醚类等。在色谱-质谱联用分析中，样品可以采用气相或液相色谱分离后通过接口进入质谱仪分析，进行多组分复杂混合物的分离分析。

13.3.3 离子化室

离子源的作用是将欲分析样品电离，得到带有样品信息的离子。气相色谱-质谱仪的离子源最常用的有电子轰击电离源（EI）和化学电离源（CI）两种，有些仪器还带有快原子轰击源（FAB）。电子轰击型离子源如图 13-4 所示，当离子化室中的钨丝通以电流时，即产生热电子流，样品进入离子化室后受到热电子流的轰击而进行电离，生成带正电荷的阳离子而形成离子流。多余的热电子被钨丝对面的电子收集极捕集，谱图库中收集的质谱图主要是电子轰击型离子源产生的。

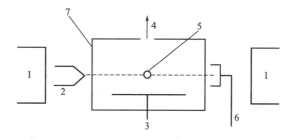

图 13-4 电子轰击离子源示意图

1—源磁铁；2—灯丝；3—推斥极；4—离子束；5—样品入口；6—阳极；7—电离室

由气相色谱或直接进样杆进入的样品，以气体形式进入离子源，由灯丝发出的电子与样品分子碰撞使样品分子电离。一般情况下，灯丝与收集极之间的电压为 70eV。在 70eV 电子碰撞作用下，有机物分子可能被打掉一个电子形成分子离子，有可能会发生化学键的断裂形成碎片离子。由分子离子可以确定化合物的分子量，由碎片离子可以得到的化合物的结构。所有的标准质谱图都是在 70eV 下做出的。对于一些不稳定化合物，在 70eV 的电子轰击下很难得到分子离子。为了得到分子量，可以用 12～20eV 的电子能量，不过，此时仪器灵敏度大大降低，需要加大样品的进样量，而且，得到的质谱图不再是标准质谱图。

离子源中进行的电离过程是很复杂的，有专门的理论对这些过程进行解释和描述。在电子轰击下，样品分子可能通过 4 种不同途径形成离子：

① 样品分子被打掉一个电子，形成分子离子。

② 分子离子进一步发生化学键断裂，形成碎片离子。

③ 分子离子结构发生重排，形成重排离子。

④ 通过分子离子反应，生成加和离子。

此外，还有同位素离子等。这样，一个样品分子可以产生很多带有结构信息的离子，对这些离子进行分析和检测，可以得到具有样品信息的质谱图。

另外一种常见的离子源是化学电离源（CI）。有些化合物稳定性差，用 EI 方式不易得到分子离子，因而也就得不到分子量。为了得到分子量，可以采用 CI 电离方式。CI 和 EI 在结构上没有多大差别，或者说主体部件是共用的。其主要差别是 CI 源工作过程中要引进一种反应气体。反应气体可以是甲烷、异丁烷等。反应气的量比样品气要大得多，灯丝发出的电子首先将反应气电离，然后，反应气离子与样品分子进行离子分子反应，并使样品电离，这是一种软电离方式。有些用 EI 方式得不到分子离子的样品，改用 CI 方式后可以得到准分子离子。因而可以求得分子量。但由 CI 得到的质谱不是标准质谱，故不能进行库检索。

13.3.4　质量分析器

质量分析器的作用是将离子源产生的离子按 m/z 分离，并排列成谱。目前常见的分析器有磁式双聚焦分析器、四极杆分析器和飞行时间分析器。此外，还有回旋共振分析器、离子阱分析器等。由非磁性材料制成的质量分析器，管内的真空度要求达到 $10^{-6}Pa$，并且要求稳定。加速的离子流进入质量分析器后，在磁场作用下，各种阳离子发生偏转。质量小的偏转大，质量大的偏转小，因而互相分开。当连续改变磁场强度或加速电压，各种阳离子将按 m/z 大小顺序依次到达收集极，产生的电流经放大后，由记录装置记录成质谱图。

13.3.5　检测记录系统

质谱仪的检测器主要有电子倍增管或渠道式电子倍增器阵列、离子计数器、感应电荷检测器、法拉第收集器等。其中电子倍增管是使用最广泛的检测器，单个电子倍增管没有空间分辨能力，常将电子倍增管微型化，集成为微型多通道检测器，应用更为广泛。

13.4　气相色谱-质谱法（GC-MS）联用技术

气相色谱是很好的分离装置，但不能对化合物定性分析，质谱仪是很好的定性分析仪器，但要求分析的是纯样品。将色谱与质谱联合起来，就可以使分离和鉴定同时进行，对于混合物的分析是一种比较理想的仪器。该技术在 20 世纪 50 年代后期开始研究，60 年代后期出现了商品仪器。随着电子技术和计算机的发展，GC-MS 向自动化和小型化的方向发展很快。目前已普遍应用到化学、化工、环境、食品等各个领域。

GC-MS 主要由 3 部分组成：色谱部分、质谱部分和数据处理部分。色谱部分和一般的色谱仪基本相同，包括柱箱、汽化室和载气系统，也带有分流/不分流进样系统，程序升温系统，压力、流量自动控制系统等。利用质谱仪作为色谱的检测器。在色谱部分，混合样品在合适的色谱条件下被分离成单个组分，然后进入质谱仪进行鉴定。

色谱仪是在常压下工作，而质谱仪需要高真空，因此，如果色谱仪使用填充柱，必须经过一种接口装置——分子分离器，将色谱载气去除，使样品气进入质谱仪；如果色谱仪使用毛细管柱，则可以将毛细管直接插入质谱仪离子源。因为毛细管载气流量比填充柱小得多，不会破坏质谱仪的真空。

GC-MS 的质谱仪部分可以是磁式质谱仪、四极杆质谱仪，也可以是飞行时间质谱仪和离子阱。目前使用最多的是四极杆质谱仪。四极杆质谱仪扫描速度快、灵敏度高、结构简单，适用于 GC-MS 联用。

GC-MS 的数据处理部分是计算机系统。由于计算机技术的提高，GC-MS 的主要操作都由计算机自动完成。这些操作包括利用标准样品校准质谱仪，设置色谱和质谱的工作条件，数据的收集和处理以及库检索等。这样，一个混合物样品进入色谱仪后，在合适的色谱条件下，被分离成单一组分并逐一进入质谱仪，经离子源电离得到具有样品信息的离子，再经分析器、检测器即得每个化合物的质谱。这些信息都由计算机储存。根据需要，可以得到混合物的色谱图、单一组分的质谱图和质谱的检索结果等。利用色谱图还可以进行定量分析。因此，GC-MS 是有机物定性、定量分析的有力工具。

目前，GC-MS 的发展方向是小型化、自动化，而且灵敏度越来越高，并都带有较大的数据库。NIST 库有 130000 个质谱，Wiley 库有 270000 个质谱。这种仪器还具有可以自动切换的 EI/CI 离子源、固体进样杆等。

13.5　实验技术

13.5.1　GC-MS 分析条件的选择

GC-MS 分析条件要根据样品进行选择，在分析样品之前应尽量了解样品的情况。比如样品组分的多少、沸点范围、分子量范围、化合物类型等。这些是选择分析条件的基础。一般情况下样品组成简单，可以使用填充柱；样品组成复杂，则一定要使用毛细管柱。根据样品类型选择不同的色谱柱固定相，如极性、非极性和弱极性等。汽化温度一定要高于样品中最高沸点 $20\sim30℃$。柱温要根据样品情况设定。低温下，低沸点组分出峰；高温下，高沸点组分出峰。选择合适的升温速度，使各组分实现很好的分离。有关 GC-MS 分析中的色谱条件与普通的气相色谱条件相同。质谱条件的选择包括扫描范围、扫描速度、灯丝电流、电子能量、倍增器电压等。扫描范围就是可以通过分析器的离子的质荷比范围，该值的设定取决于分析化合物的分子量，应该使化合物所有的离子都出现在设定的扫描范围之内，例如化合物最大分子量为 350 左右，则扫描范围上限可设到 400 或 450，扫描下限一般从 15 开始，有时为了去掉水、氮、氧的干扰，也可以从 33 开始。扫描速度视色谱峰宽而定，一个色谱峰出峰时间内最好能有 $7\sim8$ 次质谱扫描，这样得到的重建离子流色谱图比较圆滑，一般扫描速度可设在 $0.5\sim2s$ 扫一个完整质谱即可。灯丝电流一般设置在 $0.02\sim0.25mA$。灯丝电流小，仪器灵敏度太低，电流太大，则会降低灯丝寿命。电子能量一般是在 70eV 下得到的。通常商品化的气相色谱-质谱仪电子能量固定为 70eV，而不能改变。

13.5.2   选择离子扫描技术

一般扫描方式是连续扫描，使不同质荷比的离子按顺序通过分析器到达检测器。而选择性离子扫描模式（selected ion monitor，SIM）则是对选定的离子进行跳跃式扫描。采用这种扫描方式可以提高检测灵敏度。其原因如下：假定正常扫描从 m/z 为 15～515，扫描时间为 1s，那么每个质量扫过的时间为 1/500＝0.002s，如果采用选择离子扫描方式，假定只扫 5 个特定离子，那么每个离子扫过的时间则为 1/5＝0.2s，是正常扫描时间的 100 倍。离子产生是连续的，扫描时间长，则接收到的离子多，即灵敏度高。从上面的例子估计，选择离子扫描对特征离子的检测灵敏度比正常扫描要高大约 100 倍。由于这种方法灵敏度高，因此使用于量少且不易得到的样品分析。同时，通过适当选择离子，可以消除其他组分对待测组分的干扰，是进行微量成分定量分析常用的扫描方式。

13.5.3   总离子流色谱图

在一般的 GC-MS 分析中，样品连续进入离子源并被连续电离。分析器每扫描一次（如 1s），检测器就得到一个完整的质谱并送入计算机存储。由于样品浓度随时间变化，得到的质谱图也随时间变化。一个组分从色谱柱流出到完全流出大概需要 10s 左右。计算机就会得到这个组分不同浓度下的 10 个质谱图。同时，计算机还可以把每个质谱图的所有离子相加得到总离子流程度。这些随时间变化的总离子流程度所描绘的曲线就是样品总离子色谱图或由质谱重建而成的重建离子色谱图。总离子色谱图是由一个个质谱图得到的，所以它包含了样品所有组分的质谱图。它的外形和由一般色谱仪得到的色谱图是一样的，因为色谱柱相同，样品出峰顺序就相同，其差别在于，重建离子色谱图所用的检测器是质谱仪，而一般色谱仪的检测器为氢焰、热导检测器等。

13.5.4   NIST 谱库检索

得到质谱图后可以通过计算机检索对未知化合物进行定性。检索结果可以给出几个可能的化合物，并以匹配度大小顺序排列出这些化合物的名称、分子式、分子量、结构式等。如果匹配度比较好，比如 900 以上（最好为 1000），那么可以认为这个化合物就是欲求的未知化合物。在检索过程中要注意下面几个问题：一是要检索的化合物在谱库中不存在，计算机挑选了一些结构相似的化合物，匹配度可能都不太好，此时决不能选一个匹配度相对好的作为检索结果，这样会造成错误；二是也可能检索出几个化合物，匹配都很好，说明这几个化合物可能结构相近，这时也不能随便取某一个作为结果，应该利用其他辅助鉴定数据，如色谱保留指数等，进行进一步的判断；三是由于本底或其他组分的影响，或质谱中弱峰未出现，造成质谱质量不高，此时检索结果可能匹配度也不高，也不容易准确定性，遇到这种情况，则需要尽量设法扣除本底，减少干扰，提高色谱和质谱的信噪比，以提高质谱图的质量，增加检索的可靠性。值得注意的是，检索结果只能看作是一种可能性，匹配度大小只表示可能性的大小，不会是绝对正确。为了分析结果的可靠，最好的办法是有了初步结果后，再根据这些结果找来标准样品进行核对。

13.6　实验内容

13.6.1　GC-MS 定性分析苯类混合物

实验目的

(1) 了解 GC-MS 分析的一般过程和主要操作。

(2) 了解 GC-MS 分析条件的设置。

(3) 了解从总离子流色谱图进行谱库检索的方法。

实验原理

混合物样品经 GC 分离成一个个单一组分，并进入离子源，在离子源样品分子被电离成离子，离子经过质量分析器之后即按 m/z 顺序排成谱。经检测器检验后得到质谱，计算机采集并存储质谱，经过适当处理即可得到样品的色谱图、质谱图等。经计算机检索后可得到化合物的定性结果，由色谱图可以得到各组分的定量分析结果。

仪器与试剂

(1) 仪器　Thermo FisherISQ GC/MS 气质联用仪。

(2) 试剂

① 标准品：混合苯系物有机样品（苯、甲苯、二甲苯、乙基苯、苯乙烯、苯胺、氯苯）。

② 样品：环境水；废水；自来水。

实验步骤

(1) 标准溶液配制：配制苯系物的混合标准溶液浓度为 1mg/L。

(2) 样品制备：进行 GC-MS 分析的样品应该是在 GC-MS 工作温度下（例如 300℃）能汽化的样品。实际样品为废水和自来水，样品处理采用固相萃取法（C_{18}，200mg/mL）。首先进行固相萃取柱活化（3mL 的甲醇和 3mL 的纯净水），其次上样，用二氯甲烷洗脱，洗脱液氮吹近干，用环己烷定容至 500μL，最终进行 GC-MS 分析。

(3) 分析条件的设置：根据仪器操作的规则，设置 GC 条件（汽化温度、升温程序、载气流量等）和 MS 条件（扫描速度、灯丝电流、电子能量、倍增器电压、扫描范围等），然后用微量注射器进样并开始采集数据。

数据处理

采集数据结束后，色谱降温，关闭质谱仪灯丝、倍增器等，然后进行数据处理。

显示并打印总离子色谱图；显示并打印每个组分的质谱图；对每个未知谱进行计算机检索。

思考题

(1) 总离子色谱图是怎么得到的？质谱图是怎么得到的？

(2) 如果把电子能量由 70eV 变成 20eV，质谱图可能会发生什么变化？

(3) 进样量过大或过小可能对质谱图产生什么影响？

(4) 拿到一张质谱图，如何判断分子量？如果没有质谱图，还有什么办法得到分子量？

13.6.2　可乐中咖啡因的 GC-MS 定量测定

实验目的

(1) 了解 GC-MS 定量分析方法、特点及注意事项。

（2）了解采用 SIM 内标法定量的过程。

实验原理

用 GC-MS 法进行有机物定量分析，其基本原理与 GC 相同，即样品量与总离子（或选择离子）色谱峰面积成正比。但由于质谱仪对不同化合物响应值不同，即便是含量相同的两个组分，其色谱峰面积也不相同，这就需要进行峰面积校正，测不同组分的校正因子。利用校正后的峰面积和归一化法进行定量计算。如果测定样品中某一组分的含量，可以采用标准曲线或单点进行。在定量分析过程中，仪器状态会有些变化，每次进样量也不可能一致，为了克服仪器状态和进样量变化的影响，可以在标准样品系列和待测样品中都加一内标物。内标物含量固定，当分析条件变化时，内标物峰面积与待测组分峰面积同时变化，峰面积之比不受外界条件影响，因此，以此比值和含量所做的校正曲线以及由此曲线求得的待测样品浓度也不受外界条件影响。这种依靠系列标准进行定量的分析方法叫外标法。在这里，内标物的作用只是为了克服外界条件和仪器状态变化对分析结果的影响，不起定标作用。如果仪器重现性好，也可以采用单点标准法定量，不需要作标准曲线。单点标准法原理如下：制备具有合适浓度的待测样品 1 和具有一定浓度的标准样品 2，在两个样品中分别加入等量内标物，然后分别进样测定。对于样品 1（浓度为 $c_{未}$），得两个色谱峰，峰面积分别为 $A_{未}$ 和 $A_{内标1}$；对于样品 2（浓度为 $c_{标}$），得到两个色谱峰，峰面积分别为 $A_{标}$ 和 $A_{内标2}$。如果两次进样量相同，则有：

$$\frac{c_{未}}{c_{标}} = \frac{A_{未}}{A_{标}}$$

$$c_{未} = \frac{A_{未}}{A_{标}} c_{标} \tag{13-4}$$

考虑到两次进样量的差别和其他因素变化，利用内标物校正，则有：

$$c_{未} = \frac{A_{未}}{A_{标}} \times \frac{A_{内标2}}{A_{内标1}} c_{标}$$

$$W_{未} = \frac{A_{未}}{A_{标}} \times \frac{A_{内标2}}{A_{内标1}} W_{标} \tag{13-5}$$

式中，$W_{未}$ 为待测组分的质量；$W_{标}$ 为标准物的质量。

仪器与试剂

（1）仪器　Thermo Fisher ISQ GC/MS 气质联用仪；固相萃取装置；C_{18} 固相萃取柱。

（2）试剂

① 咖啡因标液（100μg/mL）；对溴乙酰苯胺（100μg/mL）（内标物）；四氢呋喃（溶剂）。

② 实际样品：可口可乐（瓶装）。

实验步骤

（1）样品制备　本实验采用内标法，需要制备的样品包括由咖啡因标液和内标物（对溴乙酰苯胺）配成的标准液和由可乐饮料萃取浓缩后，加入内标物配制成的未知液。

① 标准液配制：配制浓度为 1mg/mL 的咖啡因-四氢呋喃溶液（A）和浓度为 1mg/mL 的对溴乙酰苯胺-四氢呋喃溶液（B），分别取溶液 A 和溶液 B 各 100μL 混合作为标准溶液（C）。

② 未知液配制：取 40mL 可乐饮料，加入适当硫酸钠至饱和，用 20mL 乙醚萃取 2 次，

合并乙醚液。加入无水硫酸钠脱水 2h，分出乙醚液，低温下蒸出乙醚。加入 100mL 四氢呋喃溶液，再加入 $100\mu L$ 内标溶液，共得 $200\mu L$ 待测未知样（D）。

（2）仪器条件设置

① 色谱条件：采用 TG-5MS 石英毛细管柱［0.25mm（i.d.）×30m］，柱温为 160～200℃和 200～225℃，升温速率分别为 12℃/min 和 5℃/min，进样口温度为 260℃，传输线温度为 260℃。

② 质谱条件：溶剂滞留时间为 4.5min，质量范围为 40～220，扫描速度为 1s 扫描全谱。在设定的条件下注入样品（C）$2\mu L$，同样条件下注入样品（D）$2\mu L$，采集数据。

数据处理

由 2 次进样得到 2 个样品的总离子流图。内标物保留时间大约为 6min，咖啡因的保留时间为 8min，由数据处理系统可以得到第 1 个进样的 2 个峰的峰面积分别为 $A_{内标C}$，$A_{标样}$。第 2 次进样的 2 个峰的峰面积为 $A_{内标D}$，$A_{未知}$。根据式（13-5）进行定量计算，咖啡因质量为：

$$W_{未} = \frac{A_{未知}}{A_{标样}} \times \frac{A_{内标C}}{A_{内标D}} W_{标} \tag{13-6}$$

思考题

（1）在进行定量分析中，归一化法、外标法和内标法各自的优缺点是什么？

（2）简述在样品前处理中，固相萃取样品前处理的原理及注意事项。

13.6.3 GC-MS 法测定环境激素邻苯二甲酸酯

实验目的

（1）了解 GC-MS 法分析条件的设置。

（2）了解 GC-MS 定性分析和定量分析方法。

实验原理

色谱法对有机化合物是一种有效的分离分析方法，但对被测物的定性分析比较困难，而质谱分析法虽然可以进行有效的定性分析，但也难以对混合有机化合物进行定性分析，而色谱法和质谱法的联用为复杂的混合有机化合物的定性分析和定量分析提供了一个良好的平台。

酞酸酯类又称邻苯二甲酸酯类（phthalates acid ester, PAE），其结构特点如图 13-7 所示，是一类为使塑料柔软、易于加工而添加的增塑剂。邻苯二甲酸酯类大多是油状液体，加入量高达 40%，其中，R_1 和 R_2 可以是烷烃和芳烃，主要有邻苯二甲酸二正丁酯，邻苯二甲酸二乙酯等。这类化合物不溶于水，可溶于多数有机溶剂，易燃，是可疑致癌物，属于环境激素类化合物。研究表明，地表水（包括河水、湖水、饮用水以及各种排放废水）等，均检测出多种邻苯二甲酸酯类的残留含量，且高于美国分析化学家协会 AOAC（Associatio of Official Analytical Chemists）标准中的最大残留限量（maximum residue limit）。本实验参考食品安全国家标准 GB 5009.271—2016《食品安全国家标准 食品

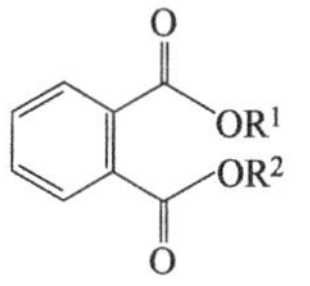

图 13-7 邻苯二甲酸酯类的结构

中邻苯二甲酸酯的测定》，基于固相萃取技术进行样品前处理，采用 GC-MS 法测定。以保留时间和定性离子碎片丰度比定性分析，外标法定量测定地表水（黄河水和排放污水）中邻苯二甲酸酯类的残留含量。

仪器与试剂

（1）仪器　ISQ 气相色谱-单四极杆质谱联用仪（生产厂家：美国赛默飞世尔科技有限公司）。配置为：AL1310 自动进样器；TRACE 1300 Thermo 气相色谱仪；ISQ^{TM} Thermo 单四极杆质谱仪；Thermo Scientilic "Xcalibur" 数据处理软件；毛细管气相柱 [Thermo ScientilicTG-5MS(30m×0.25mm，0.25μm)]；载气（He，纯度 99.999%）。

（2）试剂

① 色谱纯试剂：正己烷、丙酮、二氯甲烷、乙腈。

② 标准品：邻苯二甲酸二甲酯（Dimethyl phthalate，DMP），邻苯二甲酸二乙酯（Diethyl phthalate，DEP），邻苯二甲酸正辛酯 [Di（n-octyl）phthalate，DNOP]。

③ 实际样品：黄河水提取样品（Sample-1），排污废水提取样品（Sample-2）。

实验步骤

（1）标准混合溶液的配制　配制 DMP、DEP、DNOP 三种邻苯二甲酸酯类混合标准溶液，浓度为 10mg/L。

（2）样品制备　采用固相萃取柱（SPE）净化样品，依次加入 3mL 二氯甲烷、3mL 乙腈活化，弃去流出液；将待净化样品液加入 SPE 小柱，收集流出液，合并两次收集的流出液，加入 1mL 丙酮，用 40℃氮气吹至近干燥，正己烷定容至 1mL，涡旋混匀，供 GC-MS 分析。

（3）分析条件的设置

① 色谱条件。色谱柱：石英毛细管色谱柱 TG-5MS，30m×0.25mm，0.25μm；柱温：50℃，保持 0.5min；以 30℃/min 升温至 180℃，保持 1min；再以 15℃/min 升温至 280℃，保持 10min；进样口温度：260℃；载气：He，纯度 99.999%，流速 1.2mL/min；进样方式：不分流进样；进样量：0.1μL；最大柱温度 350℃。

② 质谱条件。电子轰击离子源（EI），能量为 70eV；质谱传输温度 260℃；离子源温度 260℃；溶剂延迟时间为 4min，质量扫描范围 50～600amu。

（4）标准曲线的制作　以正己烷为溶剂，配制系列混合标准溶液（DMP，DEP 和 DNOP）分别为 10.0μg/L、50.0μg/L、100.0μg/L、200.0μg/L、300.0μg/L，待 GC-MS 分析。以系列邻苯二甲酸酯各组分的峰面积为纵坐标，以系列标准溶液中各组分含量（μg/L）为横坐标，绘制标准曲线。

（5）试样溶液的测定　将试样溶液注入 GC-MS 联用仪中，采集数据，然后进行数据处理。对样品中残留的可疑邻苯二甲酸酯类（DMP，DEP 和 DNOP）进行定性目标化合物的确认。再依据外标法进行定量测定。

注意事项

（1）小心不要碰到 GC 进样口，以免烫伤。

（2）不要随意按动仪器面板上的按钮，以免出现不可预知的故障与危险。

（3）邻苯二甲酸酯类多为环境激素，请同学们实验完毕及时洗手。

思考题

（1）色谱柱进样口的温度设置原则是什么？程序升温的优点是什么？质量扫描范围过大

或过小会怎样？

（2）总离子流色谱图是怎么得到的？质谱图是怎么得到的？

（3）为了得到一张好的质谱图通常要扣除本底，本底是怎么形成的？如何正确扣除？

◆ 参考文献 ◆

［1］ 赵藻藩,周性尧,张悟铭, 等.仪器分析 ［M］.北京:高等教育出版社, 1990.

［2］ 罗焕光.分离技术导论 ［M］.武汉:武汉大学出版社, 1990.

［3］ 方惠群,史坚,倪君蒂.仪器分析原理 ［M］.南京:南京大学出版社, 1994.

［4］ 朱良漪.分析仪器手册 ［M］.北京:化学工业出版社, 1997.

［5］ 傅若农,顾峻岭.近代色谱分析 ［M］.北京:国防工业出版社, 1998.

［6］ 汪尔康.21 世纪的分析化学 ［M］.北京:科学出版社, 1999.

［7］ 刘虎威.气相色谱方法及应用 ［M］.北京:化学工业出版社, 2000.

［8］ 傅若农.色谱分析概论 ［M］.北京:化学工业出版社, 2000.

［9］ 张玉奎.分析化学手册 液相色谱分析 ［M］.北京:化学工业出版社, 2000.

［10］ 于世林.高效液相色谱方法及应用 ［M］.北京:化学工业出版社, 2000.

［11］ 邹汉法,刘震,叶明亮, 等.毛细管电色谱及其应用 ［M］.北京:科学出版社, 2001.

［12］ 何美玉.现代有机与生物质谱 ［M］.北京:北京大学出版社, 2002.

［13］ 刘密新,罗国安,张新荣, 等.仪器分析 ［M］.北京:清华大学出版社, 2002.

［14］ 张祥民.现代色谱分析 ［M］.上海:复旦大学出版社, 2004.

［15］ 赵玉芬.生物有机质谱 ［M］.郑州:郑州大学出版社, 2005.

［16］ 张华.现代有机 ［M］.北京:化学工业出版社, 2005.

［17］ 刘约权.现代仪器分析 ［M］.北京:高等教育出版社, 2006.

［18］ 祁景玉.现代分析测试技术 ［M］.上海:同济大学出版社, 2006.

［19］ 叶宪曾,张新祥.仪器分析教程 ［M］.北京:北京大学出版社, 2007.

［20］ 盛龙生,苏焕华,郭丹滨.色谱质谱联用技术 ［M］.北京:化学工业出版社, 2012.

［21］ 刘庆锁,孙继兵,陆翠敏.材料现代测试分析方法 ［M］.北京:清华大学出版社, 2014.

［22］ 孙毓庆,邸欣.现代色谱法 ［M］.北京:科学出版社, 2015.

［23］ 王玉枝,张正奇,宦双燕.分析化学 ［M］.北京:科学出版社, 2016.

［24］ 张剑荣,威苓,方惠群.仪器分析实验 ［M］.北京:科学出版社, 1999.

［25］ 赵文宽.仪器分析实验 ［M］.北京:高等教育出版社, 1999.

［26］ 苏克曼,张济新.仪器分析实验 ［M］.北京:高等教育出版社, 2005.

［27］ 孙毓庆,严拯宇,范国荣, 等.分析化学实验 ［M］.北京:科学出版社, 2008.

［28］ 丁晓静,郭磊.毛细管电泳实验技术 ［M］.北京:科学出版社, 2015.

［29］ 胡坪.仪器分析实验 ［M］.北京:高等教育出版社, 2016.

［30］ 唐杰,杨莉容,刘畅.材料现代分析测试方法实验 ［M］.北京:化学工业出版社, 2017.

［31］ 任雪峰.仪器分析实训教程 ［M］.北京:科学出版社, 2017.

第三部分

电子显微分析

电子显微概述

　　显微分析技术，是观察、分析细小物体（＜100μm）的技术和科学。肉眼在正常情况下所能观察到的最小物体的限度是 0.2mm 左右。光学显微镜的极限分辨率约为 0.2μm，相当于放大 1000 倍左右。高分子材料研究的许多内容属于该尺寸范围内，例如，部分结晶高分子的结晶形态、结晶形成过程或取向等。为了得到分辨率更高的显微镜，必须采用波长更短的波。20 世纪 20 年代初，从理论上证明了电子作为光源可达到很高的极限分辨率。20 世纪 50 年代末电子显微镜的分辨率已达到 1nm。电子显微分析，是利用高能电子束与物体的表面相互作用而获取微区信息的技术和科学。它涉及较深的物理知识，且微区与表面分析又是建立在超高真空、电子光学、微弱信号监测、计算机技术等基础上，涉及综合性较强的仪器技术。为了便于理解，本书在编写过程中力求简洁明了，实用性优于理论完整性，整体概念优于局部细节，可读性优于系统完整性。希望通过仪器的介绍，熟悉仪器的性能、指标和使用范围；通过原理的叙述，帮助理解样品制备和图像分析的原理，同时通过理论指导实践，为具体实验寻找合适参数，获得最佳的实验结果。

　　目前一台高性能的电子显微镜，晶格分辨率是 0.14nm，点分辨率是 0.3nm，相当于光学显微镜最大放大倍数的 50 万～100 万倍。在高倍显微镜下可观察到材料的内部组织状态、内部缺陷等，能直接观察到结晶的晶格图像，甚至某些单个图像。

　　为了更好地了解电子显微镜，首先了解一下电子波和电子透镜。

14.1　电子波

　　电子显微镜的照明光源是电子波。电子波的波长取决于电子运动的速度和质量，即：

$$\lambda = \frac{h}{mv} \tag{14-1}$$

　　式中，h 为普朗克常数，$h = 6.625 \times 10^{-34}$ J·s；m 为电子的质量，$m = 9.1094 \times 10^{-31}$ kg；v 为电子速度。

　　电子的速度 v 和加速电压 U 之间的关系为：

$$\frac{1}{2}mv^2 = eU \tag{14-2}$$

　　式中，e 为电子所带的电荷，e $= 1.6022 \times 10^{-19}$ C。

由式（14-2）得到电子的速度为：

$$v = \sqrt{\frac{2eU}{m}} \tag{14-3}$$

由式（14-1）和式（14-3）可得电子波的波长：

$$\lambda = \frac{h}{\sqrt{2emU}} = \frac{1.226}{\sqrt{U}} \tag{14-4}$$

不同加速电压 U 下的电子波长 λ 如表 14-1 所示。

表 14-1　不同加速电压 U 下的电子波长 λ

加速电压 U/kV	20	30	50	100	200	500	1000
电子波长 $\lambda \times 10^{-3}$/nm	8.59	6.98	5.36	3.70	2.51	1.42	0.687

14.2　电子透镜

电子透镜又分为静电透镜和电磁透镜。电子显微镜中除了电子枪外，大部分均采用的是电磁透镜。下面就简单介绍一下电磁透镜。

物理实验指出：当由一点发散的带电粒子通过轴对称的电场或磁场时，又将汇聚到一点，这表明轴对称的电场或磁场对带电粒子具有透镜的汇聚作用。如图 14-1 所示，这种特定形状的电场或磁场，对电子来说，具有玻璃透镜对可见光一样的聚焦成像作用。电磁透镜由励磁线圈和包着它的铁壳框架以及极靴组成。当线圈上有电流通过时，在周围便会产生磁力线，为了使磁力线不至于在线圈面上四处扩散而是集中到一个狭小的区域内，并在该处形成透镜作用，所以采用了铁壳框架和极靴。铁壳和极靴都是由磁性材料组成，能够很好地传导磁力线，两者的作用也是一致的，只是为了方便起见，在结构上把两者分开。极靴和框架都做成轴对称形式，而且在轴向有间隙，磁力线就通过这一间隙向中心部分漏去。这种磁力线所形成的磁场对沿中心轴射入的电子具有透镜的作用。

电子显微镜因成像方式不同又分为透射电子显微镜和扫描电子显微镜。

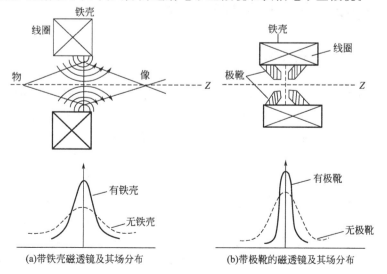

(a)带铁壳磁透镜及其场分布　　　(b)带极靴的磁透镜及其场分布

图 14-1　电磁透镜示意图

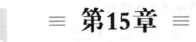

第15章

扫描电子显微镜

15.1 引言

　　扫描电子显微镜（简称扫描电镜）的成像原理和透射电子显微镜完全不同，它不是利用电磁透镜放大成像，而是以类似电视摄影显像的方式，利用细聚焦电子束在样品表面扫描时激发出来的各种物理信号来调制成像的。新式扫描电子显微镜二次电子像的分辨率已达到1～2nm，放大倍数可从数倍原位放大到80万倍左右。由于扫描电子显微镜的景深远比光学显微镜大，可以用它进行显微断口分析。用扫描电子显微镜观察断口时，样品不必复制，可直接进行观察，这给分析带来了极大的方便。因此，目前显微断口的分析工作大都是用扫描电子显微镜来完成的。

　　由于电子枪的效率不断提高，使扫描电子显微镜样品室的空间增大，可以装入更多的样品。因此，目前的扫描电子显微镜不仅可以分析材料的显微组织形貌，还可以和其他分析仪器相组合，能在同一台仪器上进行材料微区成分和晶体结构等多种信息的同位分析。

15.2 扫描电子显微镜的原理及结构

15.2.1 扫描电子显微镜的原理

　　图15-1给出了扫描电子显微镜的工作原理示意图。电子枪发射出来的电子束（直径约为$50\mu m$），在加速电压的作用下（范围为2～30kV），经过电磁透镜系统，汇聚成直径约为5nm的电子束，聚焦在样品表面。在第二聚光镜和末级透镜（物镜）之间的扫描线圈作用下，电子束在样品表面做光栅状扫描，光栅线条数目取决于行扫描和帧扫描速度。由于高能电子与物质的相互作用，在样品上产生各种电子信息，这些信号电子经各类信号探测器接收和处理，转换为光子，再经过信号处理和放大系统加以放大处理，变成信号电压，最后输送到显像管的栅极，用来调制显像管的亮度。因为在显像管中的电子束和镜筒中的电子束是同步扫描，亮度由样品所发出的信息强度来调制，因而可以得到反映样品表面状况的扫描图像，通常所用的扫描电子显微镜图像有二次电子像和背散射电子像。扫描电镜的工作原理与光学或透射电镜不同，前者是把来自二次电子的图像信号作为时像信号，将一点点的画面

184

"动态"形成三维图像，后两者是全部图像一次显出，即"静态"成像。

15.2.2 扫描电子显微镜的结构

扫描电子显微镜是由电子光学系统、信号检测放大系统、真空系统三个基本部分组成的高精密科学仪器，主要用于获取样品表面的图像信息。

15.2.2.1 电子光学系统

电子光学系统主要包括电子枪、电磁透镜、扫描线圈和样品室等。

（1）电子枪 扫描电镜的电子枪与透射电镜相似，其作用是产生电子照明源。一般电子枪的性能决定了扫描电镜的质量，商业生产扫描电镜的分辨率可以说是受电子枪亮度所限制。因此，电子枪的必要特性是亮度要高、电子能量散布要小。目前常用的电子枪种类主要有三种，即钨（W）灯丝、六硼化镧（LaB$_6$）灯丝和场发射（field emission）电子枪，如图15-2所示，不同的灯丝在电子源大小、电流量、电流稳定度及电子源寿命等均有差异。

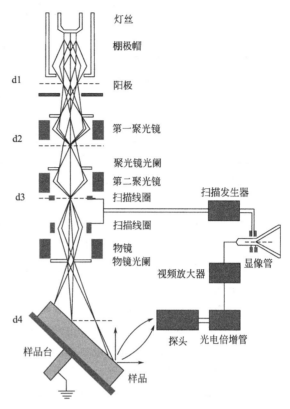

图 15-1 扫描电子显微镜工作原理图

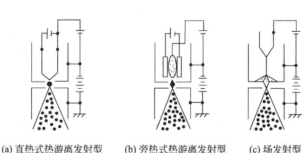

(a) 直热式热游离发射型　(b) 旁热式热游离发射型　(c) 场发射型

图 15-2 各种类型电子枪原理

目前常见的场发射电子枪有冷场发射和热场发射两种。冷场发射的优点是电子束直径小、亮度高，图像具有较理想的分辨率。冷场发射电子枪操作时，为避免针尖被外来气体吸附，往往降低场发射电流，由此导致发射电流不稳定，并需在较高真空度下操作。热场发射电子枪在1800 K温度下操作，避免了气体分子在针尖表面的吸附，可维持较好的发射电流稳定度，并能在较低的真空度下操作。虽然亮度与冷场发射相类似，但电子能量散布比冷场发射大3～5倍，图像分辨率降低，不常使用。上述不同电子发射源的性能参数对比情况列于表15-1中。

表 15-1 不同电子发射源的性能参数对比

发射源	钨灯丝	LaB$_6$	热场发射	冷场发射
直径/nm	1000～2000	1000～2000	10～25	3～5
温度/℃	2300	1500	1500	室温
灯丝亮度	1	10	500	1000
电流密度/(A/cm^2)	1.3	25	500	50000
能量扩展/eV	约2.0	约1.5	<1.0	约0.2
灯丝寿命/h	40～50	约500	1000～2000	>2000
真空度/Torr①	10^{-5}	10^{-7}	10^{-9}	10^{-10}

① 1Torr=133.322Pa。

(2) 电磁透镜　扫描电镜中的电磁透镜主要用作聚光镜，其功能是把电子束斑（虚光源）逐级聚焦缩小，使原来直径约为$50\mu m$的束斑缩小到5nm（或更小）的细小斑点，且连续可变，为了获得上述电子束，需用几个电磁透镜协同完成。采用电磁透镜可避免污染和减小真空系统的体积、球像差系数。目前扫描电镜的透镜系统有三种结构：a.双透镜系统；b.双级励磁的三级透镜系统；c.三级励磁的三级透镜系统。

(3) 扫描线圈　扫描线圈通常由两个偏转线圈组成，在扫描发生器的控制下实现电子束在样品表面做光栅扫描。电子束在样品表面的扫描和显像管的扫描由同一扫描发生器控制，保持严格同步。样品上各点受到电子束作用而发出的信号电子可由信号探测器接收，并通过显示系统在荧光屏上按强度描绘出来。

(4) 样品室　样品室用于放置测试样品，并安装各种信号电子探测器。

15.2.2.2 真空系统

由于电子束只能在真空下产生和操控，扫描电镜对镜筒的真空度有一定要求。一般情况下，要求真空度优于10^{-4}～10^{-3}Pa。如果真空度下降，会导致电子枪灯丝寿命缩短，极间放电，产生虚假二次电子效应，透镜光阑和样品表面污染加速等，从而严重影响成像。因此，真空系统是衡量扫描电镜的参考指标之一。

15.2.2.3 信号检测放大系统

信号检测放大系统的作用是检测样品在入射电子作用下产生的各类电子信号，经视频放大后作为显像系统的调制信号。信号电子不同，所需的检测器类型也不同，大致可分为三类检测器，即电子检测器、荧光检测器和X射线检测器。在扫描电镜中最普遍使用的是电子检测器，由闪烁体、光导管和光电倍增器组成。

15.3　实验技术

15.3.1　扫描电镜的样品制备

样品制备技术在电子显微术中占有重要的地位，它直接影响显微图像的观察和对图像的正确解释，可以说样品的正确制备直接决定了观察效果。扫描电镜样品可以是块状、薄膜或粉末颗粒，由于是在真空中直接观察，扫描电镜对各类样品均有一定要求。首先要求样品保持其结构和形貌的稳定性，不因取样而改变。其次要求样品表面导电，如果样品表面不导电或导电性不好，将在样品表面产生电荷的积累和放电，造成入射电子束偏离正常路径，使得图像不清晰以致无法观察和抓拍图片。最后要求样品大小要适合于样品桩的尺寸，各类扫描电镜样品桩的尺寸均不相同，以适应不同尺寸的样品。如果样品含水分，应烘干除去水分。

15.3.2　样品镀膜方法

利用扫描电镜观察不导电或导电性很差的非金属材料时，一般都用真空镀膜机或离子溅射仪在样品表面上沉积一层重金属导电膜，镀层金属有金、铂、银等重金属，常用的沉积导电膜为金膜。样品镀膜后不仅可以防止充电、放电效应，还可以减少电子束对样品表面造成的损伤，增加二次电子产额，获得良好的图像。

15.4　实验内容

15.4.1　样品的断口观察

实验目的

（1）了解扫描电镜的结构及其成像原理。

（2）学会测试样品的不同处理方式。

（3）学会观察金属和陶瓷块体材料的断口形貌。

实验原理

（1）仪器结构　JSM-7500F 场发射扫描电子显微镜（scanning electronic microscopy，SEM）主要有三个部分：电子光学系统、信号检测放大系统及真空和电源系统。

① 电子光学系统。电子光学系统包括电子枪、二级或三级缩小的电磁透镜等，其作用是获得高分辨率的理想电子源，并保证电子入射样品时是集中的，尽可能地减小误差，提高分辨率，改善景深，由此获得的立体图像是清晰的。

② 信号检测放大系统。信号检测放大系统用于收集信号并将其放大。当电子束扫描样品时，其速度有快有慢，扫描方式也有一定的区别，因此样品表面产生的信号也有不同。信号检测放大系统会收集这些信号，同时转化为电信号，然后加以放大。

③ 真空和电源系统。真空系统是将镜筒内的空气抽出去，以保证其内部有较高的真空度，其设备主要包括机械泵和扩散泵。电源系统为扫描电镜各系统提供稳定的电源。

（2）工作原理　当具有一定能量的入射电子束轰击样品表面时，超过 99％ 的入射电子能量都会转变成样品热能而损失掉，但是剩余的少于 1％ 的入射电子将从样品中激发出各种信号，如二次电子、背散射电子、吸收电子、透射电子、反射电子、俄歇电子、阴极荧光、X 射线等，如图 15-3 所示。扫描电镜就是通过采集和分析这些电子所携带的信息，达到对照射样品分析的目的。

扫描电镜显示的图像是二次电子像。二次电子是入射电子轰击样品的时候从其表面离开的核外电子，其产生率与样品的形貌和成分有关系。

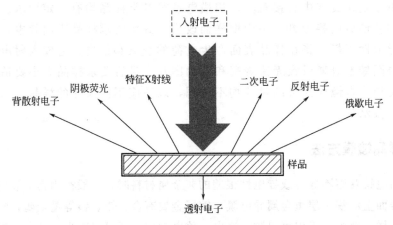

图 15-3　电子与样品表面相互作用示意图

如果原子的核外电子从入射电子那里获得的能量大于其结合能，就可以脱离原子成为自由电子。不是所有的自由电子都可以脱离材料表面，还有逸出功的限制。只有部分能量大于逸出功的自由电子才能够脱离材料表面，进入真空中，形成所谓的二次电子。电子受到诸多束缚而不容易脱离材料表面，只有受到外界的电子轰击而获得能量才可以，因此即使有离开的电子，也是位于表面比较浅位置的，如表面深度 5~10nm 的区域，能量也不高，只有 0~50eV。但是这些二次电子对样品的表面状态却非常敏感，其携带的信息可以有效地显示出样品表面的微观形貌。检测二次电子的方法也有一些不足之处，比如二次电子产生的数量与原子序数之间没有明显的对应关系，所以该方法不适合用于成分分析。

与光学显微镜相比，扫描电镜具有一些显著的优点：其一，样品制备简单；其二，分辨率很高，一般可达到 5~10nm；其三，放大倍数比较大，虽然不及透射电镜，但也可以达到近 20 万倍。

仪器与试剂

（1）仪器　扫描电子显微镜；低温烘箱（或电炉）；电吹风；真空镀金设备。

（2）试剂　烧结 Nd-Fe-B 合金块体；破碎陶瓷；无水乙醇；导电胶。

实验步骤

（1）备样　将烧结 Nd-Fe-B 合金块体敲碎，取新的断面，用无水乙醇清洗表面粉末，在 80℃ 低温下烘干备用。将陶瓷碎片用蒸馏水清洗后，再用无水乙醇溶液冲洗，然后用电吹风吹干备用。

烧结 Nd-Fe-B 合金导电，因此可以直接拍摄。但是陶瓷碎片不导电，需要处理一下，清洗后，用导电胶将陶瓷碎片固定在样品台上，胶面要比样品底面略小一些，等导电胶干透之后，放到真空镀金室中，再将镀金室关闭，抽真空至设定值，然后镀金一段时间后取出。

（2）开机

① 打开交流稳压器（设定稳定的电压值为 220V）和冷却循环水。

② 打开样品室的真空开关。

③ 打开控制柜的电源开关。

（3）测试

① 打开样品室。由于样品室每次用完之后是关闭的，并且抽了真空以保护探头，因此

先要将进气阀打开，以便空气能够进去从而顺利打开样品室。当样品放入之后要将其关闭并抽真空，以保证散射电子在不会被空气中的气体成分干扰。

② 开启操作软件，根据样品的导电性能调整电压。

③ 将图像的选区选择为全屏（PULL），这样可以使观察界面更清晰，能够获得更多的信息。

④ 调整显示器的对比度和亮度，以便能够清楚地看见图像的各个细节。

⑤ 在观察显示器的同时调节聚焦旋钮，以保证图像是清晰的。

⑥ 观察这一个视场，寻找信息更为丰富的所需要的特征图像进一步放大观察。

⑦ 调整 X 方向和 Y 方向以保证图像是清晰的。

⑧ 根据样品位于观察区域的实际特点，选择适当的扫描速率来观察图像。

⑨ 选择清晰、特征明显的断口微观图像进行拍照。

⑩ 填写实验记录和仪器使用记录本。

（4）关机程序

① 将高压电源关闭，逆时针调节显示器对比度和亮度，使其降至最低。

② 依次关闭软件、主机、镜筒真空隔阀、主机电源开关及真空开关等。

③ 冷却水继续冷却约 20min 后，再将循环水和电子交流稳压器关闭。

实验结论

对拍摄到的样品端口照片进行分析，得出结论。

思考题

（1）简述扫描电镜的工作原理。

（2）简述不同类型样品制备步骤及注意事项。

（3）对比两种样品的断口形貌图像，分析金属与陶瓷的微观断面的区别。

15.4.2　复合材料的形貌分析

实验目的

（1）学习扫描电镜的结构及其成像原理。

（2）学会样品的处理方式。

（3）学会观察合成的复合材料的形貌。

实验原理

实验原理同 15.4.1。

仪器与试剂

（1）仪器　扫描电子显微镜；金相样品镶嵌机；金相样品抛光机；电炉（或者烘干机）；砂轮机。

（2）试剂　0～1000 目砂纸；抛光剂；棉花；无水乙醇；实验室制备的复合材料（由实验室老师提前准备）。

实验步骤

（1）备样　取块体样品，观察需要测试的表面，在样品的形状或大小不便于抛光的情况下，首先要进行镶嵌，然后用不同规格的砂纸由粗到细进行交叉抛光，到没有明显的划痕后，再在抛光机上抛光，然后用无水乙醇溶液冲洗，用电吹风吹干备用，如果样品特别粗糙，需要预先用砂轮机打一下再用砂纸磨制。对于导电样品可以直接进行测试，不导电样品要用导电胶固定在样品台上，胶面要比样品底面略小一些。待导电胶干透之后，放到真空镀金室中，再将镀金室关闭，抽真空至设定值，然后镀金一段时间取出样品。

（2）开机

① 打开交流稳压器（设定稳定的电压值为 220V）和冷却循环水。

② 打开样品室的真空开关。

③ 打开控制柜的电源开关。

（3）测试

① 打开样品室，抽真空以保护探头。

② 开启操作软件，根据样品的导电性能调整电压。

③ 调整显示器的对比度和亮度，以便能够清楚地看见图像的各个细节。

④ 选择清晰、特征明显的断口微观图像进行拍照。

实验结论

观察样品拍摄的平面照片，分析其细节，得出结论。

思考题

（1）简述扫描电镜测试复合材料形貌的方法？

（2）对于不导电样品应该怎么处理？为什么？

第16章

透射电子显微镜

16.1 引言

透射电子显微镜（Transmission Electron Microscope，简称 TEM）（透射电镜），可以看到在光学显微镜下无法看清的小于 $0.2\mu m$ 的细微结构，这些结构称为亚显微结构或超微结构。要想看清这些结构，就必须选择波长极短的电子束作为光源，是一种用电子透镜聚焦成像的高分辨率、高放大倍数的电子光学仪器。

1932 年 Ruska 在实验室制作第一台透射式电子显微镜，1938 年，第一部商业化电子显微镜问世。20 世纪 40 年代的 TEM 的分辨率约为 10nm，而最佳分辨率在 2～3nm 之间。透射电子显微镜是采用透过薄膜样品的电子束成像来显示样品内部组织形态与结构，并可以在观察样品微观组织形态的同时，对所观察的区域进行晶体结构鉴定。

随着现代科学技术的迅速发展，要求提供具有良好力学性能的结构材料及具有各种物理和化学性能的功能材料。由于材料的化学成分、晶体结构、显微组织对材料的宏观性能有巨大的影响。因此，为了研究新的材料或改善传统材料，必须以尽可能高的分辨能力观测和分析材料内部组织结构状态的变化。扫描电镜及能谱可以同时获得材料的显微组织与成分的平面分布，但对于部分微观缺陷，却无能为力。若希望获取材料的化学成分、晶体结构、显微组织的全部信息及其相互间的空间对应关系，使用透射电子显微镜是一个方便且简易的方法。

目前，风行于世界的大型 TEM 的分辨率在 $1～3\text{Å}(1\text{Å}=10^{-10}\text{m})$，放大倍数为 $50～1200000$ 倍。透射电镜已经成为微观形貌观察、晶体结构分析和成分分析的综合性分析电子显微镜。

16.2 透射电子显微镜的成像原理

透射电镜和扫描电镜一样，电子枪是透射电镜的照明源。由电子枪发出的高能电子，经双聚光镜会聚，获得一束直径小、相干性好的电子束，打在样品上；高能电子与样品互相作用，产生各种物理信号，其中，透射电子是透射电镜用来成像的物理信号（所谓透射电子是指入射电子透过样品的那一部分电子）；由于样品各个微区的厚度、平均原子序数、晶体结构或位向等的不尽相同，那么透过样品各个微区的电子数目就不同，这样就在物镜的物平面上形成一幅与样品微观结构一一对应的透射电子分布图。然后，由物镜放大成像，再经过中间镜、投影镜的进一步放大，最后成像于荧光屏。这样我们就得到一幅人眼可观察的，反映样品微区厚度、平均原子序数、晶体结构或位向等不同信息的，具有一定衬度的高分辨率、高放大倍数的透射电子图像，再将其记录在电子感光胶片上或计算机内，成为永久的图像。

16.3　透射电子显微镜的结构

透射电子显微镜的结构非常复杂，一般是由照明系统、成像系统、真空系统和供电系统四大部分组成，另外还有一些相应的功能性附件和电子能量损失谱仪等。

16.3.1　照明系统

照明系统由电子枪、聚光镜、聚光镜光阑和相应的平移对中、倾斜调节装置组成。其作用是提供一束亮度高、照明孔径角小、平行度好、束流稳定的照明光源。为满足明场和暗场成像需要，照明束可在 $2°\sim3°$ 范围内倾斜。

16.3.1.1　电子枪

电子枪可分为热阴电子枪和场发射电子枪。热阴电子枪的阴极材料主要是钨丝和六硼化镧（LaB_6）。场发射电子枪可以分为热场发射、冷场发射和 schottky 场发射。schottky 场发射属于一种特殊的热场发射。热场发射电子枪的阴极材料必须是高强度材料，过去一般采用单晶钨，现在也常选用六硼化镧，下一代场发射电子枪的阴极材料极有可能是碳纳米管。场发射电子枪由阴极和两个阳极构成，如图 16-1 所示。在阴极和阳极之间的某一点，电子束会聚成一个交叉点，这就是通常所说的电子源，电子源一般直径为几十微米。第一个阳极的主要作用是使电子发射，第二个阳极使电子加速和汇聚。场发射电子枪产生的电子束具有更小的直径和更好的单色性。

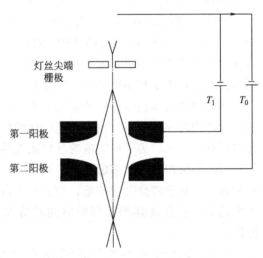

图 16-1　场发射电子枪示意图

16.3.1.2　聚光镜

由于电子之间的压力和阳极小孔的发散作用，电子束穿过阳极小孔后又逐渐变粗，射到试样上仍然过大。聚光镜就是为了克服这种缺陷而加入的，它具有增强电子束密度和再一次将发散的电子束汇聚的作用。具体过程是将"电子枪交叉点"作为初光源，汇聚在样品平面上，并通过调节聚光镜的电流来控制照射强度、照明孔径角和束斑大小，见图 16-2。

16.3.1.3　聚光镜光阑

聚光镜光阑是透射电镜中三个主要必备光阑之一，另外两个是物镜光阑和选区光阑，常见的光阑是一些开有小孔的无磁性金属（比如铂、钼）片，如图 16-3 所示。常用光阑孔一般很小，容易污染。因此光阑周围有起自洁作用的缝隙，其原理是当电子束照射光阑时，热量不易散发，光阑长期处于高温状态，防止污染物污染。

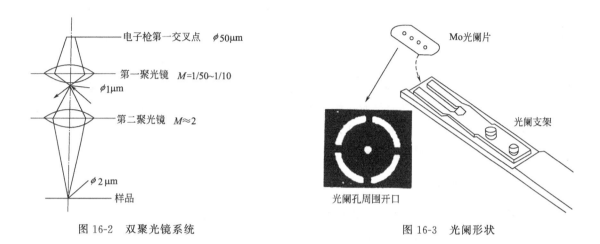

图 16-2　双聚光镜系统　　　　　　　　　　图 16-3　光阑形状

16.3.1.4　平移和倾斜装置

在透射电镜中，电子束的平移和倾斜是通过电磁偏转线圈来实现的。如图 16-4（a）所示，平移时上偏转线圈使平行入射的电子束偏转 θ 角，而下偏转线圈又反方向偏转 θ 角，这样电子束就实现了平移，如图 16-4（b）所示，当倾斜时，上偏转线圈使平行入射的电子束偏转 θ 角，下偏转线圈又反方向偏转（$\theta+\beta$）角，此时电子束在样品上的照明中心不变，则对于成像系统来说，照明电子束倾斜 β 角。电子束的平移和倾斜主要用于镜筒的对中和改变透射电镜的照明方式。

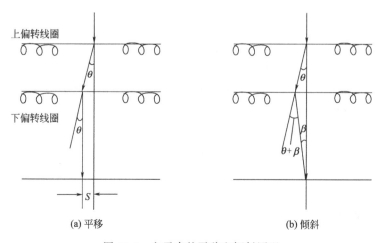

（a）平移　　　　　　　　　（b）倾斜

图 16-4　电子束的平移和倾斜原理

16.3.2 成像系统

成像系统主要起观察和成像的作用，由样品室、物镜、中间镜、投影镜、物镜光阑、选区光阑、荧光屏和照相装置等组成。

16.3.2.1 样品室

样品室位于照明部分和物镜之间，其主要作用是通过样品台承载、移动和倾转试样。

16.3.2.2 物镜

物镜是电镜最关键的部分，其作用是将来自试样不同点的弹性散射束汇聚起来，形成一幅高分率的电子显微图像或衍射花样。透射电镜有两种常见模式：若电子束汇聚于后焦面上，则形成含有试样结构信息的衍射花样；若电子束汇聚于像平面上，则构成与试样组织相对应的显微像。透射电镜分辨率的高低，很大程度上取决于物镜。因为这是电子束的第一次成像，物镜的任何缺陷都将被成像系统中其他透镜放大。

16.3.2.3 中间镜和投影镜

中间镜和投影镜与物镜相似，但焦距较长。它的作用是将来自物镜的电子像再次放大，最后显示在观察屏或 CCD 上，得到高放大倍率的电子像。在透射电镜操作中，如果将中间镜的物平面和物镜的像平面重合，则在荧光屏上得到一幅放大像，这就是透射电镜的成像操作，如图 16-5(a) 所示；若将中间镜的物平面和物镜的背焦面重合，则在荧光屏上得到一幅电子衍射花样，这就是透射电镜的衍射操作，如图 16-5(b) 所示。

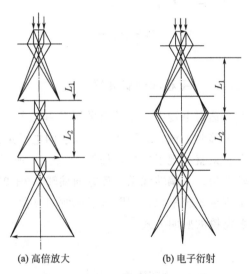

(a) 高倍放大　　　　(b) 电子衍射

图 16-5　透射电镜成像光路与原理

16.3.2.4 荧光屏和照相装置

显像部分由观察屏和成像设备组成，常见成像设备有照相底板和 CCD 相机。CCD 成像由于是以数码格式储存，能够实现许多重要的数学分析计算，而成为现在的主流，照相底板的成像方式由于不具有这些功能，同时成像过程也比较烦琐而应用较少。

观察屏所在的空间为观察室。由于观察屏是用荧光粉制成的，所以常称观察屏为荧光屏。观察屏和照相底板（或者 CCD 相机）放在投影镜的像平面上。在分析型电镜中，在观察室还装有其他附件，用来收集各种需要的响应信号。

16.3.3 真空系统

为了保证电子在整个通道中只与样品发生相互作用，而不与空气分子碰撞，因此整个电子通道从电子枪至照相底板盒（或者 CCD 相机）都必须置于真空系统之内。如果真空度不够，就会出现下列问题：①高压加不上去；②成像衬度变差；③极间放电；④灯丝迅速氧化，寿命缩短。

16.3.4　供电系统

透射电镜需要两部分电源：一是供给电子枪的高压部分；二是供给电磁透镜的低压稳流部分。电压的稳定性是电镜性能好坏的一个极为重要的标志。加速电压和透镜电流的不稳定将使电子光学系统产生严重像差，从而使分辨本领降低。所以对供电系统的主要要求是产生高稳定的加速电压和满足各种透镜要求的激磁电流。在所有的透镜中，物镜激磁电流的稳定度要求最高。

16.4　实验技术

16.4.1　透射电子显微镜的样品制备

透射电镜的样品制备是透射电镜显微分析的重要一环。电子与物质能够相互作用，但是电子对物质的穿透能力很弱，约为 X 射线穿透能力的万分之一。而在透射电镜中真正需要的是具有穿透能力的透射电子束和弹性散射电子束。为了使它们能够达到清晰成像的程度，就必须要求样品有足够薄的厚度。在实际中，一般透射电镜的合格样品要求厚度小于100nm，而观察原子结构像的样品时厚度要求更高一些。

16.4.1.1　粉末样品的制备

为了制备合适厚度的样品，相关制样手段和减薄方法有许多，而这些方法都可能对材料的要求更高一些的组织造成影响，导致得到错误的观察结果。如何制备样品使之能够真实反映原始材料的显微组织和结构等信息，不增加各种操作引入的假象，是一项电镜使用者必须具备的基本工作，这项重要工作需要一定的技巧和经验。常见透射电镜样品包括覆膜样品、粉末样品、薄膜样品和切片样品，各种样品有独立制备方法。以下主要介绍材料科学中常见的粉末样品和薄膜样品的制备方法。

粉末样品制备的关键是如何将超细的颗粒分散开来使之各自独立而不团聚。粉末样品常用的制备方法有胶粉混合法和支持膜分散法。

① 胶粉混合法　在干净玻璃片上滴火棉胶溶液，然后在玻璃片的胶液上放少许粉末并搅匀，将另一玻璃片压上，两玻璃片对研并突然抽开，等待膜干。用刀片将膜划成小方格，然后将玻璃片斜插入水杯中，在水面上下空插，膜片逐渐脱落，用铜网将方形膜捞出，晾干待观察。

② 支持膜分散法　将适量的待观察粉末放入乙醇（或者其他合适的分散剂中）中，用微波振荡，形成均匀的悬浊液，然后滴到带有碳膜的支持网上，晾干待观察。

16.4.1.2　薄膜样品的制备

材料科学工作者最常接触的是块体材料，部分情况下是丝材等三维材料，其厚度一般不能满足透射电镜的要求，必须采用各种方法对其进行减薄。薄样品制备的要求：①制备过程中不引入任何材料组织的变化；②薄膜应具有一定的强度和较大面积的透明区域；③制备过程应易于控制，有一定的重复性和可靠性。

16.4.2　透射电镜在纳米材料中的应用

纳米材料包括纳米颗粒及以纳米颗粒为基础的材料，纳米纤维及含有纳米纤维的材料，纳米界面及含有纳米界面的材料。纳米材料的性能与其微观结构有着重要的关系。因此纳米材料微观结构的表征对认识纳米材料的特性，推动纳米材料的应用有着重要的意义。

透射电镜是研究材料的重要仪器之一。但是用透射电镜研究材料微观结构时，试样必须是透射电镜电子束可以穿透的纳米厚度的薄膜。单体的纳米颗粒或纳米纤维一般是透射电镜电子束可以直接穿透的。研究者通常把试样直接放在微栅上进行透射电镜观察。但是由于纳米颗粒或纳米纤维容易团聚，因此，用这种方法常常得不到理想的结果，有些研究内容也难以实施。比如：纳米颗粒的表面改性的研究、纳米纤维的横切面研究都比较困难。

以实验室制的 Fe_3O_4 纳米粉体和二氧化硅包覆的核壳 $Fe_3O_4@SiO_2$ 纳米粉体为研究对象，采用 Talos 200s 场发射透射电子显微镜（TEM）（美国 FEI 公司）表征纳米颗粒微观结构与尺寸。样品制备采用超声波分散器将需要观察的粉末在乙醇溶液中分散成悬浮液。用滴管滴几滴在覆盖有碳加强火棉胶支持膜的电镜铜网上。待其干燥后，再蒸上一层碳膜，即成为电镜观察用的粉末样品。图 16-6 为 Fe_3O_4 纳米粒子和二氧化硅包覆的核壳 $Fe_3O_4@SiO_2$ 纳米粒子的透射电镜照片。由图 16-6（a）可以看出，Fe_3O_4 纳米粒子呈球形分布，尺寸约为 15nm；由图 16-6（b）可以看出，二氧化硅包覆的核壳 $Fe_3O_4@SiO_2$ 纳米粒子呈均匀球形分布，尺寸约为 200nm，SiO_2 包覆层的厚度为 90nm 左右，包覆层致密、完整。

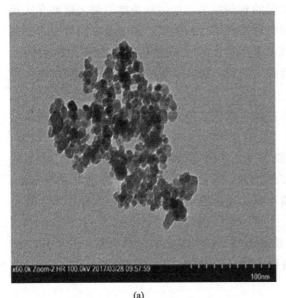
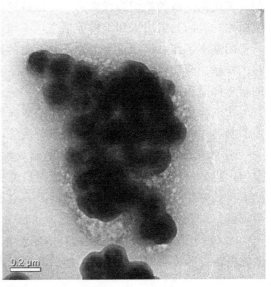

(a)　　　　　　　　　　　　　　　(b)

图 16-6　Fe_3O_4 纳米粒子（a）和 $Fe_3O_4@SiO_2$ 纳米粒子（b）的透射电镜照片

16.5　实验内容

16.5.1　材料的微观结构分析

实验目的

（1）了解透射电子显微镜的工作原理及对纳米材料微观结构的表征。

（2）了解纳米材料样品的制样方法。

（3）了解拍摄样品表面电子成像的过程。

实验原理

透射电子显微镜（简称透射电镜，TEM）是一种具有极高分辨率和放大倍数的显微镜。其利用聚焦电子束作为照明源，采用对电子束能够透明的薄膜试样（厚度为数十纳米至数百纳米），以透射电子作为成像信号进行微观分析。透射电子显微镜的优势是放大倍数高，分辨本领强，可以有效观察和分析材料的形貌、组织和结构。

透射电子显微镜工作的原理：首先由电子枪发射出电子束，在真空通道中沿着镜体光轴透过聚光镜，通过聚光镜汇聚成尖细、明亮又均匀的光斑，照射到样品上，透过样品的电子束携带了样品的结构信息，比如，致密部位透过的电子少，稀疏部位透过的电子多；其次经过物镜的汇聚调焦和初级放大后，电子束进入下级的中间透镜和第一、第二投影镜进行放大成像，透射在荧光屏板上，最后转化为可见光影像。

透射电镜的样品制备是透射电镜显微分析的重要环节。电子与物质能够相互作用，但是电子对物质的穿透能力很弱，约为 X 射线穿透能力的万分之一。而在透射电镜中真正需要的是具有穿透能力的透射电子束和弹性散射电子束。为了使它们能够达到清晰成像的程度，就必须要求样品有足够薄的厚度。

仪器与试剂

（1）仪器　透射电子显微镜；烧杯；滴管；超声波分散器；透射电镜铜网膜。

（2）试剂　实验室制备的纳米粉体；无水乙醇。

实验步骤

（1）样品制备　将少许纳米材料粉体置于干净的 50mL 烧杯中，加入 30mL 无水乙醇，超声分散成悬浮液。用滴管滴几滴在覆盖有碳加强火棉胶支持膜的电镜铜网上。待其干燥后，再蒸上一层碳膜，即成为电镜观察用的粉末样品。

（2）安装样品

① 依次打开循环水、总电源、真空泵、扩散电源。

② 30min 后打开镜筒电源，等高真空与底片室的绿色指示灯均亮后，表示真空度符合要求，即可开始工作，加压至 80kV 或 100kV，加灯丝电流至饱和点。

③ 将样品安装到样品托上，插入镜筒，同时打开样品室预抽开关，边推边顺时针方向旋转托柄至全部推进。

（3）观察样品

① 逐渐增加工作电压，将灯丝电流开到锁定位置。

② 先在低倍镜中寻找所需要观察区域，调节亮度并对准，再调节到高倍镜下观察并拍照记录。

（4）取出样品　在关闭灯丝电流后拉出样品托。边拉边逆时针旋转，同时还要关闭样品室预抽开关。

（5）关机　依次关闭工作电压、镜筒电源、真空泵电源、机械泵电源及总电源，20min后才能关闭循环水。

实验结论

对所拍摄的照片进行分析，得出结论。

思考题

（1）简述透射电镜的成像原理与扫描电镜成像原理的区别。

（2）简述纳米材料样品的制样过程。

16.5.2　复合材料壳层结构的分析

实验目的

（1）了解透射电子显微镜的工作原理及对复合材料壳层结构的表征。

（2）了解复合材料样品的制样方法。

（3）了解拍摄样品表面电子像的过程。

实验原理

实验原理同16.5.1。

仪器与试剂

（1）仪器　Talos 200s 场发射透射电子显微镜；烧杯；超声波分散器；透射电镜铜网膜。

（2）试剂　实验室制备的复合材料；无水乙醇。

实验步骤

（1）样品制备　少许复合材料粉体置于干净的 50mL 烧杯中，加入 30mL 无水乙醇，超声分散成悬浮液。用滴管滴几滴在覆盖有碳加强火棉胶支持膜的电镜铜网上。待其干燥后，再蒸上一层碳膜，即成为电镜观察用的粉末样品。

（2）安装样品

① 依次打开循环水、总电源、真空泵、扩散电源。

② 30min 后打开镜筒电源，等高真空与底片室的绿色指示灯均亮后（表示真空度符合要求），即可以开始工作，加压至 80kV 或 100kV，增大灯丝电流至饱和点。

③ 将样品安装到样品托上，插入镜筒，同时打开样品室预抽开关，边推边顺时针方向旋转托柄至全部推进。

（3）观察样品

① 逐渐增加工作电压，将灯丝电流开到锁定位置。

② 先在低倍镜中寻找所需要观察区域，调节亮度并对准，再调节到高倍镜下观察并拍照记录。

（4）取出样品　在关闭灯丝电流后拉出样品托。边拉边逆时针旋转，同时还要关闭样品室预抽开关。

（5）关机　依次关闭工作电压、镜筒电源、真空泵电源、机械泵电源及总电源，20min后才能关闭循环水。

实验结论

对所拍摄的照片进行分析，得出结论。

思考题

（1）简述透射电镜的成像原理与扫描电镜成像原理的区别。

（2）简述粉体样品的制样过程。

◆ **参考文献** ◆

［1］ 张亦文,夏佩芬.H-800 透射电镜培训手册 ［M］.上海:同济大学出版社, 1986.

［2］ 朱良漪.仪器分析手册 ［M］.北京:化学工业出版社, 1997.

［3］ 陈培榕,邓勃.现代仪器分析实验与技术 ［M］.北京:清华大学出版社, 1999.

［4］ 张汝藩,杨主恩.扫描电镜与微观地质研究 ［M］.北京:学苑出版社, 1999.

［5］ 常铁军,祁欣.材料近代分析测试方法 ［M］.哈尔滨:哈尔滨工业大学出版社, 2000.

［6］ 祁景玉.现代分析测试技术 ［M］.上海:同济大学出版社, 2006.

［7］ 王培铭,许乾慰.材料研究方法 ［M］.北京:科学出版社, 2005.

［8］ 王晓春.材料现代分析与测试技术 ［M］.北京:国防工业出版社, 2010.

［9］ 管学茂,王庆良,王庆平,等.现代材料分析测试技术 ［M］.徐州:中国矿业大学出版社, 2013.

［10］ 戎永华.分析电子显微学导论 ［M］.北京:高等教育出版社, 2014.

［11］ 刘庆锁,孙继兵,陆翠敏.材料现代测试分析方法 ［M］.北京:清华大学出版社, 2014.

［12］ 向定汉.材料科学与工程课程实验及探索研究性实验 ［M］.北京:清华大学出版社, 2013.

［13］ 唐杰,杨莉容,刘畅.材料现代分析测试方法实验 ［M］.北京:化学工业出版社, 2017.

［14］ 李斗星.投射电子显微学的新进展 I 透射电子显微镜及相关部件的发展及应用 ［J］.电子显微学报, 2004, 23(3)：269—277.

［15］ 朱琳.扫描电子显微镜及其在材料科学中的应用 ［J］.吉林化工学院学报, 2007, 24(2)：81—84.

［16］ 张方,黄伟,黄帅.扫描电镜在硬质合金研究和生产中的应用 ［J］.粉末冶金技术, 2011, 29(5)：448—451.

第四部分

综合热分析

第17章

热分析法概述

17.1 热分析的发展

热分析可解释为以热进行分析的一种方法，其发展历史久远，应用面较宽，涉及多种学科领域。人类对热的控制始至约公元前五万年前人类学会了使用火，到公元前 330 年，古埃及人提炼金时使用的称重法，这是人类学会称重的标志。早在 1780 年，英国的 Higgins 在研究石灰黏结剂和生石灰的过程中第一次使用天平测量了实验过程中所发生的质量变化，这是最早热重法的应用。1899 年法国 H. Le. Chcterlier 创立了差热分析法（DTA）。1915 年日本多光太郎提出了"热天平"的概念并创立了热重分析法（TG）。1964 年，Wattson 和 ÓNeil 等提出了差示扫描量热法的原理及设计方案，进而发展成为差示扫描量热技术（DSC），发展和壮大了热分析技术。我国对于热分析的理论研究起步较晚，于 20 世纪 50 年代末、60 年代初开始研制热分析仪器。中国科学院地质研究所于 1952 年设计制造了一台差热分析仪，并得到了实际应用。20 世纪 60 年代初，在北京光学仪器厂诞生了我国第一台商品化的热天平。60 年代末，北京光学仪器厂和上海天平仪器厂等先后研制了差热分析仪。

热分析技术的基础是物质在温度变化过程中伴有物理和化学状态的变化（如升华、氧化、聚合、硫化、脱水、结晶、熔融、化学反应等），同时伴有相应的热力学性质（如热焓、比热、热导率等）的变化，因此可通过测定其热力学性能的变化来了解物质物理、化学变化过程，对物质进行定性、定量的分析，从而进一步研究物质的结构和性质之间的关系，为新材料的研究和开发提供热性能数据和结构信息。

随着电子技术快速发展及普及，热分析仪器摆脱了手工操作，实现了温控、记录等过程的自动化，使热分析技术得以较快地发展。20 世纪 60 年代初期，由于塑料、化学纤维等工业的迅速发展，促使热分析仪器向智能化、微型化及高灵敏度方向发展。随着热分析技术研究的不断发展，1968 年成立了国际热分析协会（International Confederation for Thermal Analysis，简称 ICTA）。70 年代，热分析在自动化、微量化方面更为完善，各种类型的商品化热分析仪如 EGA、TMA、DMA、TG-DTA、TG-EGA、TG-MS(质谱)、TG-GC(气相色谱)、DTA-MS 等得到了发展及应用。尤其是质谱法应用于热分析技术（TG-MS 或 DTA-MS）的应用增长显著，即逸出分解产物的联用质谱法能够提供更多、更新的信息。

现代热分析技术已成为一门跨越许多科学技术领域的边缘学科。热分析的内容也在不断扩充，应用领域日趋广阔，同时热分析在理论、数据分析和实验方法上也取得了很大进展。

17.2 热分析技术的分类

热分析技术的基础是物质在温度变化过程中发生各种物理、化学变化，这种变化可用各种热分析方法进行跟踪，主要在程序控制温度下测量物质的物理性质与温度之间对应的关系。表 17-1 给出了按所测物理量，对热分析方法所做的分类。在这些热分析技术中，热重法、差热分析法和差示扫描量热法应用最为广泛。本章将重点介绍热重法和差热分析两种最基本的热分析方法。

表 17-1 热分析方法的分类

测定的物理量	方法	缩略号	测定的物理量	方法	缩略号
质量	热重法	TG	尺寸	热膨胀法	
	等压质量变化测定		力学量	热机械分析	TMA
	逸出气检测	EGD		动态热机械法	DMA
	逸出气分析	EGA	声学量	热发声法	
	放射热分析			热传声法	
	热微粒分析		光学量	热光学发	
温度	升温曲线测定		电学量	热电学法	
	差热分析	DTA	磁学量	热磁学法	
热量	差示扫描量热法	DSC			

17.3 热分析的应用

热分析技术是对各类物质在很宽的温度范围内进行定性或定量表征极为有效的手段，通过测定加热或冷却过程中物质本身发生的变化和测定加热过程中从物质中产生的气体，推知物质变化或从测定结果可得到相图，分析游离及结合水量、溶剂保留量等。目前应用最多的是差热分析、热重分析、差示扫描量热分析、热机械分析，它们是热分析的四大支柱，用于研究物质的晶型转变、熔融、蒸发、吸附等物理现象以及脱水、分解、氧化还原等化学现象，能迅速得到被研究物质的热稳定性、热分解产物、热变化过程的焓变，各种类型的相变点、玻璃化转变温度、软化点、比热容、纯度、爆破温度等数据以及高聚物的表征和构性能研究。

第18章

热重法

18.1　引言

热重法（thermogravimetry，简称 TG）是在程序控制温度下测量获得物质的质量与温度关系的一种技术。

许多物质在加热或冷却过程中除了产生热效应外，往往伴随有质量的变化，其变化的大小及出现的温度与物质的化学组成和结构密切相关。因此只要物质受热时质量发生变化，就可以用热重法来研究其变化过程，如脱水、吸湿、分解、化合、吸附、解吸、升华等。其特点是定量性强，能准确地测量物质的质量变化及变化的速率，不管引起这种变化的是物理的还是化学的。热重法定义中描述的是质量的变化而不是重量变化，主要是基于在磁场作用下，具有强磁性的材料，当其温度达到居里点时，虽然无质量变化，却有表观上的失重。因而热重法则指观测试样在受热过程中实质上的质量变化。

18.2　热重分析的原理

热重法是在程序控制温度下借助热天平以获得物质的质量与温度关系的一种技术。利用加热或冷却过程中物质质量变化的特点，可以区别和鉴定不同的物质。热重法通常有两种类型：一种是等温（或静态）热重法，即在恒温下测定物质质量变化与温度的关系；另一种是非等温（或动态）热重法，即在程序升温下测定物质质量变化与温度的关系。在热重法中，动态等温法最为简便，因此得到了广泛应用。由于热重法连续跟踪质量变化，因而必须对质量变化反应快，并能防止电、机械振动等因素产生的干扰。

18.3　仪器结构及原理

热重法主要由精密热天平和线性程序控温的加热炉组成。图 18-1 是热天平的基本结构示意图，其中能记录的天平是最为重要的部分之一。这种热天平与常规分析天平一样，都是称量仪器，但因其结构的特殊，使其与一般天平在称量功能上有显著的差别。常规分析天平只能进行静态称量，即样品的质量在称量过程中是不变的，称量时的温度大都是室温，周围气氛是大气。而热天平则不同，它能自动、连续地进行动态称量与记录，并在称量过程中能按一定的温度程序改变试样的温度，而且试样周围的气氛也是可以控制或调节的。

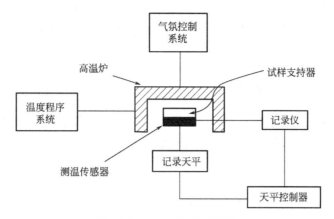

图 18-1　热天平的基本结构

热天平大致可分成零位式和偏斜式两种类型。以自动零位式热天平为例，其灵敏元件为光敏三极管传感器。当零位式天平在加热过程中试样无质量变化时仍能保持初始平衡状态；而有质量变化时天平就失去平衡，并立即由传感器测量并输出天平失衡信号，这一信号经测重系统放大用以自动改变平衡复位器中的电流，使天平重新回到初始平衡状态即所谓的零位。平衡复位器中的线圈电流与试样质量变化成正比，因此记录电流的变化即能得到加热过程中试样质量连续变化的信息；而试样温度同时由测温热电偶测定并记录，由此可以得到试样质量与温度（或时间）关系的曲线。热天平中阻尼器的作用是维持天平的稳定，天平摆动时，就有阻尼信号产生，这个信号经测重系统中的阻尼放大器放大后再反馈到阻尼器中，使天平摆动停止。

18.3.1　热重数据的表示法

由热重法测得的热重曲线（TG 曲线）（图 18-2），它表示过程的失重累计量，属积分型。TG 曲线一般可直接从记录曲线取得，也可由实验前后试样的实际称重与记录的失重曲线对照重新校核仪器的实际量程而得到。目前的新型仪器可由软件直接、快速地给出 TG 曲线。

对热重曲线进行一次微分，就能得到微商热重曲线，它反映试样质量的变化率和温度 T 或时间 t 的关系，即失重速率，记录为微商热重曲线（DTG 曲线）。微商热重曲线以温度 T 或时间 t 为横坐标，自左至右 T 或 t 增加，纵坐标是 dm/dt 或 dm/dT，从上向下表示减小。热重曲线上的一个台阶，在微商热重曲线上是一个峰，峰面积与试样质量变化成正比。一台热天平只需附上微分单元或配上计算机进行图形转换处理，

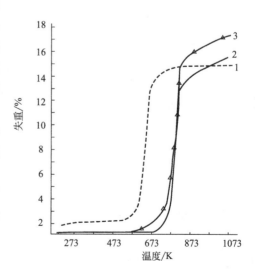

图 18-2　高岭石族矿物的热重曲线

1—高岭土；2—高岭石；3—地开石

即可同时记录热重曲线和微商热重曲线。虽然微商热重曲线与 TG 曲线所能提供的信息是相同的，但是与 TG 曲线相比，微商热重曲线能清楚地反映出起始反应温度、达到最大反应速率的温度和反应终止的温度，而且提高了分辨两个或多个相继发生的质量变化过程的能力。由于在某一温度下微商热重曲线的峰高直接等于该温度下的反应速率，因此，这些值可方便地用于化学反应动力学的计算。

18.3.2　热重曲线的影响因素

　　热重曲线的数据往往不是物质的固有参数，它们主要受外界因素，如仪器因素，操作条件、环境条件等实验因素的影响。下面主要讨论外因的影响。

18.3.2.1　仪器因素

　　(1) 浮力和对流　浮力的影响起因于升温时试样周围气体产生的膨胀，导致质量变化。对流的影响是由天平系统处于常温，而试样周围却受热所引起的。

　　浮力和对流会由于天平部分和试样的相互位置不同而有所不同，一般来说以水平配置较好。目前某些热天平在结构和适应微量化的要求等方面都有很多改进，采取了一些有效措施，使基线稳定，浮力问题得到了很好地克服。

　　(2) 挥发物的再凝集　挥发物可凝缩在称重系统的较冷部分（如支持器的较冷部分）。比如对砷黄铁矿 FeAs 进行热重测量时，凝集在支持器较冷部位的 As_2O_3 在继续升温的情况下又会挥发，因此 TG 曲线重复性差。通气速度的不同会使得挥发产物凝集到支持器的不同部位，可通过设置屏板来防止支持器上的凝集作用。

　　(3) 试样支持器的影响　试样容器及支架组成试样支持器。盛放试样的容器通常用坩埚，它对热重曲线有着不可忽视的影响。这种影响主要来自坩埚的大小、几何形状和结构材料三个方面，同时，也应注意坩埚材料对参比物和试样的反应是否有催化作用。实践表明，浅坩埚比深而大的坩埚容易得到准确可靠的实验结果。坩埚大小和形状对实验结果的影响与试样装填量等都有关。

18.3.2.2　实验因素

　　(1) 升温速率　热重法是试样边升温边称重。试样和炉壁不能接触。试样升温是靠介质—试样容器—试样进行热的传递，在炉子和试样之间形成温差。这必然受到试样性质、尺寸、试样本身物理（或化学）变化引起的热焓变化等因素的影响，并在试样内部也可形成温度梯度。这个非平衡过程随升温速率的提高而增加。

　　(2) 试样用量、粒度和形态　当试样量大时，由于热传导易在试样内形成温度梯度，并且试样的起始量越大，则在其内部的温度差也越大。分解的挥发产物经内层向外层扩散，逸出表面，扩散将影响这一过程的进行。

　　(3) 气氛　炉内气氛是对热重分析影响很大的一个因素，但并不是一个孤立的因素，因为它的影响还取决于试验的反应类型、分解产物的性质和装填方式等诸多因素。

18.4　实验技术

　　采用正确的实验方法是得到准确和能够重复与再现的热重实验结果的重要条件。热重测量的实验过程主要包括实验前的准备、仪器可靠性的校正、实验参数选择和样品测试等工作。

18.4.1 样品制备

试样的用量与粒度对热重曲线有较大的影响。试样的吸热或放热反应会引起试样温度发生偏差,试样用量越大,偏差越大。试样用量与粒度对热重曲线有着类似的影响,实验时应适当选择。一般粉末试样应过 200～300 目筛,用量在 10mg 左右。

18.4.2 仪器检验与校正

热天平与普通天平不同,它是在升温过程中连续测量并记录试样的质量变化,属于动态测量技术。即使在室温下漂移很小的高准确天平,在升温过程中由于浮力、对流、挥发物的凝聚等都可使 TG 曲线基线漂移,大大降低热重测量的准确度。因此,在样品热重测量之前应空载升温校正基线,记录空载时每一温度间隔的质量数值 P。另外,还应进一步检查升温时的线性度和重复性,加载时的记录响应仪器基线的漂移与噪声。

18.4.3 实验参数的选择

对于不同的试样和不同的实验目的,选择的实验参数往往是不同的。通常采用对比方法确定实验参数。要确定的主要实验参数包括升温速率和气氛选择等。

18.4.3.1 升温速率

升温速率快,所产生的热滞后现象严重,往往导致热重曲线上起始温度和终止温度偏高。在热重分析中,中间产物的检测是与升温速率密切相关的。升温速率快不利于中间产物的检出,TG 曲线上的拐点及平台很不明显,升温速率慢可得到相对明晰的实验结果。因此,在热重分析中宜低速升温,如 2.5℃/min、5℃/min,一般不超过 10℃/min。

18.4.3.2 气氛选择

试样周围的气氛对试样热反应本身有较大的影响,试样的分解产物可能与气流反应,也可能被气流带走,这些都可能使热反应过程发生变化,因而气氛的性质,黏度、流速对 TG 曲线的形状有较大的影响,为了获得重现性好的 TG 曲线,通常采用动态惰性气体,即向试样室通入不与试样及产物发生反应的气体,如 N_2、Ar 等气体。

18.5 实验内容

18.5.1 五水硫酸铜的脱水过程研究

实验目的
(1) 了解热重分析仪的基本构造。
(2) 了解热重分析仪的使用方法。

实验原理

热重法（thermogravimetry，TG）是在程序控温下，测量物质的质量与温度或时间关系的方法，通常是测量试样的质量变化与温度的关系。

（1）热重曲线　由热重法记录的质量变化对温度的关系曲线称热重曲线（TG 曲线）。曲线的纵坐标为质量，横坐标为温度（或时间）。设某反应的反应式如下：

$$A(固) \longrightarrow B(同) + C(气) \tag{18-1}$$

其热重曲线如图 18-3 所示。

图 18-3 中，T_1 为起始温度，即试样质量变化或标准物质表观质量变化的起始温度；T_t 为终止温度，即试样质量或标准物质的质量不再变化的温度；$T_1 - T_t$ 为反应区间温度，即起始温度与终止温度的温度间隔。TG 曲线上质量基本不变动的部分称为平台，如图 18-3 中的 ab 段和 cd 段。从热重曲线可得到试样组成、热稳定性、热分解温度、热分解产物和热分解动力学等有关数据。同时还可获得试样质量变化率与温度或时间的关系曲线，即微商热重曲线。

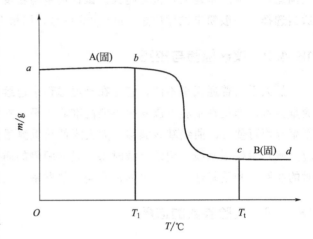

图 18-3　固体热分解反应的典型热重曲线

当温度升至 T_1 时产生失重。失重量为 $m_0 - m_T$，其失重百分数为：

$$W = \frac{m_0 - m_T}{m_0} \times 100\% \tag{18-2}$$

式中，m_0 为试样质量；m_T 为失重后试样的质量。反应终点的温度为 T_t，在 T_t 时形成稳定相。若为多步失重，将会出现多个平台。根据热重曲线上各步失重可以简便地计算出各步失重的百分数，从而判断试样的热分解机理和各步的分解机理及各步的分解产物。需要注意的是，如果一个试样有多步反应，在计算各步失重百分数时，都以 m_0 为基准，即以试样原始质量为基准。从热重曲线可看出热稳定性温度区、反应区，反应所产生的中间体和最终产物。该曲线也可用于计算化学量。

在热重曲线中，水平部分表示质量是恒定的，曲线斜率发生变化的部分表示质量的变化，因此从热重曲线可求出微商热重曲线。事实上新型的热重分析仪都由计算机处理数据，通过计算机软件，即可自动从 TG 曲线得到微商热重曲线。

（2）热重曲线的影响因素　为了获得精确的实验结果，分析各种因素对 TG 曲线的影响是很重要的。影响 TG 曲线的主要因素包括：

① 仪器因素，浮力、试样盘、挥发物的冷凝方向等；

② 实验条件，升温速率、气氛等；

③ 试样的影响，试样质量、粒度等。

仪器与试剂

（1）仪器　热分析仪器；药匙；刚玉坩埚。

（2）试剂　硫酸铜（$CuSO_4 \cdot 5H_2O$，A.R.）。

实验步骤

（1）开机　按照操作规程，依次开启恒温水槽、气体流量计、热分析仪主机、电脑，打开氮气瓶，控制其流量为 $40\sim80mL/min$。

（2）操作步骤

① 设置参数：起始温度、终止温度、升温速率以及气氛参数。

② 样品制备：粉末试样应过 $200\sim300$ 目筛，用量在 $10mg$ 左右。

③ 测定：待仪器内置天平平衡，按正确操作上样，测定。

④ 关机：依次关闭主机、恒温水槽、氮气瓶及气体流量计、电脑。

数据处理

（1）得出实验结论。

（2）绘制 TG 曲线。

思考题

（1）根据得到的热重分析曲线，分析 $CuSO_4\cdot5H_2O$ 的 5 个结晶水的脱水过程。

（2）根据实际测定的 $CuSO_4\cdot5H_2O$ 的 TG 曲线，通过计算解释 $CuSO_4\cdot5H_2O$ 化合物的失水过程。

18.5.2　热重法分析白云石的纯度

实验目的

（1）了解热重分析仪在无机材料中的应用。

（2）了解热重分析法测定白云石的纯度的方法。

实验原理

热重法有力地推动了无机分析化学、高分子聚合物、石油化工、人工合成材料科学的发展，同时在冶金、地质、矿物、油漆、涂料、陶瓷、建筑材料、防火材料等方面应用也十分广泛，尤其近年来在合成纤维、食品加工方面应用更加广泛。总之，热重分析在无机化学、有机化学、生物化学、地质学、矿物学、地球化学、食品化学、环境化学、冶金工程等学科中发挥着重要的作用。本实验是热重分析法在无机领域中的应用。

物质的热重曲线的每一个"台阶"都代表了该物质确定的质量，它能精确地分析出二元或三元混合物各组分的含量。白云石的化学成分为 $CaCO_3$、$MgCO_3$，理论成分为 CaO 30.4%、MgO 21.9%、CO_2 47.7%，常含有硅、铝、铁、钛等杂质，晶体属三方晶系的碳酸盐矿物。白云石中 $MgCO_3$ 分解出 CO_2 的质量，通过 m_1-m_0，可算出 MgO 的含量。m_2-m_1 为白云石中 $CaCO_3$ 分解放出 CO_2 的质量（图 18-4），以此可算出 CaO 的质量。由白云石中的 CaO 和 MgO 的含量可算出白云石的纯度。

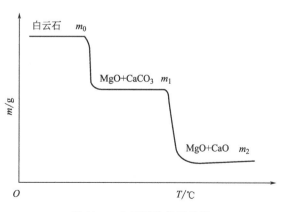

图 18-4　白云石的热重曲线

仪器与试剂

（1）仪器　热分析仪器；药匙；刚玉坩埚。

（2）试剂　白云石。

实验步骤

（1）开机　按照操作规程，依次开启恒温水槽、气体流量计、热分析仪主机、电脑，打开氮气瓶，控制其流量为 40～80mL/min。

（2）操作步骤

① 设置参数：起始温度、终止温度、升温速率以及气氛参数。

② 样品制备：白云石粉末试样应过 200～300 目筛，用量在 10mg 左右。

③ 测定：待仪器内置天平平衡，按正确操作上样，测定。

④ 关机：依次关闭主机、恒温水槽、氮气瓶及气体流量计、电脑。

数据处理

（1）得到实验结论。

（2）绘制白云石的 TG 曲线。

（3）计算 MgO、CaO 的含量，从而计算白云石的纯度。

思考题

（1）如何通过热重法分析计算白云石的纯度？

（2）根据白云石的实际 TG 曲线，解释失重过程中白云石组成的变化。

（3）在热重分析中，升温速率的快慢对热重曲线有何影响？

≡ **第19章** ≡

差热分析

19.1 引言

差热分析（differential thermal analysis，DTA）是在程序控制温度下，测量试样与参比物（基准物），不发生任何热效应，物质之间的温度差与相应温度（或时间）关系的一种分析技术，描述这种关系的曲线称为差热曲线或 DTA 曲线。由于试样和参比物之间的温度差主要取决于试样的温度变化，因此就其本质来说，差热分析是一种主要与焓变测定有关并借此了解物质有关性质的分析技术。差热分析方法能较精确地测定和记录一些物质在加热过程中发生的失水、分解、相变、氧化还原、升华、熔融、晶格破坏和重建以及物质间的相互作用等一系列的物理化学现象，并以此判定物质的组成及反应机理。因此，差热分析法已广泛用于地质、冶金、水泥、玻璃、耐火材料、石油、建材、高分子等各个领域的科学研究和工业生产中。

19.2 差热分析的原理

物质在加热或冷却过程中会发生物理变化或化学变化，同时还伴随吸热或放热现象。热效应的变化将伴随物质的晶形转变、沸腾、升华、蒸发、熔融等物理变化，以及氧化还原、分解、脱水和离解等化学变化。另有一些物理变化虽无热效应发生，但比热容等某些物理性质也会发生改变，诸如玻璃化转变等。物质发生焓变时质量不一定改变，但温度必定会变化。差热分析是在程序控制温度下，测量样品与参比物之间的温度差与温度关系的一种热分析方法。如图 19-1 所示，在实验过程中，差热分析是将样品与参比物的温差作为温度或时间的函数连续记录下来。其基本特征是采用示差热电偶，以一端测温，另一端记录并测定试样与参比物之间的温度差，以达到了解试样在升温或降温过程中的热变化，以鉴定未知试样。

由于参比物是热中性体，在整个加热过程中只是随炉温而升高温度，被测试样则产生热变化，这时在热电偶的两个焊点间则形成温度差，产生温差电动势。其大小为：

$$E_{AB} = \frac{k}{e}(T_1 - T_2)\ln\frac{n_{eA}}{m_{eB}} \tag{19-1}$$

式中　E_{AB}——由 A、B 两种金属丝组成闭合回路中的温差电动势，eV；

k——玻耳兹曼常数；

e——电子电荷；

T_1、T_2——差热电偶两个焊点的温度，K；

n_{eA}——金属 A 中的自由电子数；

m_{eB}——金属 B 中的自由电子数。

由式（19-1）可知，闭合回路中温差电动势的大小和两个焊点间的温度差 T_1-T_2 成正比。当电炉在程序控制下均匀升温时，如果不考虑参比物与试样间的热容差异，而且试样在该温度下又不产生任何反应，则两焊点间的温度相等，$T_1=T_2$，$E_{AB}=0$，这时记录仪上只呈现一条平行于横轴的直线，称为差热曲线的基线。

如果试样在加热过程中产生熔化、分解、吸附水与结晶水的排除或晶格破坏等，试样将吸收热量，这时试样的温度 T_1 将低于参比物的温度 T_2，即 $T_2>T_1$，闭合回路中便有温差电动势 E_{AB} 产生，这时就偏离基线而画出曲线，随着试样吸热反应的结束，T_1 与 T_2 又趋于相等，构成一个吸热峰（图 19-2）。显然，过程中吸收的热量越多，在差热曲线上形成吸热峰的面积越大。

当试样在加热过程中发生氧化、晶格重建及形成新物质时，一般为放热反应，试样温度升高，热电偶两焊点的温度 $T_1>T_2$，闭合电路中产生温差电动势，这时就偏离基线而画出曲线，随着反应的完成，$T_1=T_2$，形成一个放热峰（图 19-2）

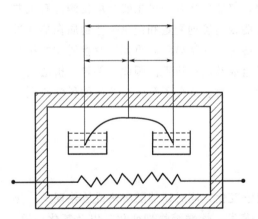

图 19-1　测定样品和参比物在加热装置中的示意图

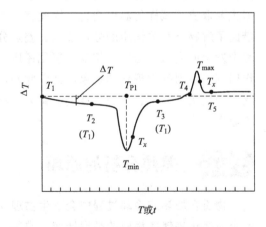

图 19-2　典型的 DTA 曲线

随着电炉均匀升温，曲线均匀偏斜，在记录界面上得到从室温到最终温度的温度曲线。综上所述，差热分析的基本原理是试样在加热或冷却过程中产生的热变化而导致试样和参比物间产生温度差，这个温度差由置于两者中的热电偶反映出来。根据式（19-1），差热电偶的闭合回路中便有 E_{AB} 产生，其大小主要取决于试样本身的热特性，通过信号放大系统和记录仪记下差热曲线，便能如实地反映出试样本身的特性。因此，对差热曲线的判读，可达到物相鉴定的目的。

19.3　差热分析仪及原理

DTA 仪器的基本原理示意见图 19-3。仪器由高温炉、样品支持器（包括试样和参比物容器、温度敏感元件与支架等）、微伏放大器、温差检知器、炉温程序控制器、记录器以及高温炉和样品支持器的气氛控制设备等组成。所有的 DTA 仪器通常都是在线性升温下测量样品温差与温度或时间关系的。DTA 测量的温差 ΔT 除与试样热量变化有关外，还与体系的热阻有关，热阻本身不是一个确定的量，它与热传导系数和热辐射有关，因而也就随实验条件（如温度范围、坩埚材质、试样性质等）而变化。将在实验温区内热稳定的已知物质（即参比物）和试样一起放入一个加热系统中线性升温。在试样没有发生吸热或放热变化且与程序温度间不存在温度滞后时，试样和参比物的温度与线性程序温度是一致的。若试样发生放热变化，由于热量不可能从试样内瞬间导出，于是试样温度偏离线性升温线，且向高温方向移动。反之，在试样发生吸热变化时，由于试样不可能从环境瞬间吸取足够的热量，从而使试样温度低于程序温度。只有经历一个传热过程，试样才能恢复到与程序温度相同的温度。

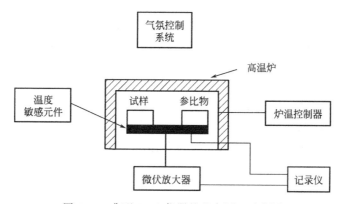

图 19-3 典型 DTA 仪器的基本原理示意图

通常差热分析仪由加热炉、温度程序控制器、信号放大系统、试样支撑-测量系统及记录系统组成。

19.3.1 加热炉

加热炉是加热试样的装置，一般分立式电炉和卧式电炉两种，作为差热分析用电炉应满足如下要求：

① 电炉内应有一均匀温度场。
② 程序控温下能以一定的速率均匀地升（或降）温。
③ 仪器在低于 770K 的情况下能够拆卸部件进行维修。
④ 连续实验时炉子与样品容器的相对位置应保持不变。
⑤ 炉子的线圈应无反应现象，以防止对热电偶产生的电流干扰。

19.3.2 温度程序控制系统

温度程序控制系统是以一定的程序来调节升温或降温的装置。常用的控温速率为 1～20K/min。该控制系统一般由定值装置、调节放大器、比例-积分-微分-调节器、脉冲移相器、可控硅整流器等组成，以保证炉温按给定的速率均匀地升温或降温。

19.3.3 信号放大系统

信号放大系统通过直流放大器将差热电偶产生的微弱的温差电动势放大,然后输出,以足够的能量使伺服电机转动,带动记录系统绘出相应曲线。

19.3.4 试样支撑-测量系统

试样支撑-测量系统是差热分析的心脏,主要包括热电偶、试样容器、均热板及支撑杆等部件,使用温度不超过 1570K 时,以金属镍块为均热块为宜;超过 1570K 时,多采用氧化铍瓷或刚玉质瓷。试样容器是根据使用温度和热传导性能选择,通常使用石英玻璃、刚玉、钼、铂、钨等坩埚。

热电偶兼具测温及传输温差电动势的功能,因此热电偶是差热分析中的关键部件,应具备如下条件:

① 能产生较高的温差电动势,并随温度呈线性变化的关系。

② 能测定较高的温度,测温范围宽,长时间使用无物理、化学变化,高温下耐氧化、耐腐蚀。

③ 比电阻小、热导率大。

④ 电阻温度系数和热容系数较小。

⑤ 有足够的机被强度,价格适宜。

能完全符合上述要求的热电偶较少,实际使用中只能根据主要指标加以选择。

19.3.5 参比物的选择

在差热分析时,把试样和参比物分别放置于加热的金属容器中,使它们处于相同的加热条件。

参比物应符合如下要求:

① 整个测温范围内无热反应。

② 比热容和导热性能与试样相近。

③ 粒度与试样相近(通过 100~300 目筛的粉末)。

常用的参比物为 α-Al_2O_3(经 1720K 煅烧过的高纯氧化铝粉,全部是 α 型氧化铝晶体)。

19.4 实验技术

差热分析的实验结果受许多因素影响,为获得准确的实验结果,必须十分注意实验方案的设计、实验条件的选择和熟练掌握实验技术。DTA 实验主要包括试样和参比物的制备和装填、仪器检验及标定、实验参数选择、样品测定等工作。

19.4.1 样品制备

试样应符合如下要求:

① 粉末试样的粒度均通过 100~300 目筛。聚合物应切成碎块或薄片,纤维状试样应切成小段或制成球粒状,金属试样应加工成小圆片或小块等。

② 为使试样的导热性能与参比物相近，常在试样中添加适量的参比物使试样稀释。

③ 尽可能使试样与参比物有相近的装填密度。

④ 样品填装一般不超过坩埚体积的 2/3，防止样品在反应过程中溢出坩埚。

19.4.2 仪器检验及标定

仪器检验的目的是确认仪器正常和处于最佳工作状态，此项工作常按仪器说明书进行，其中以检查分辨率、基线最为重要。检验基线的方法是采用空白试验：

① 在不升温的情况下，启动记录仪，观察记录笔下基线是否平直，可检验记录仪或记录笔对基线是否有影响。

② 加热炉中未放坩埚和试样的情况下，将炉体升温，启动记录仪，观察记录笔下的基线是否平直，可检验炉体本身或热电偶是否影响基线。

③ 将两个空坩埚放入样品座和参比座，将加热炉升温，启动记录仪，观察基线是否平直，可检验所用坩埚是否影响基线平直。一般可将样品坩埚和参比坩埚同时放上等量的参比物在高温炉中升温，启动记录仪记录基线，此基线即为校核同一条件下样品差热曲线的依据。

实验前的温度校核也很重要。差热仪在使用过程中由于热电偶和其他方面的变化，往往会引起温度指示值发生偏差。为了获得精确而可靠的温度指示值，必须用一系列标准物质的相变温度进行校核。在试样测试前，可根据试样的测温范围适当选择低、中、高温物质进行测试，找出温度偏差，用以校正试样的反应温度。

仪器标定，主要是确定升温速率的实际值和温度修正值。如进行热定量分析，还需绘制仪器的热量校正系数与温度关系图，即 K-T 图。当热电偶老化或仪器工作状态变化，特别是炉体与样品支持器的相对位置发生改变时，则需重新标定。升温速率不同，温度修正值也不一样。

19.4.3 实验方法的设计和实验条件的选择

实验方法的设计和实验条件的选择是决定实验成败的关键。前述准备工作结束以后，需要确定的主要实验条件包括：升温速率、气氛等。

升温速率宜慢些，如 2~10℃/min。下面一些方法常用于有特殊目的的差热分析：

① 改变气氛组成或气氛压力。

② 改变升温速率。

③ 用活性物质作参比物，或试样内添加已知物作内标物。

实验条件确定后，一般仍需试做，并对一些条件做适当变化以考察其合理性。

19.4.4 数据解释

差热曲线的解释：差热曲线的分析，究其根本就是解释差热曲线上每一个峰谷产生的原因，从而分析出被测样是由哪些物相组成的。峰谷产生的原因主要有：

（1）矿物的脱水　矿物脱水时表现为吸热。出峰温度、峰谷大小与含水类型、含水多少及矿物结构有关。

（2）相变　物质在加热过程中所产生的相变或多晶转变多数表现为吸热。

（3）物质的化合与分解　物质在加热过程中化合生成新矿物表现为放热，而物质的分解表现为吸热。

（4）氧化与还原　物质在加热过程中发生氧化反应时表现为放热，而发生还原反应时表现为吸热。

严格地说，差热曲线上的峰只是表示了试样的热效应情况，它的基线漂移反映的是试样热容的改变。因此，差热曲线本身并不能给出更多的有关试样变化的物理本质和化学本质。为此，单靠差热曲线对它做出正确解释是困难的。现在普遍采用的方法是借助联用技术，例如与 TG、EGD 和 EGA 联用，在获得更多变化过程的信息的基础上，再对过程做出解释。

19.5　实验内容

19.5.1　差热分析在确定水泥水化产物中的应用

实验目的

（1）了解差热分析仪在无机材料中的应用。

（2）了解采用差热分析法确定水泥水化产物的方法。

实验原理

差热分析是利用差热电偶来测定热中性体（参比物）与被测试样在加热过程中的温差。将差热电偶的两个热端分别插在热中性体和被测试样中，在均匀加热过程中，若试样不发生物理化学变化，没有热效应产生，则试样与热中性体之间无温差，差热电偶两端的热电势互相抵消，若试样发生了物理化学变化，有热效应产生，试样与热中性体之间就有温差产生，差热电偶就会产生温差电势。将测得的试样与热中性体间的温差对时间（或温度）作图，就得到差热曲线（DTA 曲线）。在试样没有热效应时，由于温差是零，差热曲线为水平线；在有热效应时，曲线上会出现峰谷。曲线开始转折的地方代表试样物理化学变化的开始，峰谷的顶点表示试样变化最剧烈的温度，热效应越大，则峰谷越高，面积越大。

不同品种的水泥在水化过程中得到的水化产物是不同的，即使是同种水泥，由于生产或水化过程的环境、条件不同，得到的水化产物的品种及数量也不尽相同。不同的水化产物在加热过程中脱水、分解的温度各不相同，体现在 DTA 曲线上就会在不同温度下出现不同的吸热峰和放热峰。

仪器与试剂

（1）仪器　差热分析仪器；药匙；刚玉坩埚（2个）。

（2）试剂　参比物 α-Al_2O_3；硅酸盐水泥样品。

实验步骤

（1）开机　按照操作规程，依次开启恒温水槽、气体流量计、热分析仪主机、电脑，打开氮气瓶，控制其流量为 20～60mL/min。

（2）操作步骤

① 设置参数：起始温度、终止温度、升温速率（8℃/min）以及气氛参数。

② 样品制备：参比物和水泥样品经干燥后，过 80～100 目筛，用量均为 10mg 左右。

③ 测定：待仪器内置天平平衡，按正确操作将参比物和样品上样，测定。

④ 关机：依次关闭主机、恒温水槽、氮气瓶及气体流量计、电脑。

数据处理

（1）得出实验结论。

（2）绘制水泥差热分析的 DTA 曲线。

（3）依据峰面积计算硅酸盐水泥的水化度。

思考题

（1）根据普通硅酸盐水泥水化过程对应的 DTA 曲线，解释硅酸盐水泥组成的变化。

（2）在差热分析中，物质在加热过程中差热曲线上每一个峰谷产生的原因是什么？峰谷意味着被测样品的什么变化？

19.5.2　差热分析法测定小麦中淀粉的含量

实验目的

（1）了解差热分析仪在食品分析中的应用。

（2）了解差热分析法测定小麦中淀粉含量的方法。

实验原理

差热分析法的原理同 19.5.1。

小麦淀粉的热分解过程主要有 3 个阶段：第 1 阶段（$T < 150℃$）质量损失（约 12%）是由易挥发物质的蒸发所致，主要是水分的蒸发；第 2 阶段（$250℃ < T < 370℃$）质量损失是由淀粉分解所致；第 3 阶段（$T > 450℃$）质量损失是由于发生了炭化，这可能是由在 600℃时中间产物完全分解所致。DTA 曲线上 250～370℃区间显著的峰说明可能是单一反应或者是多重反应的合并，通过图谱可以得知淀粉的分解温度区间为 250～370℃，309℃时分解速率最大，当温度升至 600℃时，99.94% 的淀粉已完全分解。小麦淀粉的 DTA 曲线见图 19-4。

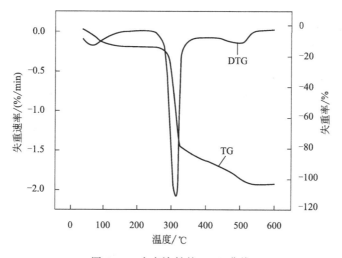

图 19-4　小麦淀粉的 DTA 曲线

仪器与试剂

（1）仪器　差热分析仪器；药匙；陶瓷坩埚（2 个）。

（2）试剂　参比物 α-Al_2O_3；小麦样品。

实验步骤

(1) 开机 按照操作规程，依次开启恒温水槽、气体流量计、热分析仪主机、电脑，打开氮气瓶，控制其流量为 20～60mL/min。

(2) 操作步骤

① 设置参数：起始温度、终止温度、升温速率（10℃/min）以及气氛参数。

② 样品制备：参比物和水泥样品经干燥后，过 80～100 目筛，用量均为 10mg 左右。

③ 测定：待仪器内置天平平衡，按正确操作将参比物和样品上样，测定。

在优化试验条件下，对来源于不同地区、不同品种的小麦样品进行差热分析，平行测定两次取其淀粉峰面积平均值并与国标法所测得的淀粉含量作相关关系曲线，对比相关性。

④ 关机：依次关闭主机、恒温水槽、氮气瓶及气体流量计、电脑。

数据处理

(1) 得出实验结论。

(2) 绘制小麦差热分析的 DTA 曲线。

(3) 计算不同品种小麦中淀粉的含量。

思考题

(1) 根据小麦的 DTA 曲线，分析小麦组成的变化。

(2) 在差热分析中，被测物小麦颗粒的大小是否影响小麦的 DTA 曲线。

◀ **参考文献** ▶

[1] 李余增.热分析 ［M］.北京:清华大学出版社，1987.

[2] 杨南如.无机非金属材料测试方法 ［M］.武汉:武汉工业大学出版社，1990.

[3] 刘振海.热分析导论 ［M］.北京:化学工业出版社，1991.

[4] 蔡正千.热分析 ［M］.北京:高等教育出版社，1993.

[5] 周永强,吴泽,孙国忠,等.无机非金属材料专业实验 ［M］.哈尔滨:哈尔滨工业大学出版社，2002.

[6] 伍洪标.无机非金属材料实验 ［M］.北京:化学工业出版社，2002.

[7] 刘树信,何登良,刘瑞江.无机材料制备与合成实验 ［M］.北京:化学工业出版社，2015.

[8] 唐杰,杨莉容,刘畅.材料现代分析测试方法实验 ［M］.北京:化学工业出版社，2017.